Exoplanet Exploration
Toward Exolife

Hajime Kawahara
河原創［著］

系外惑星探査

地球外生命をめざして

東京大学出版会

Exoplanet Exploration: Toward Exolife
Hajime KAWAHARA
University of Tokyo Press, 2018
ISBN978-4-13-062727-6

はじめに

もしもいまが晴れた日の夜なら空を見上げてもらいたい．昼の間，地球を照らしている太陽は銀河内の無数に光る星のうちの1つであり，さらにその周りを回る8つの惑星のうちの1つが地球である．そこに永らく住んでいる人類は，最近になってようやく他の星の周りにも惑星がたくさんあることに気がついた．想像力のある人たちはとうの昔に予想していたのかもしれないが，ともあれ我々の太陽系が孤独でないことに確信をもてるようになったのは20世紀も終わりの頃だ．それ以来，太陽系外惑星（以下，系外惑星）の新しい発見があるたびに新聞の紙面を賑わしているし，将来の生命探査といった話もよく聞くようになった．しかし，系外惑星を訪れて写真をとれるわけでもない．どのようにして系外惑星が発見され，なぜその性質がわかったといえるのか，今後どのようにさらなる探査を行えるのか．プレスリリースの想像図で満足せずに，きちんと理解するには少し努力を要する．そこで，系外惑星探査の背景にある論理をある程度体系立てて説明しようとしたのが本書である．論理を知った上で見上げる夜空は少し違って見えるかもしれない．

イントロダクション（第1章）を除く本書の構成を図1に示した．系外惑星探査に必要な基礎はさまざまな領域に散らばっているため，ともすれば表面的な知識にとどまりがちである．この点に留意し，第2章から第4章までは，どちらかというと観測に直結する観点からアプローチを行い，第5章から第8章は，探査の背景にある理論的側面に重点をおいた内容にページを費やし，また知識を蓄えるというよりは自分で手と頭を動かし確認できるようなものとした．本書で用いられている計算や図の一部は https://github.com/HajimeKawahara/exojupyter で利用可能である．

各章の内容について，簡単にふれておこう．第1章では系外惑星探査の現状を，第2章では生命探査に必要となる諸概念を説明する．第3章では系外惑星に関係する天文学的側面の基礎，第4章では基礎的な系外惑星観測手法を説明する．ここまでが観測の基礎編であり，以降は理論の基礎編にうつる．第5-8章の各テーマ同士は比較的独立しているので，前半部を読んだ後ならばどこから読んでもよいかもしれない．第5章では惑星そのものの観測という観点から，惑星からの反射光や輻射光の記述法を扱う．第6章では惑星の大気構造はどのようにして決まるのかを説明する．大気構造は，惑星が海洋を持つ条件を決めたり，惑星光スペクト

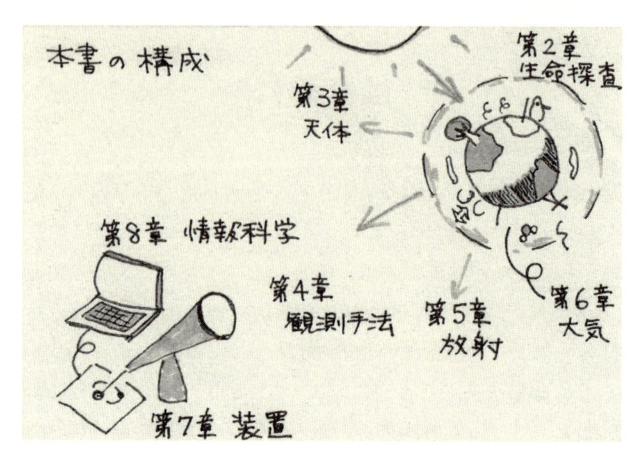

図 1 本書の構成

ルと関係したりする．第 7 章では系外惑星観測用の装置の詳細を示す．第 8 章は筆者の趣味であるが，系外惑星研究における情報科学的側面を気のおもむくままに記した．読者として，前半の 4 章までは大学学部 1-2 年生以上，後半は理工系の大学学部 3-4 年生から大学院生ぐらいを想定している．

系外惑星探査の究極の到達点は生命探査であり，本書もそれを意識して構成した．しかし生命探査といっても地球外生命のみを扱うという意味ではなく，生命が存在する系外惑星の発見を目標地点とするという程度の意味であるから，あまり気張らずに読んでいただければ幸いである．むしろ，そのような目標にむけて，いかに惑星を検出し環境を調べていくかということを，現在の系外惑星観測の現状から連続する視点でまとめたつもりである．筆者が生きているうちに系外惑星上に生命の存在を示唆する観測結果が出るかどうかはわからない．しかし，近いうちの実現可能性が低いことと原理上ないことは別である．それに生命探査の可能性こそが，系外惑星に他の天体にはない魅力を与えている．

1985 年にジュネーブでゴルバチョフとレーガンは，もし地球外からの侵略を受けたら冷戦を停止することで合意したという．結局，冷戦が集結するまでに侵略者は現れなかったが，その 6 年後には初の系外惑星が見つかった．人間がひしめき合う地球表面の外の世界を探求できるという事実が，私たちの心を，深刻だが実際は小さな日常のいがみ合いから解放することを期待したい．

目　次

第 1 章

系外惑星探査の現在

図 1.1　銀河の中心地を東京として太陽系が横浜にあるとすると，現在の系外惑星探査はどのくらいの範囲に及んでいるのだろうか？　答えはほぼ徒歩圏内（数 km 以内）である．生命探査は，近所の家々に誰か住んでいるかどうかを調べることに相当するが，まず住めるような家を探すことのほうが先決だ．本章では現在の系外惑星探査がどの程度まで進んでいるのか概観する．

太陽系外惑星（以下，系外惑星）は，1995 年にマイヨールとケロズによって 51 Pegasi（ペガスス座 51 番星）という恒星の周りに初めて発見された [67]．彫刻室座やろ座などではなく，はえあるペガスス座に見つかったのは幸運だった．この惑星は，太陽系の常識では考えられないような惑星，ホットジュピター（3.2.3 項参照）であった．ホットジュピターは恒星のごく近傍，水星よりさらに内側を回っている木星サイズの惑星のことである．惑星が恒星の周りを回るとき，反作用で恒星が少しゆらされる．するとドップラー効果により恒星光の色が微妙に変化する．彼らはこの変化を検出することで惑星を発見した．恒星の近くを重い惑星が回るほうが大きくゆれるので，ホットジュピターが一番見つけやすい惑星だ．その後，似たような惑星がいくつも見つかり，太陽系惑星と系外惑星の違いがことさら強調される時代もあったが，いまではホットジュピターはたった 5% 程度の恒星にしか存在しないことがわかっている．筆者の母校，横浜市立岡村中学校は，当時，横浜きっての指導困難校として知られていたが，実際には各クラスに一人くらいしか「不良」はいなかったのと同じ原理である．2012 年頃には，岩石惑星や地球に近い大きさの惑星が見つかりだし，恒星にそこまで近づいていない「普通の」惑星が数多く見つかりだした．その後，視線速度観測の高精度化，2009 年に打ち上げられた系外惑星探査の専用衛星ケプラーなどにより，地球と大差ない小さな惑星が続々と発見され，なかには海洋が存在できる環境にある惑星も見つかりはじめた．まだ実際に海洋や生命の兆候が発見されたわけではないが，いまでは系外惑星に生命が存在するのかどうかを，大学でもおおっぴらに問うことができる時代になった．

1.1 系外惑星は遠くて小さい

太陽系惑星や衛星の生命探査では，火星・エウロパ・エンセラドス（後者 2 つは自然衛星の名前である）などに直接，人工衛星を送り込む計画が考えられてきた．系外惑星の生命探査ではこれが可能だろうか？　太陽を除くと最も近い恒星であるケンタウルス座アルファ三連星 (alpha Centauri) は，距離 4 光年程度のところに存在する．2016 年には，このうちの 1 つ，プロキシマ・ケンタウリのハビタブルゾーン（第 2 章参照）内に地球質量程度の系外惑星の存在が報告された．ところで 1977 年に打ち上げられたボイジャー衛星は 30 年以上たった現在，太陽圏の境界であるヘリオポーズ付近にいるが，これは太陽から 120 au*1 程度，すなわち

*1 Astronomical Unit (au; 1 au ~ 1.5×10^{13} cm). くわしくは，3.1.1 項参照.

0.002 光年まで到達したことに対応する．もし，このペースでケンタウルス座アルファ三連星に向かうとすると，到着までに 7-8 万年かかる．つまり系外惑星では，光速に近い宇宙航行が実現しないかぎり，探査衛星を直接送り込んでの生命調査は人生のタイムスケール程度以上であり，すくなくとも筆者が生きているうちの実現は難しいかもしれない*2．そうすると次に確実な方法は，地球近傍から望遠鏡で惑星を覗きみて生命の兆候を探すことである．

それでは望遠鏡で系外惑星を見ることにして，火星や木星の写真を撮るように，系外惑星の表面を空間分解して撮影することはできるだろうか？　たとえば，地球からの距離が 10 pc*3にある仮想的な惑星 X を考えよう．これは系外惑星としては最も近い部類にはいるものである．さらにこの惑星 X は地球とまったく同じクローンであると仮定する．この距離の地球直径は約 10 マイクロ秒角に相当するが，これは月においたビー玉を地球から見たのと同程度のサイズに見える．木星の衛星であるエウロパと比較してみよう．エウロパは地球の 1/4 程度の大きさだが，見かけ上，惑星 X はエウロパの 10 万分の 1 以下のサイズとなる．太陽系惑星は太陽から地球までの距離である au という単位で表すと都合がよい距離にいるのに対し，最も近傍にある系外惑星は pc という得体のしれない単位（3.1.1 項参照）で表すと都合がよい距離にいることでもわかる．au に対し pc は約 10 万倍遠いので，約 10 万倍小さく見えるのである．ところで地球をこのような小さな点として観測した写真がある（図 1.2）．Pale Blue Dot として有名なこの写真は，人工衛星ボイジャー 1 号が，1990 年，約 40 au 離れた場所から振り返って地球を撮影したものである．我々は，さらにその 1 万倍以上離れたところから，系外惑星を観測しなくてはならない．つまり当面は，系外惑星をこのような光る点*4として観測することになる．

1.2　銀河にあふれる系外惑星

系外惑星は，これまでどのくらい見つかっていて，どれくらい普遍的なものなのだろうか？　太陽系は数ある銀河の 1 つ天の川銀河に属していて，中心からはそれなりに離れた一地方に住んでいる．以降，他の銀河は出てこないので，天の川銀

*2　光速の数割程度の速度を想定し，ケンタウルス座アルファ三連星に向かう StarShot 計画が検討されているが，これが万が一成功すればありうるかもしれない．

*3　pc（パーセク）．1 pc ~ 3×10^{18} cm.

*4　このような空間分解できない天体を，点源 (point source) とよぶ．

図 **1.2** 左：Pale Blue Dot（小さな青い染み）．Wikipedia より転載（NASA）．
右：近傍の恒星の周りに地球と同じ惑星が回っていたとしたら，地球から見たその惑星の見かけのサイズは，月においたビー玉とほぼ同じである．

河を銀河とよぶ．系外惑星探査はこの銀河内の恒星を調べているのが現状であるが，それでも銀河内には数千億個の恒星が存在する．

系外惑星探査は銀河内のどの程度の領域まで探査が進んでいるだろうか．図 1.3 はこれまで見つかった系外惑星の銀河面上の位置をプロットしたものである．2 つの方向を除いて，系外惑星は太陽系の周りにまんべんなく発見されている．これらの惑星の多くは，恒星のゆれを検知する視線速度法と惑星が恒星の前面を通過したときの減光を検出するトランジット法により発見されている（第 4 章参照）．例外はマイクロレンズ探査（4.4 節参照）の銀河中心方向とケプラー衛星が 4 年間にわたり見ていた白鳥座の方向である．これまでのマイクロレンズ探査は 2 つの恒星が視線方向になければならないので，恒星の多い銀河中心方向（厳密にはそこから少し外れたバルジ方向）を重点的に探索していた．ケプラー衛星は 2009 年に打ち上げられた NASA の系外惑星探査の専用衛星である．トランジット法で，20 万個程度の恒星を探索し，大量の惑星候補を発見した*5．合計では，2017 年時点では 3500 個近くの系外惑星が確認されていることになっている．しかし図 1.3 右を見るとわかるように，系外惑星の探査領域は銀河の中の極めて限られた領域だけしか探査されていないことがわかる．まだまだやることがたくさん残されているようだ．

これまでの系外惑星探査の結果わかったことは，恒星があれば惑星もだいたいあるもので，まったく珍しくない，という事実だ．[109] に従い，もう少しかたい表現をすると

---

*5 ケプラー衛星は，2009 年の打ち上げ以来，2012 年のリアクションホイール（人工衛星の角運動量を貯めておく装置）故障がおきるまで約 4 年の観測を行った．故障後，2014 年から K2 として 1 年に順に 4 カ所を観測する運用を行い，新たな惑星を発見し続けている（2017 年現在）．

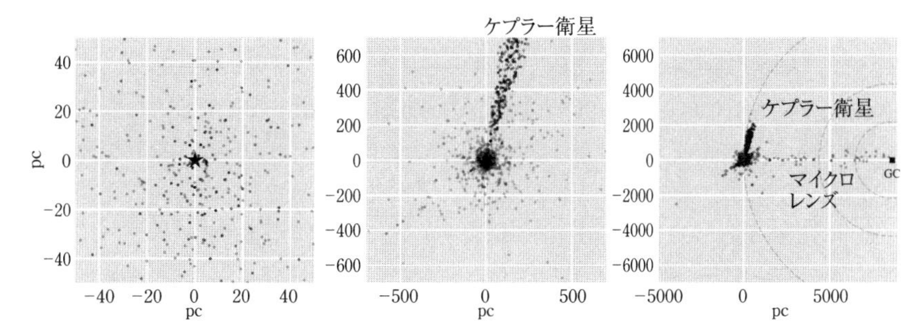

図 1.3　2017 年時点で発見されている系外惑星の位置．座標中心は太陽系とし，銀河面に射影して表示している．左から右にかけて太陽系近傍 50 pc 以内，700 pc 以内，銀河中心付近までのプロットを示す．ケプラー衛星の見ていた方向とマイクロレンズ探査の銀河中心 (GC) の方向に集中しているのがわかる．四角で表した GC は太陽系から 8.7 kpc としたが，これは 1 kpc 程度の不定性があることに注意．

- 太陽型星（3.1.3 項参照）周りに周期数年以内の木星が存在する確率は 10% 程度である．
- 太陽型星周りに周期 1 年以内の地球半径の 1-4 倍の惑星が存在する確率は 50% 程度である．

ということがわかっている．現在の観測方法では数年以上の長周期惑星の探索はほとんど行えていないので，おそらく惑星の存在頻度はこれよりもさらに高いだろう．

1.3　銀河にはいろいろな惑星がいる

ところで現時点ではどのような系外惑星が発見されているだろうか？　具体的に紹介する前に命名法を説明しておこう．発見された順番に各惑星に対して b,c,d,... と小文字アルファベットをつけていくという慣習である．もし恒星 Sun に，まず木星，次に土星，その次に地球が見つかったなら，恒星 = Sun，木星 = Sun b，土星 = Sun c，地球 = Sun d ということになる．「Sun」の部分が，恒星の名前に対応し，51 Pegasi のようなまだ人間味のある名前から，恒星のカタログに由来する HD 209458*6のような住所のような名前もよく見る．恒星名の代わりに探査ミッション名 + 数字が普及している場合もある．代表的な探査ミッシ

*6　系外惑星を宿す恒星の名前には HD + 数字というものがよく出てくるが，これは Henry Draper Catalogue とよばれる 1920 年頃に発表された 225,000 個の恒星カタログにある恒星の番号である．HD カタログは全天の 9 等星まで記載されている．

ョン名は Kepler, K2（ケプラー衛星），CoRoT（コロー衛星），WASP, HAT-P, HAT-S, Qatar, TrES, XO, KELT（それぞれ地上トランジット探査計画の名前），OGLE, MOA（それぞれマイクロレンズ探査計画の名前）などである．筆者は隣席の名前も忘れてしまうので系外惑星の名前は全然覚えられないが，期待を一身に背負った名ではない無機質な命名が気に入っている．

系外惑星の軌道の例を示したのが図 1.4 である．この図をざっと眺めただけでも系外惑星の多様性が理解できた気になるだろう．系外惑星研究をはじめた頃の筆者は，「異形の惑星」などと称される系外惑星の意外性がいまいちピンとこなかったが，それは太陽系惑星をよく知らなかったからだ．そんな読者のために図内の点線，もしくは右下に太陽系惑星の軌道を参照用に示したので，こっそり見比べながら驚いたふりをしてほしい．さて以下に具体例を挙げながら，現在どのような系外惑星が発見されているか説明しよう．

- **51 Pegasi b** 記念すべき最初に発見された系外惑星．ホットジュピター (hot Jupiter) とよばれる恒星のすぐ近くを回る木星サイズの惑星である．視線速度法とよばれる，惑星が恒星をゆらす際の光のドップラー効果を用いて発見された．視線速度法については 4.1 節を参照のこと．

- **HD 209458 b** 初めてトランジット法で観測された惑星である．恒星の光度曲線を測定して（光度については，3.1.2 項参照），惑星が前面を通過したときにおこる減光を検出する方法をトランジット法という（4.3 節）．HD209458 b に続き，いくつもの近傍のトランジット・ホットジュピターが見つかった．これらは透過光分光（4.3.3 項）や昼側放射分光（4.3.4 項）などでその大気組成や構造を解明できる格好のターゲットである．ホットジュピターは軌道長半径 0.05 au 程度で，典型的には放射平衡温度（2.1.2 項参照）が 1000 K を超えている．恒星からの距離がもう少し遠く軌道長半径 0.1 au 程度で放射平衡温度が 1000 K を下回るような 55 Cnc b のようなものはウォームジュピター（warm Jupiter, 3.2.3 項参照）とよんだりする．

- **HD 80606 b** 太陽系の惑星では見られないほどの楕円軌道を持つ惑星も発見されている．HD 80606 は視線速度法で発見された木星サイズのトランジット惑星であり，離心率（3.3.1 項参照）にして 0.93 もあり，ハレー彗星の離心率 0.97 に匹敵するくらいの楕円軌道である．

- **CoRoT 7b, GJ 1214 b, 55 Cnc e, GJ 436 b** 2009 年頃より，木星半径の半

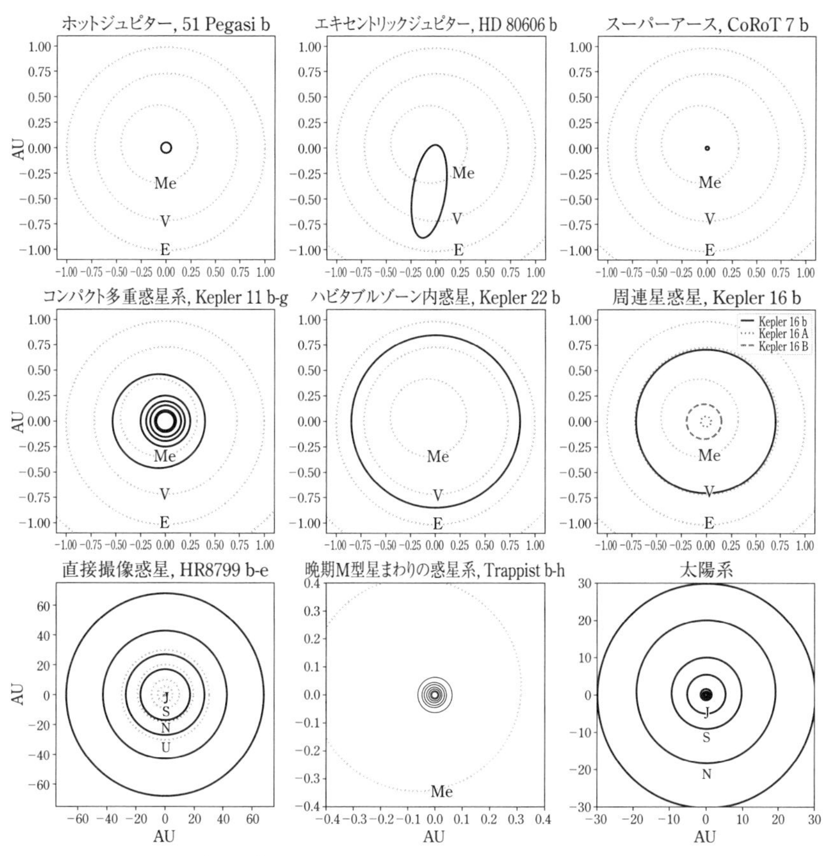

図 **1.4** さまざまな系外惑星の軌道．それぞれの惑星については本文中のリストを参照のこと．点線で太陽系惑星の軌道を参照のために表示している．図中の Me, V, E, J, S, U, N はそれぞれ水星，金星，地球，木星，土星，天王星，海王星を示している．

分くらい，また地球半径の 2 倍程度のトランジット惑星が発見されはじめた．前者をホットネプチューン（3.2.3 項参照），後者をホットスーパーアース*7などとよぶ．視線速度法と合わせて密度が推定され，これらは水素ヘリウムガス主体の組成ではなく，岩石コア + 水や水素で説明できる密度であったり，岩石惑星の密度であったりする．

*7 「スーパー」は「すごい」という意味ではなくスーパーマーケットくらいの意味のスーパーである．

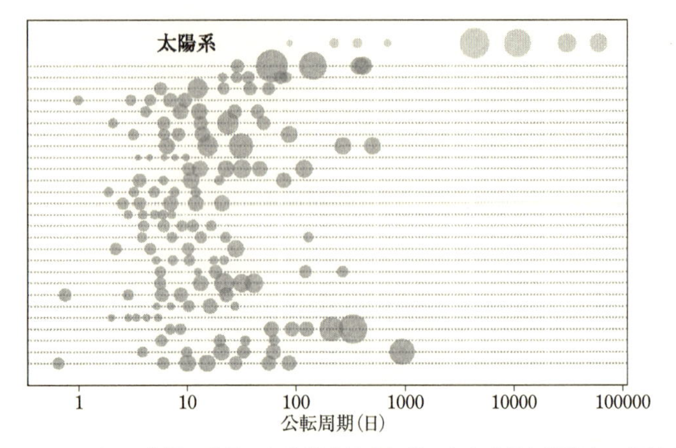

図 1.5 ケプラー衛星の発見した複数惑星系候補のうち惑星候補数が5個以上のものをプロットしている. 横軸は公転周期である. 最上段は参照用の太陽系. 惑星の大きさを反映した図となっている.

- **OGLE-2003-BLG-235/MOA-2003-BLG-53** 初めてマイクロレンズ (4.4 節参照) により発見された系外惑星 [10]. マイクロレンズによって発見された惑星は手法の特徴から, 一般的に他の惑星より遠い場所に位置する. この惑星は地球から約 6 kpc の距離にある.

- **Kepler 11 b-g** ケプラー衛星により, 恒星の周りを6個のトランジット惑星が回っている系, Kepler 11 b-g が報告された. その後, 同様の系が多数見つかっている. 図 1.5 は太陽系とケプラー衛星が発見した複数惑星系候補を, 公転周期の軸でかいたものである. この図からわかるようにケプラー衛星の発見した系は, 太陽系の惑星系に比べ内側に存在する惑星系である.

- **Kepler 22b, Kepler 62e, Kepler 186f, Gliese 832c, GJ 667Cc** 系外惑星における生命探査のターゲットとしてハビタブルゾーンとよばれる液体の水が存在できる領域という概念がある (第2章参照). ハビタブルという語は, 生命居住可能と訳されるが「可能」という言葉の曖昧さからわかるように, 一般的にはわりと広義である. しかしハビタブルゾーンといったときには「惑星表面の液体の水の存在可能条件」という極めて限定的な意味となる. これらの惑星は, そのハビタブルゾーン内にあるとされているスーパーアース (3.2.3 項参照) である. ハビタブルゾーン内にあるといって液体の水があるとは限らないことに注意が必要である. これまでのところハビタブルゾーン内の惑星はケプラー衛星によるトランジット惑星によるものと視

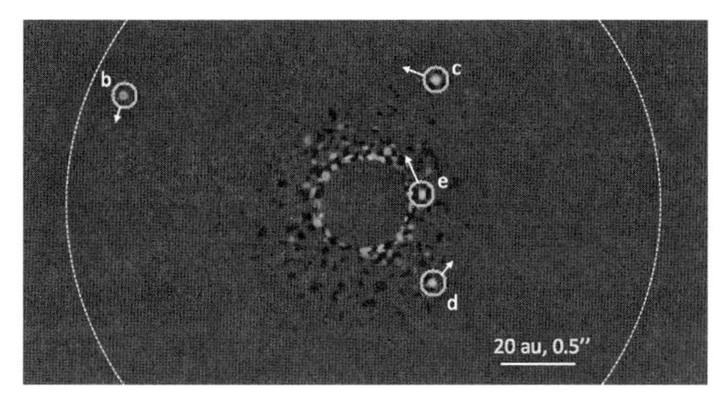

図 1.6 すばる極限補償光学装置 (SCExAO) により直接撮像された HR 8799 b–e. Thayne Currie 氏に提供していただいた図を若干改変した. 中心の恒星部分はマスクされているので見えない.

線速度法により検出されたものがあるが，観測バイアスから，前者は太陽型星，後者は晩期型星（3.1.3 項参照）の周りのものが発見されやすい.「ハビタブル」に関係する研究結果は，過大な宣伝をされる傾向にある.「NASA の重大発表」*8は，昔よく見た「NASA が開発した新素材！」という宣伝文句を思い出しながら心して聞こう.

- **Kepler 16 b** 連星系 Kepler 16 A と Kepler 16 B の周りを回る惑星. このような周連星惑星は Kepler 34 b, 35 b, 47 bc と続々と見つかりつつある. 連星系に存在する惑星は，2 つの連星の周りを回る P タイプとそのうちの 1 つの周りを回る S タイプに大まかに分類される. スターウォーズの影響か P タイプのほうが珍重されている.

- **HR 8799 b–e, beta Pic b** HR8799 は，代表的な直接撮像惑星であり，4 つの若い惑星が撮影されている（図 1.6）. beta Pic b も若い惑星で，ほぼ真横から見たデブリ円盤に付随する. また，惑星の自転運動の測定が行われた（4.6 節）. 現在のところ直接撮像で見つかっている惑星は若く強い熱放射を出しているものに限られる（4.5.2 項参照）. しかし，直接撮像法（4.5 節）は地球型惑星（3.2.2 項）の生命探査法としては本命の 1 つである.

- **Proxima Centauri b, Trappist-1 惑星系，LHS 1140 b** 2016–2017 年の間に，系外惑星生命探査において 3 つの重要な発見があった. ケンタウルス座アルファ星は太陽系から最も近い恒星系で，約 1.3 pc の場所にある. この恒星系は三連星であり，太陽に近い G 型（スペクトル型については，

*8 NASA 自身がそのように宣伝しているかは不明である.

3.1.2 項参照）星の alpha Centauri A，それより少し小さい K 型星の alpha Centauri B，そしてもっと小さい M 型星の Proxima Centauri からなる．視線速度法により，Proxima Centauri に地球質量程度の惑星が，恒星から 0.05 au の位置に発見された [5]．この位置はハビタブルゾーン内にあるとされ，生命探査の重要なターゲットとなりうる．

Trappist-1 系は，地球からの距離 12 pc の近さにある晩期型 M 型星の周りを回る地球半径程度の 7 つの惑星からなるトランジット惑星系である [29]．いくつかはハビタブルゾーン内にあるとされる．恒星は温度 2600 K 程度で半径も木星半径程度と非常に小さい．正直，この惑星系に対してはハビタブルゾーン云々よりもこんなにも小さな領域に 7 個も惑星があることのほうに驚かされる（図 1.4 下中参照）．

LHS 1140 b は地球から約 12 pc のところにある M 型星 LHS 1140 のハビタブルゾーンに発見されたトランジット・スーパーアース（半径は地球半径の 1.4 倍）である [21]．この惑星は視線速度法により質量が求められ，岩石型（3.2.2 項参照）であることが判明している．かつ恒星の温度は Trappist-1 よりは高く 3000 K であり，通常の M 型星である．軌道長半径も 0.09 au と比較的大きいため，透過光分光のみならず次世代大型望遠鏡の直接撮像による生命探査が可能なターゲットである*9．

以上，筆者の偏見で重要だと思われる惑星を紹介した．ここのリストの系外惑星の発見方法やその後のキャラクタリゼーション*10についての各詳細は第 4 章で紹介する．

*9 このような低温星周りの惑星は，トランジット法でも視線速度法でも小さく軽いものまで検出しやすいという利点を持つため，近年，盛んに探査されている．また地上望遠鏡による直接撮像にも向いている．ハビタブルゾーンの研究はこのような低温の恒星周りの環境では，まだわかっていないことも多い．とくにハビタブルゾーンが，恒星に近い場所にあるため，惑星の自転角速度が公転角速度と一致し，つねに同じ惑星面を恒星側に向ける潮汐ロックという現象がおきることが予想されるため，惑星表層がどうなるかは理論的にもあまりよくわかっていないことに注意が必要である．惑星大気が相対的に恒星の X 線や UV 光にさらされやすく大気が保持できるかという問題もある．現に Trappist-1 系は，ケプラー衛星による追観測から，恒星活動が非常に活発であることがわかっており，生命探査の対象としては不安要素がある．しかし，現実的に生命探査のできる可能性があるこれら 2 つの惑星が発見されたことは，今後の系外惑星研究の 1 つの重要な方向性を指し示していると思う．

*10 系外惑星業界では，惑星の性質を調べることをわざわざ「キャラクタリゼーション」とよぶ．

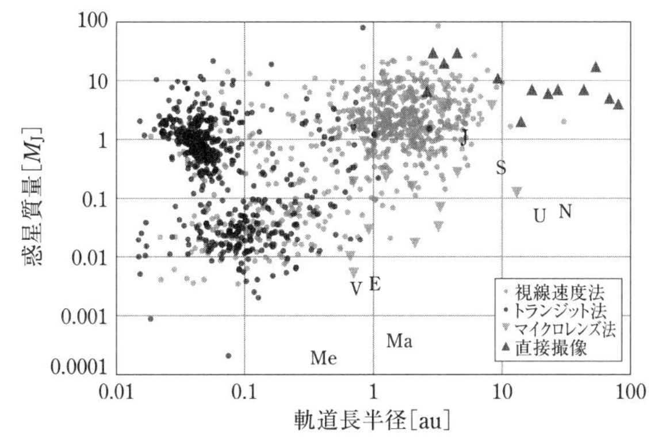

図 1.7 2017 年 2 月時点で発見されている系外惑星の惑星質量と軌道長半径プロット．惑星質量は木星質量 M_J で規格化されている．検出方法（視線速度法，トランジット，マイクロレンズ法，直接撮像）により分けて書いてある．視線速度法のものは厳密には質量最小値である．くわしくは第 4 章を参照のこと．図中の Me, V, E, Ma, J, S, U, N はそれぞれ水星，金星，地球，火星，木星，土星，天王星，海王星を示している．

1.4 太陽系姉妹惑星の探査はまだまだである

では発見された系外惑星と太陽系惑星とを比較するとどうだろうか．系外惑星探査は太陽系惑星の普遍性および特殊性をどれくらい明らかにしてきただろうか．図 1.7 に，2017 年 2 月時点で発見されている系外惑星の質量*11と軌道長半径プロットを示す．このように現時点でも地球とさして変わらない質量の惑星が発見されている．実は系外惑星の探査は方法論の制約ゆえにかなり偏っている．とくにキャラクタリゼーションの可能なトランジット系および直接撮像惑星を考えると，太陽系惑星の領域をほぼ観測できていないといってもよい．

図 1.8 は，2017 年 2 月現在，半径の推定ができている系外惑星の軌道と半径プロットである．これに太陽系の惑星を重ねてある．これを見ると一目瞭然であるが，太陽系惑星の軌道・半径に対応する領域の系外惑星はほぼ探査されていない．木星半径かつ 10 au 以上の場所に位置する系外惑星は直接撮像によるものであるが，これらの直接撮像系外惑星は非常に若くて温度の高い自ら光っている惑星であり，現在の冷えた海王星や天王星とは異なる．つまり，太陽系惑星に対応するよう

*11 後に述べるように質量に軌道傾斜角の不定性がある惑星があるのだが，だいたい惑星質量だと思ってよい．

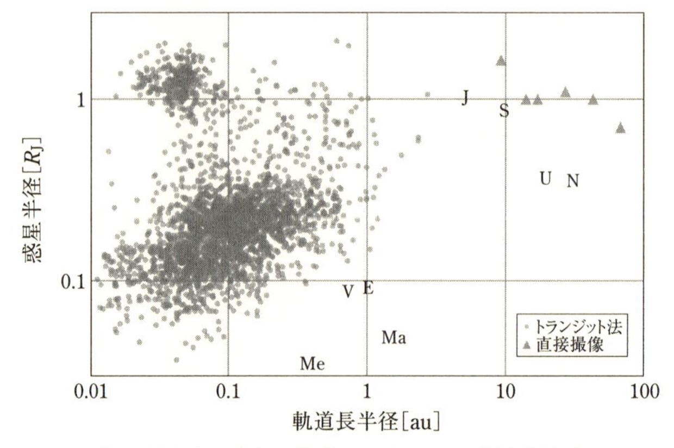

図 1.8　2017 年 2 月現在，半径の推定ができている系外惑星（トランジット法と直接撮像）と太陽系の惑星の軌道-半径平面での位置．褐色矮星周りの特殊なものは除いてある．図内アルファベットは図 1.7 と同様で太陽系内惑星を示している．

な系外惑星，いわば太陽系惑星の姉妹惑星の探査はほとんどできていないのが現状である．生命探査につながる惑星の前に，まずはこの領域の探査が進んでいくだろう．

1.5　天文学を超えて

生命を宿すことのできる系外惑星の研究は宇宙生物学（アストロバイオロジー）とよばれるものの一分野であるとも認識されている．宇宙生物学とは本当のところ何を意味するのだろうか？　というのも宇宙に地球生物以外は見つかっておらず，生物が地球外から来た証拠もなく，「宇宙生物学」はペーパーカンパニーだ．これまで宇宙生物学という名称は，火星や木星・土星の衛星など太陽系惑星の生命探査，また地球生命がどのように宇宙の現象と関係しているのか，地球の生命の起源を探究する学問，宇宙空間での生命活動を調べるもの，知的宇宙生命との交信を試みる分野などのごった煮であり，相互に関係する場合があるが，まあ大概無関係であり，単にお金の問題やアウトリーチのお題目だったりと都合よく使われてきた．系外惑星の生命探査は，このごった煮に最近追加された一品であるだけである．従来の天文分野からスタートしている系外惑星に，なぜペーパーカンパニーが必要なのか考えてみると有益かもしれない．手法的に従来の研究分野から逸脱しているとはいえない．より逸脱しているのは価値である．宇宙生物学的な観点からの系外惑星研究は，普遍的な物理法則の探求にまず寄与しない．生命の神秘の解明にもまず当面は寄与しないだろう．通常考えられる科学的目標にマッチしないのではないだろうか．崇高な目的を達成したいというよりは，どちらかというと，世界が他にもあるか知りたい，というような普通の人が考えるナイーブ（荒削り）な動機に駆動されているのかもしれない．

第 I 部
観測的基礎

第2章

生命探査の基本概念

図 2.1　本章で説明する内容のイメージ図．ポップな絵で心理的障壁を下げる効果を期待している．

本章では，系外惑星における生命探査の基本的な概念を紹介したい．探索の 1 つの指標である海洋が存在できる条件や探査対象であるバイオマーカーについて説明する．とはいえ，本章では本当の系外惑星は出てこない．

2.1 惑星の温度とハビタビリティ

2.1.1 おおざっぱな「地球」の位置

系外惑星の生命探査では，液体の水が存在できる表面温度を持つ惑星，ハビタブル惑星の概念が非常に重要になる．このような惑星が存在できる領域をハビタブルゾーンという [41]．ハビタブルゾーンは，惑星が恒星から受け取るエネルギーと惑星表面に存在する温室効果ガスによって大まかに決まる．恒星からどの位の位置がハビタブルゾーンなのかを求めるのは，惑星表面の物理条件を考慮する計算が必要なので簡単ではない．しかし，すぐわかることが 1 つある．それは太陽の場合，地球のいる 1 au はハビタブルゾーンの中であるべきということである．

恒星が太陽と異なる明るさの場合，地球が受け取る恒星エネルギーと同じ条件になる場所を考えてみよう．恒星温度の違いによるスペクトルの若干の違いがあるものの，大ざっぱには太陽系の場合の 1 au に相当する日射量の場所に移動すればよいことがわかる．惑星が受ける日射量は距離の 2 乗に反比例するから，だいたい

$$a = \sqrt{\frac{L_\star}{L_\odot}} \times 1\ \mathrm{au} \tag{2.1}$$

ぐらいの距離付近がハビタブルゾーンであるといえる．ここに $L_\star$ は，恒星の光度，$L_\odot$ は太陽の光度である*1．これにはスペクトルの変化による補正が幾分かつくが，まあ大ざっぱにはこれでハビタブルな軌道長半径を見積ってもよいだろう．たとえば M 型星は典型的には 1/100 太陽光度程度なので，ハビタブルゾーンは 0.1 au 程度の場所にある．

2.1.2 放射平衡温度

惑星の「温度」を見積もる簡単な方法として，放射平衡温度という概念を紹介

---

*1 本書では $\star$ を一般の恒星を表す記号として用いる．$\oplus$ は地球を，$\odot$ は太陽を表す．

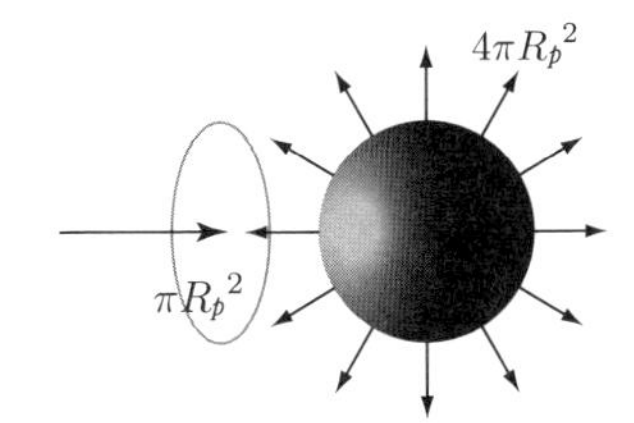

図 2.2　惑星へ入射してくる恒星光と惑星表面から出ていく輻射光.

したい．半径 R_p の惑星が受け取るエネルギーは，恒星フラックス密度 (stellar flux density) S を用いて

$$L_{\rm ab} = (1 - A)\pi R_p^2 S \tag{2.2}$$

と書くことができる（添字 ab は惑星による吸収 = absorption の意味である）．πR_p^2 は惑星の断面積である（図 2.2 参照）．A は惑星全体の反射率（アルベドという）で $(1 - A)$ の項は反射して宇宙に返された分を除いている．恒星光を黒体輻射と考えると，恒星フラックス密度は

$$S = \frac{L_\star}{4\pi a^2} = \frac{4\pi R_\star^2 \sigma T_\star^4}{4\pi a^2} \tag{2.3}$$

である．a は公転半径，$R_\star$ は恒星半径，$T_\star$ は恒星温度，σ はシュテファン-ボルツマン定数（3.1.2 項参照）である．恒星の黒体輻射については 3.1.2 項を参照のこと．地球における S は太陽定数とよばれ，

$$S = \frac{(6.96 \times 10^8\ {\rm m})^2 (5.67 \times 10^{-8}\ {\rm W/m^2/K^4})}{(1.50 \times 10^{11}\ {\rm m})^2} \times (5778\ {\rm K})^4 = 1370\ {\rm W/m^2} \tag{2.4}$$

となる．一方，惑星からの放射 (emission) を温度 $T_{\rm eq}$ の黒体輻射とすると，放射エネルギーは

$$L_{\rm em} = \beta(4\pi R_p^2 \sigma T_{\rm eq}^4) \tag{2.5}$$

と書ける．β は熱分配の度合いを表す係数で，瞬時に全球に一様に分配する極限の集合 ($\beta = 1$) と，恒星光の当たっている半球だけに分配される場合 ($\beta = 0.5$) の間の値をとる．潮汐力により公転と自転が一致（潮汐ロック）しているような恒星に近い惑星では，地球に対する月のように，惑星の同じ面がつねに恒星方向を向くために導入される補正である．

$$L_{\rm em} = L_{\rm ab} \tag{2.6}$$

としたとき（放射平衡）の $T_{\rm eq}$ を放射平衡温度（単に平衡温度，equilibrium temperature ともいう）とよぶ．このとき，式 (2.2) から式 (2.6) までを用いると

$$\frac{T_{\rm eq}^4 a^2}{T_\star^4 R_\star^2} = \frac{1-A}{4\beta} \tag{2.7}$$

となる．つまり

$$T_{\rm eq} = \left(\frac{1-A}{4\beta}\right)^{\frac{1}{4}} T_\star \sqrt{\frac{R_\star}{a}} \tag{2.8}$$

$$= 396 \left(\frac{1-A}{4\beta}\right)^{\frac{1}{4}} \left(\frac{T_\star}{5800\,{\rm K}}\right)\left(\frac{R_\star}{R_\odot}\right)^{\frac{1}{2}} \left(\frac{a}{1\,{\rm au}}\right)^{-\frac{1}{2}}\ {\rm K} \tag{2.9}$$

$$= 396 \left(\frac{1-A}{4\beta}\right)^{\frac{1}{4}} \left(\frac{L_\star}{L_\odot}\right)^{\frac{1}{4}} \left(\frac{a}{1\,{\rm au}}\right)^{-\frac{1}{2}}\ {\rm K} \tag{2.10}$$

となる．

ここで惑星表面が受け取る平均的な恒星フラックス $F_\star$ を定義しておこう．式 (2.2) より

$$F_\star \equiv \frac{L_{\rm ab}}{4\pi R_p^2} = \frac{(1-A)}{4} S = 240 \left(\frac{1-A}{0.7}\right)\left(\frac{S}{1370\,{\rm W/m^2}}\right)\ {\rm W/m^2} \tag{2.11}$$

のように S と結びつく．この式は，恒星の入射エネルギーから惑星の反射分を取り除き，図 2.2 に示すような断面円で入ってきた入射フラックスが自転により球面へ分配される効果を表す係数 1/4 をかけたものになるという描像を表している．惑星が受け取る平均フラックス密度と放射平衡温度は，

$$\sigma T_{\rm eq}^4 = \frac{F_\star}{\beta} \tag{2.12}$$

の関係にあることもわかる．

表 2.1 に太陽系内の地球型惑星の平衡温度と実際の平均表面温度を示してある．ただし太陽系惑星は潮汐ロックしていないので表面の熱分配が効率的に行われているとして $\beta = 1$ と仮定してある．このように平衡温度は，温室効果ガスや内部からの熱供給がある場合，実際の表面温度とはかなり異なってくるので注意が必要である．つまり平衡温度はあくまで惑星環境を推定するための 1 つの目安である．図 2.3 には系外惑星の平衡温度をプロットしている．半径が木星半径（~ 10 地球半径）程度で 1000 K 以上の集まりがホットジュピターに対応し，地球半径程度で

表 **2.1** 太陽系惑星の表面温度と $\beta = 1$ を仮定した場合の平衡温度

惑星	放射平衡温度	アルベド（A）	平均表面温度
金星	231 K	0.75	737 K
地球	255 K	0.29	288 K
火星	213 K	0.22	218 K

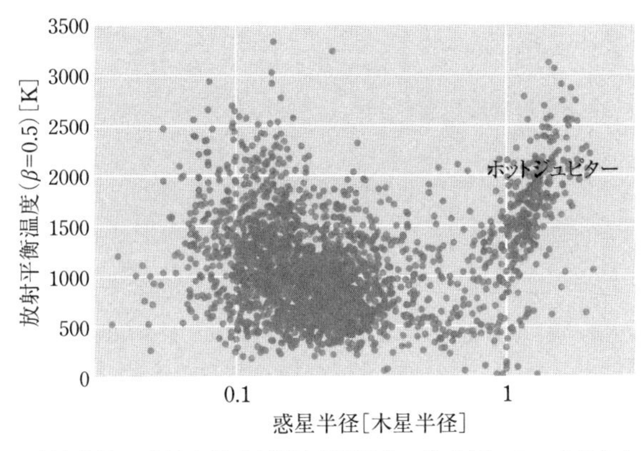

図 **2.3** 系外惑星の惑星半径-平衡温度平面上の散布図．$\beta = 0.5$ とおいている．

2000 K 付近の集まりがホットスーパーアースやホット地球型惑星に対応している．現在見つかっている系外惑星はまだまだかなり高温のものに偏っていることがわかる．

2.1.3 ハビタブルゾーン

ハビタブルゾーンの幅は，詳細には温室効果ガスである水や二酸化炭素が惑星気象に及ぼす効果を考慮して決まるが，その計算は簡単ではない．ここでは，何がハビタブルゾーンの内側・外側境界を決めているか簡単に述べる．内側境界については 6.2.3 項と 6.3.4 項で述べる．くわしくは [114] などの教科書を参考にしてほしい．海洋を持つような惑星は，惑星外にすてることのできる赤外光放射に上限がある（射出限界）．これを超えるエネルギーの恒星光入射があるときには，安定状態を維持できなくなり，水が暴走的に散逸する（暴走温室効果）．すなわち射出限界に対応する入射のある軌道長半径が，内側のハビタブルゾーンを規定しうる．これを暴走温室限界という．暴走温室限界とまでいかなくとも，大気中の水蒸気が上空までひろがるようになると，入射してくる極紫外線による散逸で，長期的に水が保持できなくなる．この現象で決まる内側限界を湿潤温室限界という．放射平衡温度

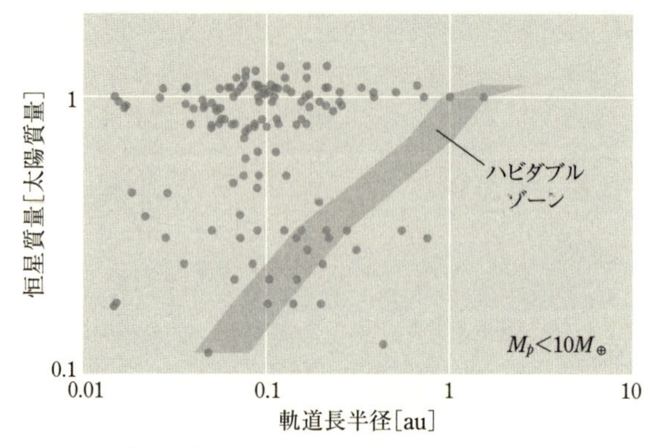

図 **2.4** 2017 年時点で発見されている惑星 ($M_p < 10M_\oplus$) の軌道長半径と恒星質量平面にハビタブルゾーン [53] を重ねたもの.

では, 地球の位置であっても氷点下になってしまうことがわかる. しかし地球で, 地表面が室温に保たれているのは, 水や二酸化炭素による温室効果があるせいである. 水や二酸化炭素はハビタブル惑星の輻射域に強い吸収をもつ (5.2.3 項). そのため地表面からの輻射は, 一部, 途中で吸収され下向きに戻される. 一方, 恒星からの可視光入射フラックスは, (地球大気の場合) 透明であるから下層まで届く. このため, 大気下層では, 恒星の入射フラックスと水や二酸化炭素による輻射の戻りが正味入射となるため, 惑星全体の放射平衡温度より温度が上がる. 海洋があるとき, 大気中の水の存在量はほぼ自動的に決まるので, 実質, 二酸化炭素が持てる温室効果の最大値がハビタブルゾーンの外側境界を決める.

図 2.4 は 2017 年時点で見つかっている 10 地球質量 ($M_\oplus$) 以下の系外惑星の軌道長半径と恒星質量平面に, [53] によるハビタブルゾーンを重ねたものである. すでにいくつかの系外惑星がハビタブルゾーン内に入っていることがわかる. ハビタブルゾーンに入っていても巨大ガス惑星 (3.2.2 項参照) の場合はハビタブル惑星とはみなさない. ハビタブルゾーンに入っている地球型惑星ならハビタブルな惑星というわけではないし (現に火星もハビタブルゾーンに入っている), また, 古典的なハビタブルゾーンの計算結果からはみ出す場合でも, 惑星表面に液体の水を長期間保持できる惑星も複数提案されている ([2] など) ことには注意が必要である. また, そもそもハビタブルゾーンの研究が, 地球のハビタビリティを理解するために始まったものであり, 地球の物理条件に引っ張られていることは否めない. 系外惑星探査でのハビタブルゾーンは実用上の 1 つの目安として用い, あまり細かい違いには気にしなくてよいかもしれない.

2.2 温暖状態とスノーボール状態

ハビタブルゾーンに入っていて海洋を形成できるほどの水を保持していたとしても，我々の地球のような海に覆われた惑星になるとは限らない．地球の場合でも過去には海洋が全球的に凍結し氷に覆われた状態が実現していたといわれる（スノーボール・アース仮説）．惑星のエネルギーバランスを考えると，反射率（アルベド）が低く表面温度が温暖に保たれる液体海洋の状態と，全球が凍結しているために反射率が高くなり表面温度が低くなっている状態の2つの安定状態がありうるからである．この事実は，生命探査においてハビタブルゾーンのみならず惑星表層キャラクタリゼーションの重要性を端的に示している．

2.2.1 惑星のエネルギーバランス

1960年代後半に，地球表面のエネルギーバランスの0次元モデルを用いて地球表層の環境が論じられた [13, 95]．惑星の空間分布を無視し，惑星表面におけるエネルギーのやり取りを記述するのが0次元モデルである．表面が受け取るエネルギーから射出するエネルギーを引いたものが惑星の表面温度変化をもたらすと考えると，

$$4\pi R_p^2 C \frac{dT_s}{dt} = L_{ab} - L_{em} \tag{2.13}$$

のように書ける．ここに T_s は惑星の（代表）表面温度で，C は単位面積当たりの比熱 $W/m^2/K$ である．

反射分を除いた恒星からの入射エネルギーは，式 (2.2) より，$L_{ab} = (1 - A)\pi R_p^2 S$ である．アルベド A というのは，本来，表層環境に依存する．たとえば，温度が下がっていき氷床が惑星表面に発達した場合，アルベドは高くなるだろう．逆に温度が上がり氷床が融ければ，海の反射率は低いのでアルベドは下がるだろう．そこでアルベドを温度依存性のある関数 $A(T_s)$ とおき，

$$L_{ab} = [1 - A(T_s)]\pi R_p^2 S \tag{2.14}$$

とする．$A(T_s)$ のモデルとしては，273 K 前後を境として，海のアルベドから氷のアルベドへと変化するモデルが考えられる．図 2.5（左）にそのようなモデルの1つを示した [81]．氷がまったくない場合の地球のアルベドを $a_w = 0.3$（これは主として雲の寄与である），全球が氷に覆われているときのアルベドを $a_i = 0.6$ とし

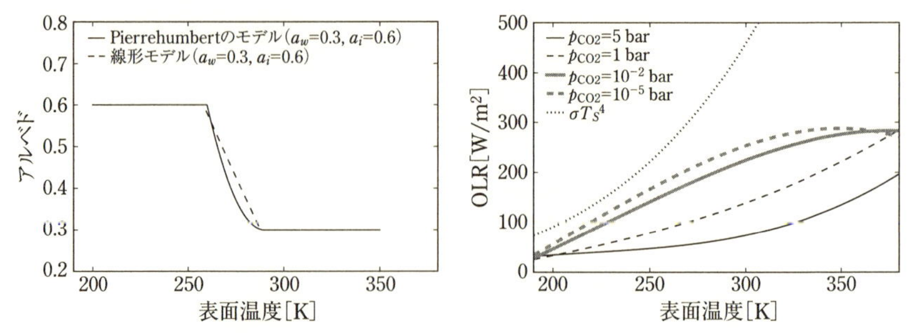

図 2.5 左：表面温度の関数としての地球アルベドのモデル．[81] の関数に基づく．破線は線形モデル．右：背景大気 1 bar の地球大気の場合の OLR．二酸化炭素分圧を 5, 1, 10^{-2}, 10^{-5} bar の場合についてかいてある．H_2O 雲による減少分 (–14.06 W/m²) を考慮してある．[108] に基づく．破線は σT_s^4 で計算した場合．

ている．また簡単な線形モデル $A(T_s) = -0.01(T_s - 273) + 0.45$ も示した．

次に惑星の熱放射 L_{em} を考える．平衡温度の考え方では，L_{em} を，平衡温度 T_{eq} の黒体輻射と考えた（式 (2.5)）．しかし温室効果ガスを考える場合，惑星表面からは $4\pi R_p^2 \sigma T_s^4$ の黒体輻射が出ているとしても，温室効果ガスの吸収の効く波長では吸収を受け，より低い温度の黒体輻射として宇宙空間に射出されるため，$T_{eq} = T_s$ として L_{em} を計算してはならない．L_{em} の T_s 依存性を決めるためには，大気組成や大気構造を仮定しないとならない．現在の地球の場合，温室効果ガスとして重要なのは水蒸気と二酸化炭素だが，水蒸気の効果は表面温度 T_s によって決まるとして，T_s と二酸化炭素分圧 p_{CO_2} の関数とした Outgoing Longwave Radiation（宇宙空間への長波放射；OLR），$\Lambda(T_s, p_{CO_2}) \equiv L_{em}/4\pi R_p^2$ を用いる（くわしくは第6章を参照）．地球の場合，OLR のフィット式は [81, 108] などに与えられている．図 2.5（右）には [108] で与えられた OLR を示している．黒体輻射 $\sigma_s T_s^4$ に比べ，二酸化炭素分圧が高圧で OLR が低くなっている，つまり温室効果が効いていることがわかる．

以上を用いると，式 (2.13) は

$$C\frac{dT_s}{dt} = \frac{S}{4}[1 - A(T_s)] - \Lambda(T_s, p_{CO_2}) \tag{2.15}$$

と書ける．式 (2.15) の左辺を 0 とおくことで，他の変数を固定したときの T_s に対する平衡解を求めることができる．図 2.6 には，平衡解と dT_s/dt をグレーマップ（単位 K/yr）で表示したものである．平衡解のうち，安定解（実線）は，温度の低い領域と高い領域に二分され，二酸化炭素濃度によっては 2 つの安定解が共存し

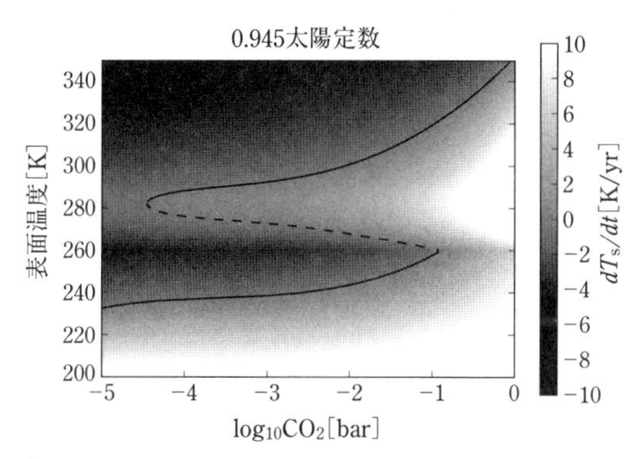

図 2.6 地球表層温度の安定平衡解（実線）と不安定平衡解（破線）．グレーマップは表面温度の時間微分を示している．

ていることがわかる．温度の高い側の解は温暖状態，温度の低い側の解は全球が凍結している状態（スノーボール状態）に対応している．一度スノーボール状態に陥ると，脱出するには高い二酸化炭素濃度を要する．平衡状態を保ったまま，準静的に二酸化炭素分圧を上下していくとスノーボール状態から温暖状態，もしくはその逆へとジャンプがおこる．このようなジャンプを気候ジャンプとよぶ．地球では新原生代（Neoproterozoic; 約 7 億年前）と古原生代（Paleoproterozoic; 約 24 億年前）にスノーボール状態に陥ったとされる．図 2.6 は，S を太陽定数（式 (2.4) を参照のこと）の 94.5% の 1295 W/m^2 としているが，これは新原生代のころの太陽光に対応させている．

2.2.2 炭素循環

地球の場合，二酸化炭素は火山ガスとともにつねに供給されるが，逆に大気中の二酸化炭素を除去する主要な過程が化学風化 (chemical weathering) である．二酸化炭素が雨水や河川に溶けて，岩石と以下の反応を通じて固体に固定される過程を Ca-Mg silicate weathering という．

$$CaSiO_3 + CO_2 \rightarrow CaCO_3 + SiO_2, \tag{2.16}$$

$$MgSiO_3 + CO_2 \rightarrow MgCO_3 + SiO_2 \tag{2.17}$$

化学風化率 bar/s の温度・二酸化炭素分圧依存性は，単純なモデルとしてはアレニウスタイプのものがある．

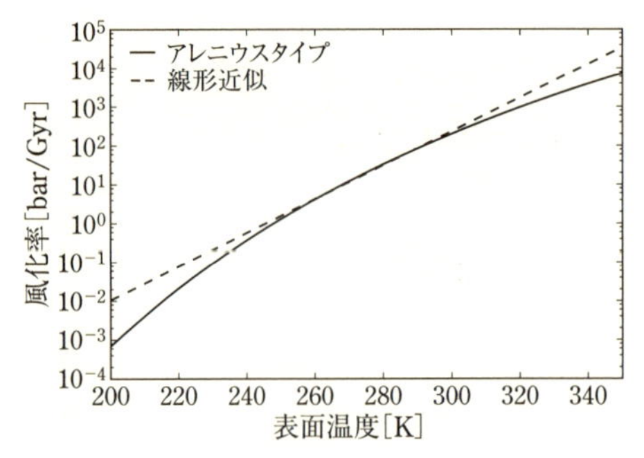

図 2.7 アレニウスタイプの地球の風化率と線形近似. $\Delta E = 15$ kcal/mol, $T_0 = 288$ K, $w_0 = 70.0$ bar/Gyr, $p_{CO_2,0} = 300$ ppm, もしくは $k = 0.1\ K^{-1}$ を仮定.

$$w(T_s, p_{CO_2}) = A\left(\frac{p_{CO_2}}{p_{CO_2,0}}\right)^{\beta} \exp\left(-\frac{\Delta E}{RT_s}\right) \tag{2.18}$$

ここに ΔE は活性化エネルギー, R は気体定数である. または $T_s = T_0$ の周りの温度で

$$w(T_s, p_{CO_2}) = w_0\left(\frac{p_{CO_2}}{p_{CO_2,0}}\right)^{\beta} e^{k(T_s - T_0)} \tag{2.19}$$

の形式で与えられていることもあるが, これはアレニウスタイプの形の $T = T_0$ 周りでの近似とみなせる*2. 図 2.7 のように, 高温では風化率が上がるため二酸化炭素が除去され温室効果が軽減される方向に, 低温の場合逆に働くので, 風化は温

*2 両者の関係は以下のように示せる.

$$u(T_s) \equiv \log w(T_s, p_{CO_2}) = -\frac{\Delta E}{RT_s} + \text{const.} \tag{2.20}$$

を T_0 の周りでテイラー展開すると

$$u(T_s) = u(T_0 + \Delta T_s) \approx u(T_0) + \left(\frac{\partial u}{\partial T_s}\right)_{T_s = T_0} \Delta T_s = u(T_0) + \left(\frac{\Delta E}{RT_0^2}\right)(T_s - T_0) \tag{2.21}$$

となるが, 再度指数をとると

$$w(T_s, p_{CO_2}) \approx w_0\left(\frac{p_{CO_2}}{p_{CO_2,0}}\right)^{\beta} \exp\left[\frac{\Delta E}{RT_0^2}(T_s - T_0)\right] \tag{2.22}$$

と書けることからアレニウスタイプの T_0 周りでの風化率の対数をとったものの線形近似となっていて $k = \Delta E/RT_0^2$ という対応関係であることがわかる. 線形近似は T_0 から外れていくと, アレニウスタイプに対し風化率を過大評価することに注意.

度に対し負のフィードバックとして働く (Walker feedback).

実際は，全球での風化率はアレニウスタイプの意味での温度と二酸化炭素だけでなく，表層状態にも影響を受けるであろう．とくにスノーボール・アース仮説の重要な仮定として，全球が凍結すると水の流れが止まり全球的に風化が止まるという予想がある．ある温度，たとえば氷点の $T_c = 273$ K 以下だと急激に風化がストップするという場合の全風化率は，

$$W(T_s, p_{CO_2}) = \begin{cases} w(T_s, p_{CO_2}) & (T_s \geq T_c) \\ 0 & (T_s < T_c) \end{cases} \tag{2.23}$$

のようになる．スノーボール状態になったときでも，ある程度風化は残るかもしれないのでその割合を α として

$$W(T_s, p_{CO_2}) = \begin{cases} w(T_s, p_{CO_2}) & (T_s \geq T_c) \\ \alpha w(T_s, p_{CO_2}) & (T_s < T_c) \end{cases} \tag{2.24}$$

とおいてみてもよいかもしれない．

二酸化炭素分圧を減らす項として風化を考えたが，二酸化炭素分圧を供給する項も考えなくてはならない．二酸化炭素の供給は，地球の場合，火山から供給される．サイクルとしては風化で固定された二酸化炭素がプレート運動で地下に運ばれ，火山ガスとして地表に再度戻ってくるという過程を考えている．この供給率（脱ガス率）を V で表すと，二酸化炭素分圧のバランスは，

$$\frac{dp_{CO_2}}{dt} = V - W(T_s, p_{CO_2}) \tag{2.25}$$

と書ける．これを炭素循環の式とよぼう．たとえば，式 (2.23) を採用した場合，スノーボール状態では式 (2.25) の平衡解はなくなり，二酸化炭素濃度が上昇し続け，そのためある時点で温室効果によりスノーボール状態から脱することができるというシナリオがありうる．つまり，炭素循環はエネルギーバランスと組み合わせて考えると，海洋を持つ惑星の気候状態の時間変化を考えることができることを示唆する．

定常解とリミットサイクル解

式 (2.25) と式 (2.15) の 2 式は，T_s と p_{CO_2} についての 2 次元微分方程式を構成し，時間の関数として解が求まることがわかる．この場合，安定解が存在する場合と不安定解のみが存在する場合がある．後者の場合，T_s-p_{CO_2} 平面でリミットサイ

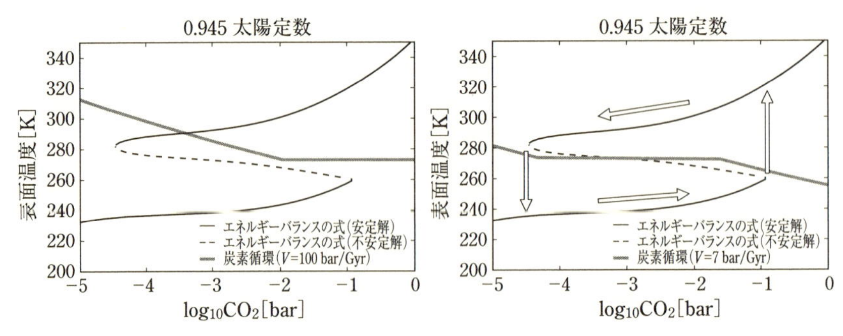

図 2.8 安定平衡解が存在する場合（左）とリミットサイクル運動になる場合（右）.

クル運動を行う（[1, 36, 40] などを参照）. 図 2.8 は，エネルギー収支の式 (2.15) の平衡解（エネルギーバランス）

$$\frac{S}{4}[1 - A(T_\mathrm{s})] - \Lambda(T_\mathrm{s}, p_{\mathrm{CO_2}}) = 0 \tag{2.26}$$

と炭素循環の式 (2.25) の平衡解

$$V - W(T_\mathrm{s}, p_{\mathrm{CO_2}}) = 0 \tag{2.27}$$

を V の値を変えて書いたものである．ただし，式 (2.24) を採用し，全球凍結後の風化率低下の効果として，$T_\mathrm{s} < T_\mathrm{c} = 273\mathrm{K}$ では風化に使える面積を $T_\mathrm{s} \geq T_\mathrm{c}$ のときの 5% に減少させるという仮定 ($\alpha = 0.05$) をおいてみた．この仮定がどれくらいよいかは不明だが，定性的には何がおきるか理解できると思う．

まず，エネルギー収支の微分方程式 (2.15) のタイムスケールは，

$$\tau_{\mathrm{EB}} = \frac{CT_\mathrm{s}}{S} = 1\left(\frac{C}{2\times10^8\ \mathrm{J/m^2/K}}\right)\left(\frac{T_\mathrm{s}}{273\ \mathrm{K}}\right)\left(\frac{S}{1370\ \mathrm{W/m^2}}\right)^{-1}\ \mathrm{yr} \tag{2.28}$$

程度であるから年オーダーである．一方，炭素循環の式 (2.25) は簡単ではないが，単純な場合として化学風化がない場合，二酸化炭素分圧 P と脱ガス率 V だけでタイムスケールが決まるので，たとえば

$$\tau_{\mathrm{CC}} = \frac{P}{V} = 0.1\left(\frac{P}{10^{-3}\ \mathrm{bar}}\right)\left(\frac{V}{10\ \mathrm{bar/Gyr}}\right)^{-1}\ \mathrm{Myr} \tag{2.29}$$

となる．これは分圧や V の値が変わると多少変わるが，年オーダーの微分方程式に比べれば圧倒的に遅い．すなわち任意の点から出発した方程式の解は，まずは温度軸にそって速く移動し，エネルギー収支の平衡解 (2.26) に漸近し，その後，平

衡解 (2.26) 上を炭素循環の式 (2.25) にしたがって分圧方向に移動することになる．しかし，あるとき平衡解 (2.26) がなくなって，ジャンプがおきる．

図 2.8（左）は，脱ガス率 V が大きい場合である．この場合，炭素循環の平衡解がエネルギーバランスの安定平衡解の線と交わっているため，この点が安定であり，まず平衡解 (2.26) に移動した後，平衡解 (2.26) 上で動き，最終的にこの点に収束する．右図は脱ガス率を下げた場合に対応し，炭素循環の平衡解がエネルギーバランスの不安定平衡解としか交わっていない．この場合は，どこかに安定することなく矢印で示した経路のリミットサイクルに近づき永久に振動し続けることになる*3．

2.3 バイオマーカー

1.1 節で述べたように，系外惑星の生命探査は地上の望遠鏡か地球近傍の人工衛星で惑星を見て探すことが第一である．それでは，惑星についてどのようなことがわかれば，生命の存在を議論できるだろうか？　1 つは，生命が存在すると現れるかもしれない特有のシグナルを探すことである．これには後に述べるように光合成活動に起因する酸素やオゾンなどの分子，植物が光合成を効率よく行うために現れる反射特性などがあげられる．このようなシグナルはバイオマーカーとよばれ，系外惑星での生命探査の拠り所の 1 つとなっている．ところで本章で挙げるバイオマーカーは，すべて地球の生物が作り出すシグナルである．しかし，どのような生物が進化するかということは，その惑星の環境（ハビタット）やまたは偶然に左右されるものであるので，地球で考えられるバイオマーカーがそのまま系外惑星に応用できるとは限らない．むしろそのまま解釈できる可能性は低いだろう．そのため，地球に見られるバイオマーカーを考察する際に以下の 2 点をとくに明らかにするべきである．

A. バイオマーカーの元になるプロセスはどのような生物学的役割を持っている

---

*3　この運動が厳密にリミットサイクル運動であることを示すには，リミットサイクルの中にある解が不安定解であることを示して，ポアンカレ–ベンディクソンの定理を用いればよいだろう．エネルギーバランスの式と炭素循環の式の形が簡単でないため，直接示すのはちょっと大変かもしれない．しかし，このモデルに非常に近い形のよく研究されている方程式系で，ニューロンの発火を扱うフィッツヒュー–南雲方程式がある．この手の運動についてさらに考えたい場合は参照されたし．ちなみにこの例のように関係する複数のタイムスケールが何桁にもわたる場合，微分方程式が硬い (stiff) といい，数値的に解く際には工夫が必要となる．

のか.

B. バイオマーカーの元になるプロセスは，非生物学的なプロセスに比べ，物理的に何が異なるのか.

この2点が明確に答えられるバイオマーカーは，そのシグナル自体が生物に特有なシグナルとしての評価が可能となる．一般にこのプロセスは，惑星のハビタットによって変更を受けるはずであるが，プロセス自体を理解していれば，どのように変更を受け，実際，どのようなシグナルが出るのか理論的に予測可能であるはずだ．このように現地球で見えているバイオマーカーのプロセスを生物学的・物理学的に理解すれば，地球で生物が関与しているからという根拠を超えて，系外惑星からのシグナルであっても解釈可能となるだろう.

2.3.1 代謝バイオマーカー

生命の本質は何なのか，という難しい議論はおいておくにしても，少なくとも生物は何らかの方法でエネルギーを得て，自らの体をつくったり，仕事をしたりしなければならないのは確かである．つまり代謝は生物の本質的な機構の1つであるといえる．エネルギー代謝は，生物が環境との物質のやり取りを行い，生物の痕跡を環境中に残したり，さらには酸素の生成のように惑星の環境を大幅に変えてしまうことさえある．系外惑星の生命探査においては，上記のA.を満たすものとして，代謝と関係しているシグナルは最良のバイオマーカーの1つである．地球生物の代謝の基本的事項については，付録Aに記したので適宜参照いただきたい.

図2.9は，地球生物のエネルギー代謝を簡略化して描いたものである．生物は化学物質の酸化還元や光エネルギーを電子を介して伝達するが，その伝達の始まりと終わり，もしくは方向にいくつかの種類がある．図2.9のように，呼吸（ここでは化学合成も呼吸に含めている），発酵，光合成と分類して考える．最初に電子を供給する物質を電子供与体 (electron donor) という．たとえば，呼吸では，Aが電子供与体である．好気呼吸においてはAは有機物であり，電子を供与した有機物は酸化されて二酸化炭素と水 (B) となって排出される．一方，電子を受け取る物質は電子受容体 (electron receptor) という．好気呼吸においては，電子受容体 (C) は酸素であり，電子を受け取った酸素は還元されて水となる．A→BとC→Dの酸化還元電位の差が利用可能なエネルギーとなる．地球生物はこのエネルギーをATPとよばれる物質を使って利用可能な形で蓄えたり伝達したりする．発酵においては，電子受容体 (G) は，電子供与体 (E) から生じ，外部から取り込まれない．また

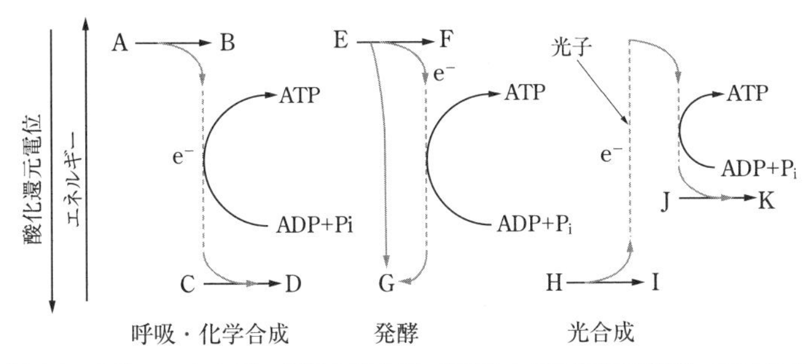

図 2.9 生物のエネルギー代謝の模式図．[116] などを参考に作成．図中の P_i はリン酸を表す．付録 A を参照のこと．

光合成においては，呼吸の場合と逆に，電子供与体の酸化還元電位が電子受容体 (H) より高い（電子のエネルギーは低い）ので自発的には反応が進まない．光エネルギーを使って，電子を電子受容体 (J) より高エネルギー側にいったん引き上げ，低エネルギー側に落ちて行く際にエネルギーを ATP にわたす．

酸素・オゾン

地球上のバイオマーカーとして圧倒的なのは酸素と酸素から生成されるオゾンである．酸素は，本節でくわしく見るように，酸素型光合成生物が光合成の電子供与体（図 2.9 の H）として水を用いることに起因している．すなわち酸素は水の酸化で生成される．

$$2H_2O \rightarrow O_2 + 4H^+ + 4e^- \qquad (2.30)$$

光合成のような代謝は，生物の基本的性質の 1 つであり，かつ，その電子供与体に水というハビタブル惑星には豊富にあるべきものを利用すると必然的に生成されてしまう酸素は，生物的活動の必然性が高いバイオマーカーである．酸素型光合成全体の収支では

$$6CO_2 + 12H_2O \rightarrow C_6H_{12}O_6 + 6H_2O + 6O_2 \qquad (2.31)$$

となる．

酸素生成の非生物過程としては，水の紫外光による光解離があげられる．

$$H_2O \rightarrow H_2 + \frac{1}{2}O_2 \qquad (2.32)$$

しかし紫外光による光解離のタイムスケールが短いため，電子は結合軌道ポテンシ

ャル上の最低エネルギー付近から無限遠へ移動するのではなく，近距離のより大きなエネルギーを持つ反結合軌道を経由しなくては効率的に解離しない．そのため，前者のエネルギー差に対応する 400-500 nm ではなく，後者のエネルギー差に対応する 180 nm 以下の光でのみ大きい断面積を持つため，なかなか効率よく酸素生成がおきない．そのため地球での非生物的な酸素生成は 3×10^{11} g/yr 以下の少量である．

またオゾンは酸素と酸素の UV 乖離による O，何らかの物質 M を介して

$$O + O_2 + M \rightarrow O_3 + M \tag{2.33}$$

と生成される．

このように酸素（オゾン）は，A. 代謝 + 水の結果という生物的必然性，B. 高効率の触媒反応という非生物的プロセスとの差異というバイオマーカーとしての 2 つの要件を最も満たしている物質といえよう．酸素は可視光・近赤外域に，オゾンは紫外と赤外領域に強い吸収を持つ．これらの吸収を探すことでバイオマーカー探索が可能となる．とはいえ，もちろん酸素が検出されたからといって生命発見といえるとは筆者は思わない．たとえば非生物的プロセスでも少量ずつなら酸素が生成されるので，もしも酸素を消費する物質がなかったならば，惑星表面にある程度の酸素が溜まってもおかしくない．実際，土星の氷衛星レアでは探査機カッシーニにより，微量ながら酸素大気が検出されている [101]．また，酸素が生成されることとそれが大気として蓄積されることは同じ問題ではなく，惑星の地学的，生物学的要件によりさまざまな可能性がありうる．

水があり酸素型光合成生物が惑星に発生したとしても，それがすなわち好気環境（酸素に富む環境）を意味するとは限らない．地球上ではつくられた有機物は好気呼吸を通じて分解される．さまざまな化学過程が大気中の酸素濃度を決めるはずである．地球史では，24 億年前ほどに大酸化イベント (Great Oxidation Event; GOE) とよばれる酸素濃度の急激な上昇があったと考えられている．

Farquhar らは，硫黄の同位体同士の関係が 24 億年前を境に急激に変化することを発見した [23]．硫黄同位体比は

$$\delta^{33}S \equiv \left[\frac{(^{33}S/\,^{32}S)}{(^{33}S/\,^{32}S)_{VCDT}} - 1 \right], \tag{2.34}$$

$$\delta^{34}S \equiv \left[\frac{(^{34}S/\,^{32}S)}{(^{34}S/\,^{32}S)_{VCDT}} - 1 \right] \tag{2.35}$$

のようにして定義される．ここで VCDT とは標準値で Vienna Canyon Diablo

Troiliteという硫化鉄隕石の名前である．VCDTでは^{32}S,^{33} S,^{34} Sはそれぞれ0.9503957，0.0074865，0.0419719である．通常の化学反応（生物によるものも含む）では，δ^{33}Sとδ^{34}Sの比は質量による分別効果（質量依存分別）により一定の

$$\delta^{33}\mathrm{S} = 0.515\,\delta^{34}\mathrm{S} \tag{2.36}$$

に保たれる．そこで，

$$\Delta^{33}\mathrm{S} \equiv \delta^{33}\mathrm{S} - 0.515\,\delta^{34}\mathrm{S} \tag{2.37}$$

という量を定義する．質量依存分別では$\Delta^{33}\mathrm{S} = 0 \pm 0.2‰$の範囲に収まる．‰はパーミルとよび，1/1000の単位を表す(1000‰ = 100%)．Farquharらは過去のΔ^{33}Sを調べ，24億年前以降は質量依存効果$\Delta^{33}\mathrm{S} = 0$に従うことを見いだした．しかしそれ以前は$\Delta^{33}$Sがさまざまな値をとることを発見した[23]．このような分別効果を質量非依存分別効果(Mass Independent Fractionation; MIF)という．MIFをつくる過程として考えられるのは二酸化硫黄などに対して紫外光が関わる光化学反応である．これより24億年前に急激に紫外光が遮蔽された，つまり酸素濃度が急激に上昇し，オゾン層が形成されたと推測できる．オゾン層は酸素が10^{-5} PAL(Present Atmospheric Level)以上で形成されるので，この仮定の下でMIFは24億年前以前の酸素濃度に強い制限を与える．

メタン

生物由来のメタンはメタン生成古細菌(Methanoarchaea)によってつくられる．メタン生成古細菌は，嫌気性すなわち酸素の非存在下で暮らしている．具体的には湖沼底の泥，大腸や胃，虫歯の奥，水田，深海熱水孔などである．

メタン生成反応の1つは二酸化炭素と水素からメタンと水のできる

$$\mathrm{CO_2} + 4\mathrm{H_2} \rightarrow \mathrm{CH_4} + 2\mathrm{H_2O} \tag{2.38}$$

の反応である．これは二酸化炭素で水素を酸化する．つまり，水素（電子供給体）は電子を供給し，水となる．逆に二酸化炭素（電子受容体）は最終的に電子を受け取りメタンとなる．つまりメタン生成は嫌気呼吸の1つである炭酸呼吸である*4．

---

*4　炭酸呼吸をするバクテリアはこのメタン生成古細菌の他に，ホモ酢酸発酵細菌がいる．ホモ酢酸発酵細菌は$2\mathrm{CO_3}^{2-} + 4\mathrm{H_2} + \mathrm{H^+} \rightarrow \mathrm{CH_3COO^-} + 4\mathrm{H_2O}$という反応で，炭酸呼吸により酢酸を生成する．

有機物のある嫌気環境下では，他のバクテリアが高分子化合物を有機酸にまで分解する．このような有機酸の分解からもメタンが生成される（メタン発酵）．たとえば，酢酸から

$$CH_3COOH \rightarrow CH_4 + CO_2 \tag{2.39}$$

のようにメタンが生成される*5.

非生物的なメタン生成は，熱水系での生成，メタンハイドレートの侵食などがある．また，10 au より内側の惑星では，炭素は二酸化炭素の形で残るのに対し，外側の惑星では，炭素がメタンの形で残るので，たとえば冥王星や海王星の衛星トリトン，カイパーベルト天体などにメタンの氷が存在する．

亜酸化窒素・アンモニア

筆者も，もうそろそろ飽きてきたところだが，もう少し他のバイオマーカーも検討したい．亜酸化窒素 N_2O*6は硝化細菌による硝化からと脱窒菌による脱窒からの2つの生物起源が存在する．硝化とはアンモニアから始まり，これを好気的に酸化していって硝酸にまで導くプロセスであり，これらを行うのが土中や海洋中などに存在する硝化細菌である．硝化細菌の中でアンモニアから亜硝酸塩 (NO_2^-) への酸化反応

$$NH_3 + O_2 + 2H^+ + 2e^- \rightarrow NH_2OH + H_2O \qquad (A),$$

$$NH_2OH + H_2O \rightarrow NO_2^- + 4H^+ + 4e^- \qquad (B)$$

を行うものをアンモニア酸化細菌という．(A) の反応に必要な $2e^-$ は (B) の反応での $4e^-$ 生成のうち $2e^-$ が使われる．また反応は細胞膜を通して行われ，(B) の反応でつくられた $4e^-$ のうち (A) に使われなかった $2e^-$ に対応する $2H^+$ 分が細胞膜と細胞壁の間の空間*7に入り，プロトン勾配の形で ATP 合成酵素からエネルギーが取り出される．

亜硝酸塩を硝酸塩 (NO_3^-) に酸化する反応

---

*5 二酸化炭素（炭酸）や酢酸の代わりに蟻酸，一酸化炭素，メタノール，ジメチルアミン，メチルアミンなどが使われることもある．

*6 またの名を笑気ガス (laughing gas) という．吸入すると顔がひきつって笑ったように見えるからである．麻酔にも使われる．沸点は摂氏 −88.5 度．

*7 ヘリプラズムという．

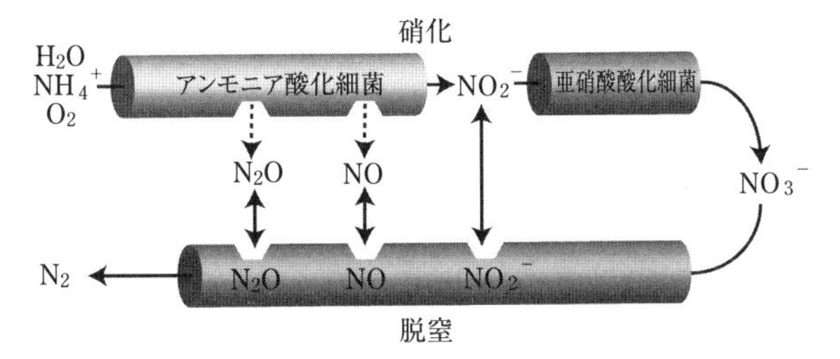

図 **2.10** leaky pipe. [113] を改変.

$$NO_2^- + H_2O \rightarrow NO_3^- + 2H^+ + 2e^- \tag{2.40}$$

を行うものを亜硝酸酸化細菌という．これもプロトン勾配によりATPを生成する．硝化細菌は，アンモニアまたは亜硝酸塩を電子供与体として，酸化反応ででるエネルギーを用い，カルビン回路で二酸化炭素固定を行う．つまり硝化細菌は化学合成独立栄養生物である*8．さて亜酸化窒素は硝化作用から直接生成されるのではなく，上の (A)，(B) の反応の中間生成物であるヒドロキシルアミン (NH_2OH) と生成物である亜硝酸塩 (NO_2^-) までの反応の途中で副次的に生成される．つまり硝化反応そのものによって生成されるのではない．硝酸塩 (NO_3^-) を最終的に窒素にまで還元するプロセスを脱窒とよぶ．脱窒には，NO_3^- を電子受容体とする硝酸呼吸をする異化型と NO_3^- を窒素源として固定する同化型が存在する．亜酸化窒素は NO_3^- から N_2 へまでの還元の途中に副次的に生産される．以上のように亜酸化窒素は硝化，脱窒においてもその反応途中で副次的に待機中に漏れ出すものである．これを表現したのが Zafiriou による leaky pipe（図 2.10）[113] である．アンモニアが硝化・脱窒を得て窒素に戻るまでに，亜酸化窒素や一酸化窒素が漏れ出すさまを表している．

硝化の一番最初はアンモニアであったが，大気窒素からアンモニアを生成して供給するプロセスが窒素固定である．この窒素の同化を行う細菌が窒素固定細菌であり，無機もしくは有機栄養を利用する細菌，シアノバクテリアのような光合成細菌，根粒菌のようなマメ科の植物の根で生活する共生菌など多種多様な細菌が窒素固定を行う．窒素固定は同化であるので，エネルギーを使う反応であるが，N_2 間の三重結合が強力である（解離エネルギー 940 kJ）ため，多くの ATP を必要とする．

*8 従属栄養のものも存在はする．

表 **2.2** 代謝バイオマーカー

気体 (分子式)	存在量 (平均滞留時間)	生物過程	生成量	主なライン
酸素 (O_2)	21% (2×10^7 yr)	酸素型光合成	2.9×10^{17} g/yr	0.76, 1.27, 0.69 μm
オゾン (O_3)		酸素由来 チャップマン機構		9.6 μm
メタン (CH_4)	1.65 ppm (5-10 yr)	メタン生成古細菌	2×10^{14} g/yr	7.5 μm
亜酸化窒素 (N_2O)	310 ppb (100-120 yr)	硝化菌，脱窒菌	10^{13} g/yr	17, 8.5, 7.8 μm
一酸化窒素 (NO)	1-10 ppb			5.4 μm
二酸化窒素 (NO_2)	0.1-1 ppb			6.2 μm
アンモニア (NH_3)	0.01 ppb (0.01 yr)	窒素固定菌	7.5×10^{13} g/yr	11-9, 6 μm

$$\begin{aligned} & N_2 + 8H^+ + 8e^-(+16ATP + 16H_2O) \\ & \quad \rightarrow 2NH_3 + H_2(+16ADP + 16P_i) \end{aligned} \tag{2.41}$$

さて，このように亜酸化窒素やアンモニアも確かに生物が代謝を通じて大気中に放出しているガスなので，バイオマーカーに違いはないが，あまりに複雑な機構で系外惑星で探す気にはならないかもしれない．このようにマニアックなバイオマーカーがいろいろと検討される時期があった．バイオマーカー沼である．

表 2.2 に本項で取り上げた代謝バイオマーカーの存在量，生物過程，生成量，主なラインをまとめたので参照のこと．

2.3.2 レッドエッジ

レッドエッジ (red edge) とは，陸上植物に見られる反射スペクトルの特徴で，可視光側では非常に低い反射率なのが 0.7 μm 付近を境に急激に反射率が上がることを指す．そのため図 2.11 のように近赤外で植物を見ると非常に明るいことがわかる．図 2.12 に，植物と他の地球表面上の代表的な組成の反射率を図示した．植物の反射率を見ると，0.7 μm での急激な上昇がレッドエッジに対応する．可視光側では緑色の波長（0.5 μm）付近で少し上がっているが，この小さな山はクロロフ

図 2.11　可視のイメージ（左）と 760 nm 以上のイメージ（右）．この写真はデジカメを分解して，CCD の前にある近赤外線カットフィルターを除去したのち，撮影した．左はその除去したフィルターをレンズ前に再度つけて撮影したもの．フィルターを抜いたせいかオートフォーカスが効かなくなったので，ぼけた写真になってしまっている．右はレンズ前に逆に近赤外 760 nm 以上のみを透過するフィルター (Sharp Cut Filter, SC76 Fujifilm) を設置して写したもの．葉の部分が明るく光っているのがわかる．このようにデジカメは本来は近赤外光を感光する能力を持っているので，ちょっとした改造でレッドエッジの存在が確認できる．近赤外透過フィルターは 1500 円程度で購入できる．ヨドバシカメラやビックカメラで富士フイルムのフィルターはありますか，と聞いてみよう．店頭になくても裏においてあることがよくある．

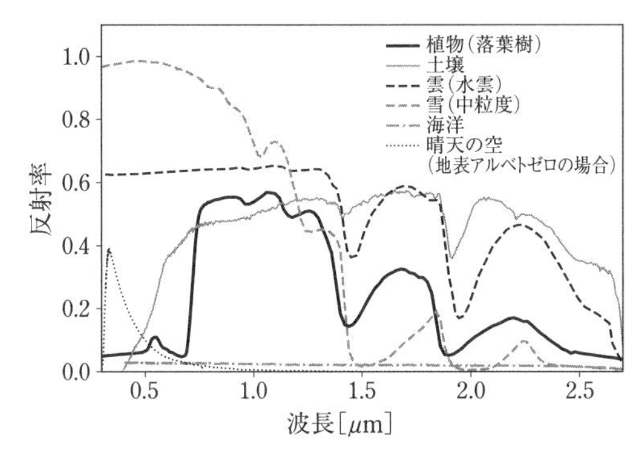

図 2.12　植物（落葉樹），土壌，雲，雪，海洋の反射率．雲は [51] より，他は ASTER spectral library のものを使用した．また，参考までに地面が反射率 0 のときの大気によるレイリー散乱成分も示してある．これは libradtran を用いて生成した．

ィルやその他の色素の吸収スペクトルの谷に対応し，植物が緑色に見える原因である．しかし，もし人の目が近赤外域まで感度を持っていたならば，植物は真っ赤に見えるはずである．レッドエッジより長波長側での反射は，緑の反射に比べ，はるかに大きく，近似的にはレッドエッジを挟んだ階段関数と考えることができる．レ

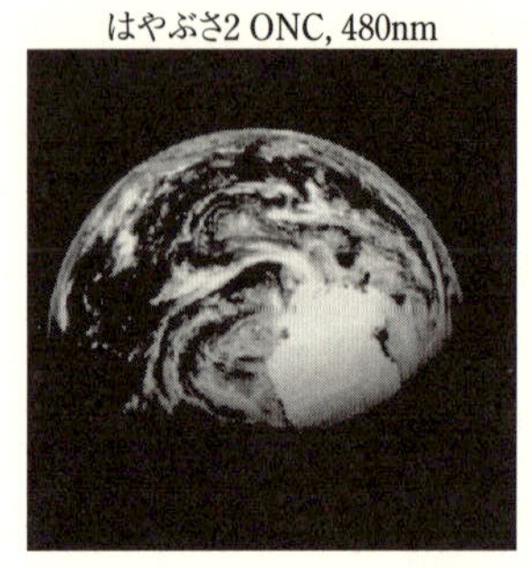

図 2.13 はやぶさ 2 に搭載のカメラ Optical Navigation Camera によるスイングバイ時の地球のイメージ（左）と NDVI（右）. この美しい写真の存在を東京大学の杉田精司氏に教えていただき，データを JAXA DARTS から取得し作成した.

ッドエッジは少なくとも地球においてはリモートセンシングにおける植物のトレーサーとなる. レッドエッジを挟んだ 2 波長を用い，長波長側の光度を NIR，短波長側を VIS と表記すると

$$\mathrm{NDVI} = \frac{\mathrm{NIR} - \mathrm{VIS}}{\mathrm{NIR} + \mathrm{VIS}} \tag{2.42}$$

のように，レッドエッジを検出できる指標 (NDVI; Normalized Difference Vegetation Index) をつくると植物のある場所をよく検出する. 図 2.13 は「はやぶさ 2」が地球・月でスイングバイするときに取得した地球南半球の 480 nm のイメージと NDVI(NIR = 860 nm, VIS = 700 nm) を比較したものである. このように NDVI を用いると，雲や南極の氷の強い反射光があるにもかかわらず，オーストラリアとアフリカ南部の植生のみを見事に検出できるのがわかる.

レッドエッジの波長はクロロフィル a の反応中心のエネルギーに対応している. 光合成で用いる光エネルギーはこの反応中心エネルギーまで落とされて，クロロフィルを光励起する. そのためレッドエッジより高エネルギー（短波長）側の光は，光合成に用いることができるため非常によく多く吸収されるので反射率が低くなるが，レッドエッジより低エネルギー（長波長）側の光は用いることができない. このような光合成に用いることのできる帯域の放射を PAR(Photosynthetically Available Radiation) とよぶ. この PAR 帯域の光を効率よく吸収するために，光合成生物は集光アンテナとよばれるさまざまな色素の集合からなる複雑な組織を進化させてきた. よりくわしくは，付録 A.2 と A.3 を参照のこと.

レッドエッジの生物学的役割については議論の余地が残る. PAR をできる限り使えるように，植物や光合成生物は集光アンテナを進化させてきた. しかし，レッ

図 2.14 斑入りの葉．JR 清里駅前の花壇にて撮影．

ドエッジより低エネルギー（長波長）側の光を必ず反射する必然性はあるのであろうか？ 1つは無駄な光を反射することで葉の加熱を防いでいるという説がある．この場合，二酸化炭素固定酵素の最適温度より気温が高い場合は有利に働くが，寒冷地ではむしろ温めたほうがよいということになりかねない．もう少し説得力のある考え方は，葉の中の構造が，光をより散乱させるように発達したというものである．葉の中で光が何度も散乱すると，その分 PAR の吸収効率が高まる．しかし，レッドエッジより低エネルギー側の光は散乱されるだけされて，最終的には外に出てしまうので反射率が上がる．これを端的に見ることができるのが図 2.14 のような斑入りの葉である*9．斑入りの葉とは，普通の葉から葉緑体が抜けたものであり，すなわち，葉の構造のもともとの色である．つまり，葉は葉緑体がほとんどの吸収を行っていて，他は真っ白であり，反射率が非常に高いのである．このような理由で，光合成植物のレッドエッジを説明することができる．

光合成を行う生物は陸上植物だけではなく，植物プランクトンや光合成細菌など多数存在するが，これらにもレッドエッジはあるのであろうか？ Kiang ら [48] によると他の光合成生物には明確なレッドエッジはなさそうである．また，観測の問題からいうと植物プランクトンのように水中にいるものに関しては，水が近赤外線を強く吸収するため，レッドエッジがあろうがなかろうが検出は困難である [50]．

さて，レッドエッジ（を行う反射能）は，非生物的な反射とは何が異なるのであろうか？ まず，あるエネルギー以下の光を使う仕組み自体は先に述べた光合成の仕組み，すなわち非常に効率のよい触媒化学反応の結果として現れている．さらに

*9 この斑入りの葉の話は，園池公毅氏に教えてもらったことである．

PAR 以下のエネルギーの反射率増加自体は，多分に葉の構造によっており，これも光合成の効率上昇のためとすると，これは結局，地球の光環境における適応進化の帰結であるということができる．非生物的な物質の反射率は適応進化を受けないので，急激な反射率の変化のあるような特異な反射はなかなか考えられない．

2.3.3 円偏光

右手と左手は重ねても一致しない．分子でも手のように鏡像が一致しないものが多くある．化学反応は普通，このどちらかを優先させることはないので，両者が均等にできるはずだが，このうち片方のアミノ酸しか生物はつくらない．これをホモキラリティーとよぶ．円偏光も同様に左巻きと右巻きを持つ．生物の（アミノ酸の集合である）タンパク質が円偏光と結びつけば，円偏光を検出することで，ホモキラリティーを間接的に検出するバイオマーカーとなるかもしれない．世の中で，一番手軽にホモキラリティーを確認する方法は，映画館で 3D 上映用の使い捨て円偏光メガネを買って，その辺の黄金虫を見ることかもしれない．図 2.15 は，黄金虫の仲間を円偏光メガネの左右を通してみたものである．このように，黄金虫の表面がどちらかの偏光でのみ*10反射していることがわかる．

ところで，黄金虫が惑星表面に多量に張り付いているという状況は考えたくないので，もっと表面に大量にありそうなもの，たとえば植物の円偏光を考えることになる．クロロフィルや光合成色素が弱く円偏光するという性質を用いたバイオマー

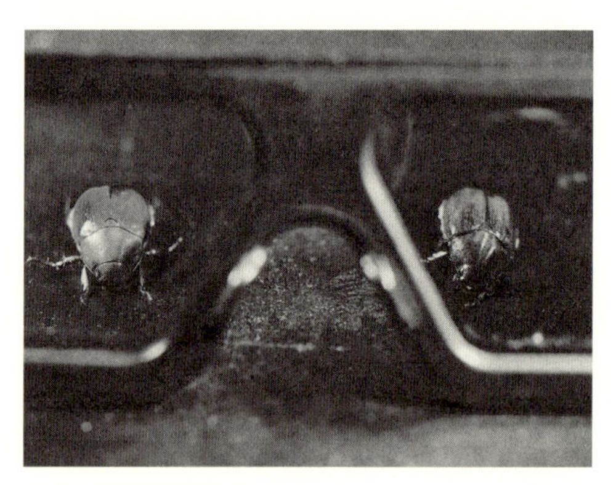

図 **2.15** 円偏光メガネで見た黄金虫の仲間．メガネは 3D 映画『ハリーポッター』最終話の上映時に 100 円で買ったもの．悲しいかな白黒で見てもあまり劇的ではないが，実は左はコガネムシの緑色，右は真っ黒に見える．

---

*10 右もしくは左偏光のどちらが反射しているかはどのように調べればよいであろうか？

カーも検討されている．しかし，その円偏光度は 10^{-3} 以下であり，少なくとも地球植物の円偏光を外から見出すのは難しいかもしれない．しかし高いホモキラリティーは他の物理プロセスではなかなか実現できないので，万が一強い円偏光反射を検出したならば，生命の存在をうかがわせる証拠となることだろう．

2.3.4 ドレイクの式とバイオマーカー

ところでバイオマーカー探査というのは SETI（Search for Extra-Terrestrial Intelligence, 地球外知的生命探査）とはどう違うのだろうか？　本書は SETI を範囲外とするが，比較のために本章で少し取り上げたい．フランク・ドレイクが 1961 年に定式化したドレイクの式 (Drake equation) という式は，SETI におけるターゲット数の推定のための式としてよく知られている．ドレイクの式は，銀河系内に存在する人類と交信可能な文明の数を推定する方程式であり，以下のように表される．

$$N = R^* f_p \eta_e f_l f_i f_c L \tag{2.43}$$

ここに，

- R^*: 銀河系における恒星生成率
- f_p: 恒星の周りに惑星系が形成される確率
- η_e: 惑星系を持つ恒星のハビタブルゾーン内に存在する地球型惑星の個数期待値
- f_l: ハビタブルな惑星で生命が発生する確率
- f_i: 生命が知的生命に進化する確率
- f_c: 知的生命がその惑星外に通信を行う確率
- L: そのような知的生命文明の存続タイムスケール

である．R^* は 1–10 /yr である．系外惑星観測から f_p は 1 のオーダーであることがわかっている．ケプラー衛星や視線速度探査は η_e の決定を 1 つの目的としていて，現状では $\eta_e \sim 0.1$，晩期型ではもう少し高いという暫定的な結論を得ている．つまり天文学が明らかにできる最初の 3 項は $R^* f_p \eta_e \sim 1$ /yr ということである．参考までに $f_l f_i f_c = 1$ とすると $N \sim L$ /yr 個となる．L などという値は考えるだけ

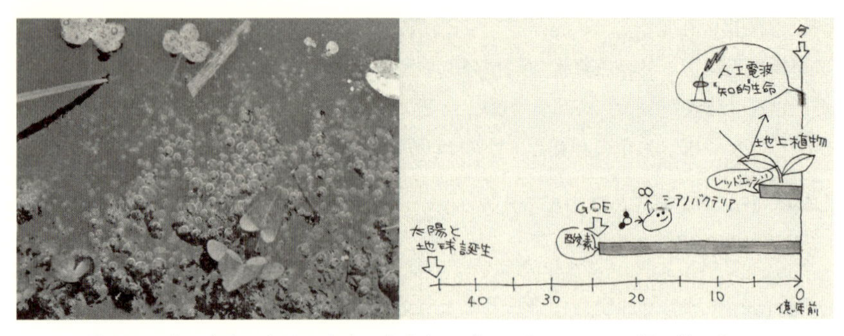

図 2.16 左：宇宙にむけて生命の存在をアピールする田んぼの緑の膜．右：L および L' の推定に役に立つかもしれない地球の知的生命とバイオマーカーの歴史の図．

無駄そうである．グリエルモ・マルコーニが無線技術を確立したのが約 100 年前だ．その当時から地球文明が途絶えるまで生まれる人間の数を n とすると，あなたは何番目の人類に相当しそうだろうか．この悲しい考えから推定される L はせいぜい数百年といったところだが，ドレイクの式については語り過ぎない勇気が肝要である．また図 1.3 ももう一度参照のこと．

知的生命ではなくバイオマーカー探査においては，

- f_b: 生命がバイオマーカーとなるような大規模な活動を行う確率
- L': そのような生命の存続時間

として

$$N' = R^* f_p \eta_e f_l f_b L' \tag{2.44}$$

が銀河系内ターゲット数となる．$f_l f_b = 1$ として，$N' \sim L'/\mathrm{yr}$ 個となる．図 2.16 右にバイオマーカーに関係する地球の歴史を図示した．地球生命の場合，大幅な酸素濃度上昇 (GOE) があったのが 24 億年前とされている．夏になると田んぼに緑の膜が張り，ぶくぶくと泡がでているのが見える（図 2.16（左））．これがシアノバクテリアという酸素型光合成をするバクテリアで，植物が陸上に姿を表すまで，宇宙へと存在をアピールしてきた生物の筆頭である．あの緑の膜を本当に見つけたいかどうかはともかく，酸素をバイオマーカーとみなしたとき，地球生命の L' はすでに恒星の寿命と同程度であることがわかる．植物由来のバイオマーカーである葉の特徴的な反射スペクトル，レッドエッジ（2.3.2 項）でさえも，植物が陸に進出したのは5，6億年前，維管束植物が登場するのが約4億年前であるから，すでに恒星寿命の1/10程度の期間，宇宙にむかってシグナルを発しつづけていることになる．以上の議論に従うと$N' \sim 10^9$程度であり，銀河の恒星の数は$\sim 10^{11}$のオーダーであるので，1%程度の確率でバイオマーカーが検出できるという計算になる．$L' \gg L$を受け入れると$N' \gg N$となる．この戯れ言のような見積もりでは，銀河には饒舌な知的生命の百万倍から千万倍もの，沈黙してはいるがその存在を宇宙にむけて発している生命が存在することになる．ただ，SETIのほうが先に確実な生命の証拠を提示しうる可能性については否定し得ないし，田んぼのぶくぶくなんかに興味がないという意見ももっともかもしれない．さらに$L' \approx L$であるという楽観的可能性を選択するというのも楽しい人生かもしれない．

2.4 惑星表層探査と地球型系外惑星の模擬観測

バイオマーカーは，直接に生命の兆候を探すためのものであるが，生命が存在しそうな環境かどうか，いわばハビタット（生息環境）を探ることも重要である．たとえば，図2.12を見ながら地球上の他の表面の反射率も考えてみよう．土は可視近赤外域では波長が長くなると，一般的に反射率が高くなる．すなわち赤い．地球の場合，反射の大半は雲によってなされていて，表面組成を探るためには大きなノイズ源となる．雪も同様に反射率が高い．あたりまえだが，雲も雪も白いので可視域ではほぼ波長によらず高い反射率を持っている．しかし，より長波長になると雪の反射率は下がり，とくに1.5-1.6 μm付近で違いが顕著になり区別が可能である．実際の反射光はこれら反射率に加え，大気によるレイリー散乱成分（点線）が加わってみえる．また水の反射率は，鏡面反射角の場合を除くとほとんどゼロであるので，海洋からの反射は，短波長側では直上大気によるレイリー散乱成分が支配的になり青く見えることになる．惑星は自転もしくは公転を行うので，反射光が変動する．これらの情報を用いて，惑星表層に大陸と海洋があるか，またはもっと直接に惑星表面の2次元情報が得られると考えられている．くわしくは8.3.1項を参照のこと．また，海洋の鏡面反射はocean glint*11とよばれ，液体の海洋の存在を示すシグナルとして考えられることもある．

現状では地球型系外惑星の観測はまだまだ限られている．そこで地球を系外惑星だと思って観測を行い，地球のような惑星がどのように見えるかという研究がさ

*11 「glint」はきらきらひかるという意味．

れている．太陽系探査衛星が地球を振り返って観測したデータは模擬観測の 1 つである．たとえば，ガリレオ衛星は地球から飛び立つときにラテンアメリカ付近のスペクトルを何カ所か撮り，アマゾン近辺でレッドエッジ的な反射特性を検出した [90]．しかし場所によっては植物が少なくフラットなスペクトルであった．それでは地球を分解できない点だとしたとき，レッドエッジは検出できるであろうか？この問に答える観測の 1 つとして地球照の観測がある．地球照とは，地球の反射光が月に当たって光る現象である．

2.4.1 地球照

図 2.17 のように，太陽光の当たらない月の暗い部分を観測することによって，月に当たって返ってきた地球の反射光（地球照）の観測を行うことができる．地球照は，月から見た地球の昼側の部分が積分された反射光である．たとえば月が三日月だった場合，地球照が含むのは，月から見て地球の（満地球–半地球）の部分

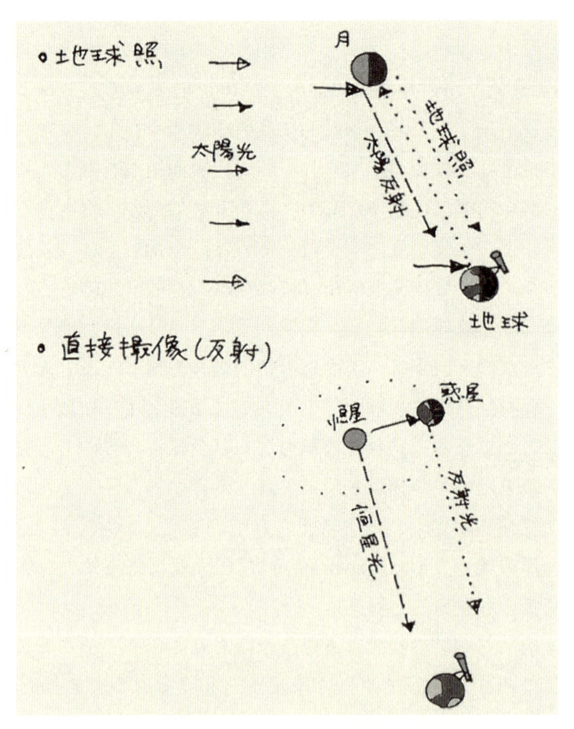

図 2.17 地球照観測の概念図（上）と系外惑星反射光の直接撮像の概念図（下）．

図 **2.18** 月から見た地球と地球から見た月. Earth and Moon Viewer (http://www.fourmilab.ch) にて生成した図を改変.

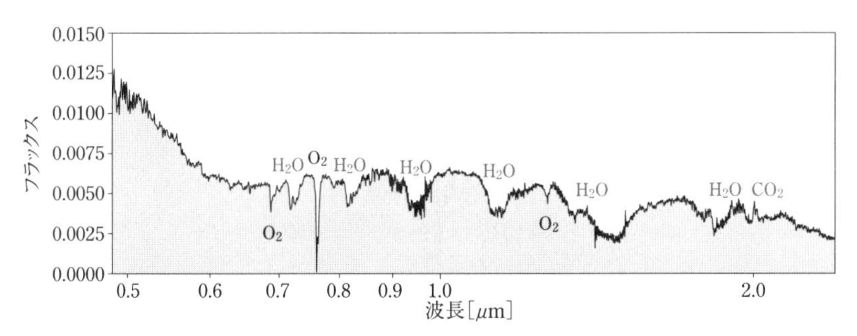

図 **2.19** 地球照観測による地球の反射スペクトル. 酸素, 水, 二酸化炭素の吸収が見られる. Enric Pallé 氏に提供してもらったデータを元に作成した.

からの反射光である（図 2.18）. つまり地球から見て月の暗いところの形に対応する, 月から見た地球の領域からの反射光が地球照には含まれる.

地球照観測は, 系外惑星の反射光による直接撮像の模擬観測と考えられる. 地球照自体は, 地球による反射光に月の反射率がかかったものが得られ, 月の明るい面の観測では太陽光に月の反射率がかかったものが得られるので, これで地球照を割ることで反射率が求まる. 直接撮像との違いは, 原理的には月の反射率のぶんのみであるが, 実際には地球照に月の明るい面から漏れ込んだ光が入ってくるため, これの評価をしなくてはならない. また, 地上観測の場合, 地球大気による補正を行わないとならないが, 地球照と大気吸収の吸収線の位置が同じため注意を要する. 図 2.19 に地球照観測による地球の反射スペクトルを示す. 水・酸素の吸収線がくっきりと見えることがわかる. また短波長側で光度が増加しているのはレイリー散乱のためと考えられる.

しかし 0.7 μm 付近に明確なレッドエッジを確認することはできない. これは植物以外の成分, 主に雲による反射が卓越してしまっているからだと考えられる. つ

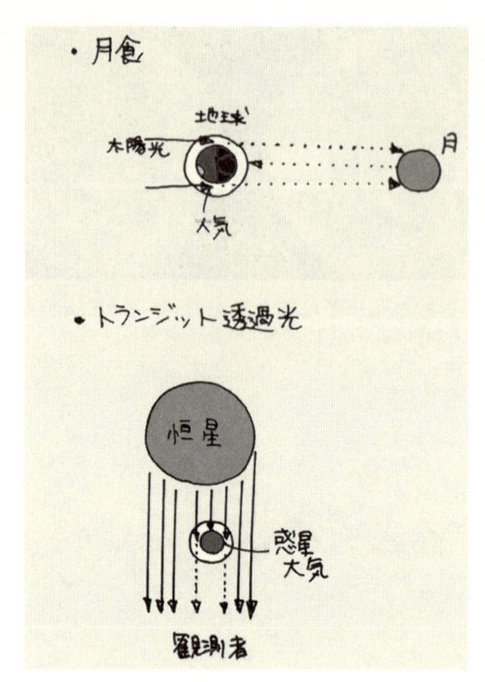

図 **2.20** 月食観測の概念図（上）とトランジット透過光の概念図（下）.

まり地球程度の植物の量だと惑星全体からの反射光にレッドエッジを検出するのは難しい．8.3.1 項で説明するような空間情報の抽出を行うか [27, 44]，レッドエッジの特徴を捉える新しい解析法の開発が望まれるところである．

2.4.2 月食

図 2.20 に示されているように，月食を用いて系外惑星の透過分光の模擬観測を行うこともできる．この観測は実際に Pallé らの画期的な論文 [78] で行われた．酸素など，多くの重要な吸収線は，地球照（すなわち反射光）よりかなり深くなることが明らかになった．

第3章

系外惑星系の天文学的特徴

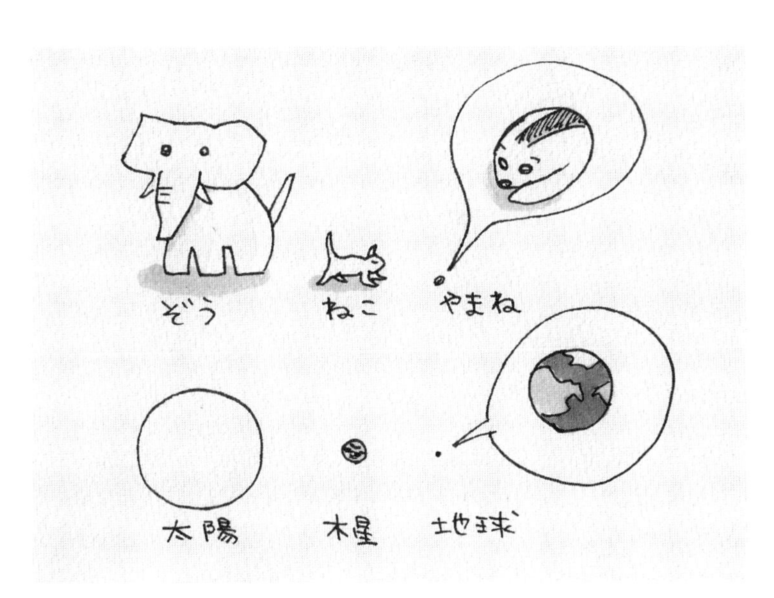

図 3.1　惑星系の主要メンバーは恒星と惑星である．恒星も惑星もさまざまな大きさのものがある．太陽・木星・地球はそれぞれ，ぞう・ねこ・やまねくらいの質量比である．哺乳類の中でさえこの程度の幅があるのだから，星と惑星は天文学会の分科会で分けるほどの違いではないのかもしれない．

本章では，恒星とその周りを回る惑星としてのシステム，すなわち系外惑星系の天文学的な特徴を述べる．天文分野では，天文学的な量を扱うために慣れない単位を多用する．これはひとたび慣れれば便利である一方，無駄に敷居を高くしている面もある．天文学者は，各自好きな天体を基準にした勝手な測り方をする．半径を表すのに星は太陽半径，惑星は木星半径，小さい惑星は地球半径といった感じである．それに古代ギリシア人*1が一番明るい星からギリギリ見える星までを適当にランク付けした等級という概念を数値化してまで*2使い続けている．まずは，よく用いられる各単位の意味を記しながら，恒星と惑星の基礎知識，というよりは，しきたりを説明する．

次に惑星系の力学的側面，すなわち軌道運動を力学から導出する．よく知られているように，古典力学は，太陽系惑星のケプラーの法則を説明する形でニュートンによりつくられた．つまり惑星の運動は，物理学の最も古典的な問題であり，それゆえ味わい深い．系外惑星は，大概の場合，惑星と恒星の二体問題で近似できるので，二体問題から得られる軌道要素で特徴づけることができる．

3.1 恒星

3.1.1 天体までの距離と離角

地球半径 $R_\oplus$，木星半径 R_J，太陽半径 $R_\odot$ は惑星や恒星の大きさを表すのによく用いられる．また，太陽から地球までの距離を 1 とした単位は天文単位 (astronomical unit; au) とよばれる．地球は太陽の周りの半径 $a = 1$ au の円を 1 年かけて回るが，地球から距離 $d \gg a$ にある星は，見かけ上 1 年間に半径

$$\theta_\mathrm{plx} = \tan^{-1}\left(\frac{a}{d}\right) \approx \frac{a}{d} \tag{3.1}$$

の角度の円を天空上で移動する．この角度のことを年周視差という．逆に年周視差が 1 秒角になるときの星までの距離を 1 パーセク (pc) とよぶ:

$$1\,\text{秒角} = \tan^{-1}\left(\frac{1\,\mathrm{au}}{1\,\mathrm{pc}}\right) \approx \frac{1\,\mathrm{au}}{1\,\mathrm{pc}} \tag{3.2}$$

1 pc は約 3 光年であるが，我々から最も近い恒星ケンタウルス座アルファ三連星

---

*1 ヒッパルコスとされている．

*2 これこそが Norman Pogson 氏の主要な業績だ．

は 4 光年のところにあるので，1 pc 以内に太陽以外の恒星は存在しない．宇宙生命探査を行うことができるような近傍の惑星を考えるにはだいたい 10 pc を基準にしておくと都合がよい．10 pc 以内に恒星は約 300 個程度存在する．これら近傍の星の年周視差は 0.1 秒角 = 100 ミリ秒角のオーダーであることがわかる．それゆえミリ秒角 (milliarcsecond; mas) という単位もよく使われる．月の視直径はだいたい 0.5 度 = 30 分角 = 1800 秒角ぐらいであるから，年周視差は見た目にはほとんどわからない程度のずれである．さて系外惑星の生命探査では恒星から 0.1–数 au 程度の惑星を考えることがほとんどである．すると式 (3.2) は便利なことがわかる．たとえば距離 10 pc のところにある軌道半径 1 au の惑星は天球上では長半径 100 mas の楕円上を動く，といったことをすぐ見積もることができる．また，恒星と惑星の距離を天球面上の角度に直した量を離角 (angular separation) という．この例では円軌道だとすると，最大の離角は 100 mas ということになる．離角は，惑星を恒星から分離して観測する際に重要な量となる．

3.1.2 恒星の温度と光度

恒星が放つ単位時間当たりのエネルギーを光度という．恒星からの光はほとんどが熱輻射であるため，おおまかには恒星フラックス $f_\star(\lambda)d\lambda$ [erg/s/cm^2/μm] は，黒体輻射

$$f_\star(\lambda)d\lambda = \pi B_\lambda(\lambda, T)\frac{R_\star^2}{d^2}d\lambda \tag{3.3}$$

$$= \frac{2\pi hc^2}{\lambda^5}\frac{R_\star^2}{d^2}\left[\exp\left(\frac{hc}{\lambda k_\mathrm{B} T_\star}\right) - 1\right]^{-1} d\lambda \tag{3.4}$$

で近似される．最初の項の導出については 5.1.3 項を参照のこと．$T_\star$ は恒星の有効温度，d は恒星までの距離，h, c, k_B はそれぞれプランク定数，光速度，ボルツマン定数である．$B_\lambda(\lambda, T)$ はプランク関数である．プランク関数は波長 λ cm で積分するか，周波数 ν s^{-1} で積分するかで異なるので注意が必要である．両者の変換は，$c/\lambda = \nu$ と $B_\nu|d\nu| = B_\lambda|d\lambda|$ から求まる．すなわち

$$B_\lambda(\lambda, T)d\lambda \equiv \frac{2hc^2}{\lambda^5}\left[\exp\left(\frac{hc}{\lambda k_\mathrm{B} T_\star}\right) - 1\right]^{-1} d\lambda, \tag{3.5}$$

$$B_\nu(\nu, T)d\nu \equiv \frac{2h\nu^3}{c^2}\left[\exp\left(\frac{h\nu}{k_\mathrm{B} T_\star}\right) - 1\right]^{-1} d\nu \tag{3.6}$$

ここに

$$\pi \int_0^\infty d\nu B_\nu(\nu, T) = \sigma T^4 \tag{3.7}$$

であり，

$$\sigma \equiv \frac{2k_B^4 \pi^5}{15c^2 h^3} \tag{3.8}$$

はシュテファン-ボルツマン定数とよばれている．値は $\sigma = 5.67 \times 10^{-8}$ W/m^2/K^4 $= 5.67 \times 10^{-5}$ erg/cm^2/K^4 である．

これを用いて，恒星フラックスを波長について積分し，全立体角方向の和をとると，恒星光度

$$L_\star = 4\pi d^2 \int_0^\infty f_\star(\lambda) d\lambda = 4\pi\sigma R_\star^2 T_\star^4 \tag{3.9}$$

が求まる．太陽の有効温度 $T_\odot = 5778$ K と半径 $R_\odot = 6.96 \times 10^{10}$ cm を用いて書き直すと

$$L_\star = 3.8 \times 10^{33} \left(\frac{R_\star}{6.96 \times 10^{10}\ \mathrm{cm}}\right)^2 \left(\frac{T_\star}{5778\ \mathrm{K}}\right)^4 \ \mathrm{erg/s} \tag{3.10}$$

となる．つまり太陽光度は $L_\odot = 3.8 \times 10^{33}$ erg/s である．ところで覚えておくと便利なのが，$f_\star(\lambda)$ が最大値をとる波長 $\lambda_{\max}$ と温度の関係（ウィーン変位則）であり，

$$\lambda_{\max}\ \mu\mathrm{m} = \frac{2897\ \mu\mathrm{m} \cdot \mathrm{K}}{T\ \mathrm{K}} \tag{3.11}$$

である．太陽温度 5778 K では 0.5 μm くらいの可視域に，室温 300 K で 10 μm くらいの中間赤外域にピークがくることがわかる．

ついでに黒体輻射球のスペクトルも記しておく．これは単に式 (3.9) の積分をしなかったものを書き直したもので，波長で積分すると光度になる．波長 $\lambda_{\mu\mathrm{m}}$ は μm を単位とした波長で，温度はケルビンを単位として使用している*3．

$$l_\star = 2.3 \times 10^{34} \lambda_{\mu\mathrm{m}}^{-5} \left[\exp\left(\frac{1.44 \times 10^4}{\lambda_{\mu\mathrm{m}} T}\right) - 1\right]^{-1} \left(\frac{R_\star}{6.96 \times 10^{10}\ \mathrm{cm}}\right)^2 \ \mathrm{erg/s/}\mu\mathrm{m} \tag{3.12}$$

恒星にはさまざまな質量・温度・半径のものがあるが，スペクトルに基づいて分類されたものがスペクトル型である．表 3.1 には，さまざまなスペクトル型の恒星

*3 このような便利そうな式を用いるときは，自分で確かめてから使用することを強くおすすめしたい．有名なレビューや教科書でも桁の間違いなどがけっこう存在するので気をつけよう．

表 3.1 恒星のスペクトル型と恒星温度，寿命，近傍の存在数

スペクトル型	温度	光度 ($L_\odot$)	寿命	10 pc 内個数	特徴的な吸収線
M 型	2500–3900 K	0.001–0.1	3000 億年	210	TiO, VO, FeH
K 型	3900–5300 K	0.1–0.5	700 億年	42	中性金属
G 型	5300–6000 K	0.5–2	200 億年	26	中性金属, Ca
F 型	6000–7500 K	2– 10	40 億年	2	電離金属, Ca, 水素線
		高温・短寿命な恒星			
A 型	7500–10000 K	10–100	10 億年		水素
B 型	10000–29000 K	100–100000	8 千万年		中性ヘリウム
O 型	29000–60000 K	500000	100 万年		電離ヘリウム
		褐色矮星			
L 型	1300–2500 K				CO
T 型	600–1300 K				CH_4
Y 型	–600 K				
宇宙（参考）	3 K（宇宙背景放射）		約 140 億年（現在）	-	-
地球（参考）	300 K		約 50 億年（現在）	-	水

の典型的な物理量を示してある．ただし恒星が進化して膨らんだ巨星は載せていない．M 型から O 型まで温度の範囲は 1 桁強である．半径も 1 桁強の範囲をもつ．しかし，式 (3.9) より，光度は何桁にもわたることがわかる．これは地球から観測可能な恒星の距離がタイプによってかなり異なることを意味する．

3.1.3 恒星の質量と寿命

恒星の寿命 ($\tau_\star$) は大雑把には質量に比例し，エネルギーを失う速度，すなわち光度に反比例すると考えられる．

$$\frac{\tau_\star}{\tau_\odot} = \frac{M_\star/L_\star}{M_\odot/L_\odot} \tag{3.13}$$

$\tau_\odot$ は太陽の寿命，$M_\star$ は恒星の質量である．表 3.1 に各スペクトル型の典型的寿命を記してある．生命発生の観点から見ると，F 型星くらいまでは数十億年以上の寿命がある．地球の歴史では，シアノバクテリアによる最初の大規模な酸素量の増加 (GOE; 2.3.1 項）までに約 20 億年かかっているので，進化のタイムスケールが同程度だと仮定すると，A 型星より高温星における生命探査はすこし難しいかもしれないが，たまたま G 型星の周りに生まれた生命がそんなことを断定するのはおこがましいかもしれない．

質量の大きい星を早期型 (early-type)，質量の小さい星を晩期型 (late-type) とよぶが，これは歴史的経緯でつけられた用語なので，なにが早期なのか深く考えてはいけない．太陽に近い G 型星付近の恒星を太陽型星ともよぶ．天文学には，早期型銀河とか惑星状星雲など名が体を表さないケースが散見される．天文学者は，マ

イナスイオンやプラズマ云々を口酸っぱく批判する割には，これらの名前を正す気がまったくない．

また，恒星を特徴づける観測量に，一風変わった名前の logg（ログジー）というものがある．筆者が可視光天文学に慣れていなかった頃，この高尚そうな物理量を同僚が頻繁に口にしていて恐れ慄いていたが，何のことはない恒星表面の重力加速度を cgs 系で表記したものの常用対数をとった量だった．

$$\log g = \log_{10}\left(\frac{GM_\star}{R_\star^2}\right) = 4.44 + \mu_\star - 2q_\star \tag{3.14}$$

となる．ここに $\mu_\star \equiv \log_{10}(M_\star/M_\odot)$，$q_\star \equiv \log_{10}(R_\star/R_\odot)$ と定義した．logg は分光観測からわかるため恒星の基本観測量となっている．恒星は寿命に近づくと膨らんでいくため logg が小さくなる．このように logg は恒星の年齢をおおざっぱに知るための指標ともなる．

表 3.1 を見ると M 型星だけは光度が 2 桁もの範囲にわたっていることに注意が必要である．図 3.2 は分光データから見積もった M0 から M6 型星の温度–光度関係である．より晩期の M7–9 はさらに暗い．光度や質量という意味では，カテゴリーとして F, G, K 型と同程度の分類ではなく，早期 (early-M)・中期 (mid-M)・晩期 (late-M) 程度に区別したほうがよいかもしれない．

3.1.4 等級・ジャンスキー

初めて等級という概念に接したときに感じた気持ちはどう表現したらいいだろうか？　等級は天文学の通過儀礼である．まず等級というのは，天体の明るさを示す量であるのだが，フラックス [erg/s/cm^2] もしくは [erg/s/cm^2/μm] でいいではないか，というのが最初に抱く正直な感想である．まず覚えるべきことは，100 倍明るくなると等級が 5 下がるということだ．そして，次に認識すべきはフラックスとの変換係数が波長によって異なるということである．これは等級が基準天体（ベガ等級の場合，ベガ）のフラックスに対する比の対数で定義されるためである．つまり，ある波長における，測りたいものの等級とフラックスを $m(\lambda)$, $F(\lambda)$ で表し，基準天体のそれを $m_{\rm ref}(\lambda)$, $F_{\rm ref}(\lambda)$ とすると

$$m(\lambda) - m_{\rm ref}(\lambda) = -2.5\log_{10}[F(\lambda)/F_{\rm ref}(\lambda)] \tag{3.15}$$

で表される．$m_{\rm ref}$ は通常 0 とおくが，基準天体のフラックス $F_{\rm ref}(\lambda)$ を知らないと，$F(\lambda)$ から $m(\lambda)$ を導きだせないのだ．慣れれば文句をいわなくなるが，慣れ

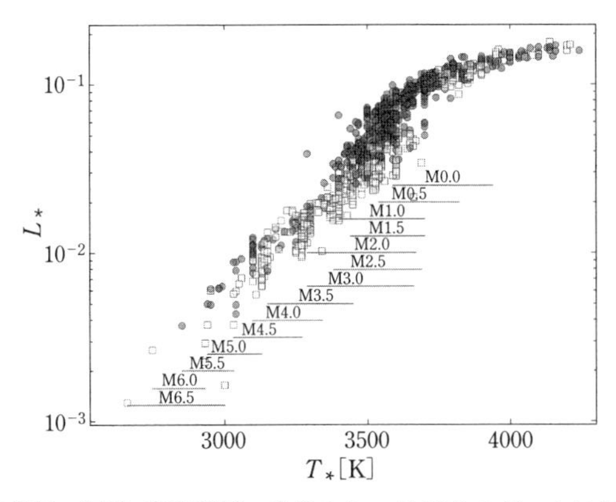

図 3.2 M 型星の温度–光度関係．分光カタログ [57] のデータに基づき作成．四角は logg = 5，丸は logg = 4.5 程度のもの．下線は，[57] による分類の恒星が，このサンプル中に存在する温度範囲．

とは恐ろしいものだ．しかし，よく考えてみると筆者はメロンや牛肉の等級の定義も知らない．等級や階級というのはそういうものなのかもしれない．実際の恒星情報は，等級で与えられることが多いので，計算上扱えるようにする必要がある．幸い Gemini など等級とフラックスの変換ができるサイトがあるので利用されたし．

上で示したのは，地球で観測される天体の明るさに対応する実視等級（見かけの等級）である．10 pc のところに天体をおいた場合の等級を絶対等級という．今後，等級といったときは，絶対等級ではなく見かけの等級を示すことにする．また，$F_{\rm ref}$ を一定値にし，フラックスとの換算を基準天体によらない量にした AB 等級のようなより理性的な定義などがある．しかし恒星を扱うときは普通の等級を用いることが多い．等級や階級とはそういうものなのかもしれない．

さて，同じフラックスをジャンスキーという単位で表すことがある．こちらはもう少しましで

$$1\,\mathrm{Jy} = 10^{-23}\,\mathrm{erg/s/cm^2/Hz} = 10^{-26}\,\mathrm{J/s/m^2/Hz} \tag{3.16}$$

で定義される．特徴は波長方向を表す次元が周波数 Hz で表記されていることである．そのため電波領域でよく利用される．変換は式 (3.6) のときと同じで，スペクトル方向を波長・周波数で表したフラックスをそれぞれ f_λ, f_ν とすると

$$f_\lambda |d\lambda| = f_\nu |d\nu| = f_\nu |d(c/\lambda)| = f_\nu |-c\lambda^{-2} d\lambda| \tag{3.17}$$

であるので，

$$f_\lambda = \frac{c}{\lambda^2} f_\nu \tag{3.18}$$

となる.

3.2 惑星

3.2.1 惑星と恒星を分かつもの?

ほかの惑星に比べ小さい冥王星が,惑星からはずされ準惑星と分類されたことは,ことのほか大きなニュースとなったが,逆に重いほう,つまり恒星と惑星の境はどこにあるのだろうか? 恒星は分子雲内のクランプが自己重力により収縮することで形成され,惑星は恒星の周りの原始惑星系円盤から形成されたと考えられているので,どのように形成されたかで分類するのは論理的には筋がよい.しかし,個々の天体についてその出自を問うこと自体がなかなか困難なことである.そこで測定が比較的容易な質量でわけるという便宜的な方法が主流である.すなわち,天体の質量を M としたとき,

$$M < 13M_{\rm J} \tag{3.19}$$

を満たすものを惑星とするというものである.$M_{\rm J}$ は木星質量である*4.物理的には $13M_{\rm J}$ を超えると重水素の核融合がはじまる.つまりこの定義では,惑星とは内部で自らエネルギーを(大規模に)発生させない天体ということになる.

$$13M_{\rm J} < M < 75M_{\rm J} \tag{3.20}$$

の間のものは,通常の水素の核融合は行わないが,より重くて核融合しやすい重水素のみが核融合する褐色矮星とよばれる天体である.

3.2.2 岩石惑星・ガス惑星・氷惑星

太陽系内の惑星はおおまかに,水星・金星・地球・火星は岩石を主成分としているので岩石惑星,木星・土星は水素・ヘリウムを主成分としているのでガス惑星,

*4 1995 年の 51 Pegasi b の発見に先立つ 1989 年,Dave Latham らにより HD 114762 に最小質量(4.1.2 項)が木星質量の 11 倍である伴天体が,視線速度法により発見されている.さて,どちらを「最初の系外惑星」とみなすべきだろうか? それともこのような議論は不毛であろうか?

天王星・海王星は氷を主成分としているので氷惑星とよぶ．系外惑星では密度までわかっても組成が一意に決まらないことも多いので，サイズごとに，それぞれ地球型惑星，海王星型惑星，木星型惑星とよぶこともある．木星・土星のようなガス主体の大型惑星を巨大ガス惑星 (gas giant) とよぶ場合もある．

図 3.3（左）には，これら系内の惑星と系外惑星の質量・半径関係をプロットしている．木星サイズより小さい領域では，半径・質量関係はおおざっぱには

$$\frac{M_p}{M_\mathrm{J}} = 0.5\left(\frac{R_p}{R_\mathrm{J}}\right)^2 \tag{3.21}$$

程度となる．木星程度からは半径が増えなくなってくるが，恒星近傍の木星，ホットジュピターは，半径がより膨らんでいることが知られている．何らかの加熱源が必要だが，まだ詳細はわかっておらず「Inflating Hot Jupiter Problem」として知られている．4 地球半径より小さい部分については，トランジットと視線速度・TTV 解析（4.3 節参照）を用いた [107] なども参照のこと．

これら太陽系内の惑星と発見されている系外惑星を質量と密度の平面にプロットしたのが図 3.3（右）である．この図から **J, S**（木星・土星）に近いところで密度が質量に比例している領域の惑星は巨大ガス惑星，**Me, Ma, E, V**（水星，火星，地球，金星）近くの密度が 5 g/cm^3 程度で一定の領域が岩石惑星，**N, U**（海王星，天王星）に近いその間をつなぐ領域が海王星型惑星であるとおおざっぱには理解できる．

3.2.3 その他の分類

系外惑星発見の初期の頃，主に見つかったのは軌道長半径 0.05 au 付近を回る木星質量の惑星，ホットジュピターである．図 1.7 の 0.05 au，1 木星質量付近の集まりがホットジュピターに対応している．ホットジュピターの典型的な温度は 1000 K を超える．最初に発見された系外惑星 51 Pegasi b や最初のトランジット惑星 HD 209458 b，昼側輻射の惑星視線速度が最初に報告された tau Boo b など，地球近傍にあるホットジュピターで観測手法の最初の成果をもたらすことが多い．ホットジュピターより，もう少し軌道長半径が大きくて（たとえば 0.1 au），典型的な温度がもう少し低い（たとえば 1000 K 以下）ものをウォームジュピターということもあるが，適当なのであまり厳密に考えてもしかたない．

0.05 au 付近に存在するが，木星ほど大きくなく海王星程度の質量のものをホットネプチューン (hot Neptune) とよぶ．GJ 436 b や HAT-P-11 b などが有名．定義

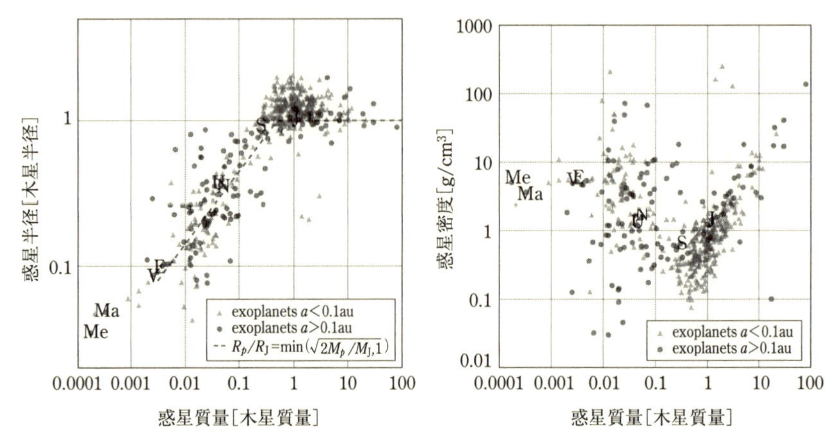

図 3.3 半径・質量のわかっている惑星の質量・半径プロット（左）と質量・密度プロット（右）．軌道長半径を a = 0.1 au 以内と以遠で分けてプロットしている．a < 0.1 au の木星半径より膨れている部分がホットジュピターに対応する．図中の Me, V, E, Ma, J, S, U, N はそれぞれ水星，金星，地球，火星，木星，土星，天王星，海王星を示している．

が若干曖昧であるが，地球の 10 倍程度以下の質量，または半径が地球の 2 倍程度以下のものをスーパーアース (super Earth) とよぶことが多い．これには主に水でできた惑星や岩石惑星などが含まれると考えられている．GJ 1214 b や 55 Cnc e などが有名．

形成されたての惑星はまだ高温であり，自ら熱放射で光り輝いている．このような惑星を self-luminous planet（自己放射している惑星という意味）とよぶ．直接撮像で最も見つかりやすい条件を備えており，2013 年現在，直接撮像された惑星はすべてこのタイプの惑星である．おおよそ恒星と惑星が 0.1 秒角以上離れているものが現在のところ検出されている．これは軌道長半径にすると 10 au 以上である．複数惑星系の HR 8799 b–e（図 1.6）がとくに有名である．

3.2.4 近傍の系外惑星

天文学業界では，地球の「近傍」= nearby という言葉の使い方は扱う天体や観測方法に依存するので注意が必要である．近傍の系外惑星といった場合，地球から 10 pc ないし 30 pc 程度以内を指すことが多いようである．図 3.4 は，系外惑星の発見されている 100 pc 以内の恒星の距離と推定温度である．温度の低い恒星は暗いが数が多いので，発見数が高温のものに比べ，より近傍によっているのがわかる．

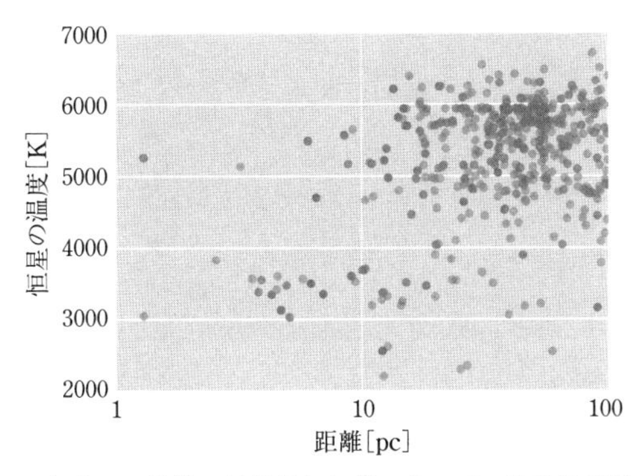

図 **3.4** 2017 年までに近傍の恒星周りに見つかっている系外惑星．縦軸は恒星の有効温度の推定値．

3.3 恒星-惑星系

恒星，惑星とそれぞれの概略を見てきたので，次は恒星と惑星からなる系，恒星-惑星系の性質を考えよう．恒星が惑星に与える影響は，恒星光，恒星風，地場などがあるが，なんといっても最大の影響は重力である．惑星が恒星に与える影響はほとんどないが，重力だけはかろうじて影響を与える．そしてこの影響のおかげで系外惑星は発見された（4.1 節，視線速度法）．この恒星-惑星間の最大の相互作用，重力相互作用による運動を考える．

3.3.1 二体問題

まず惑星と恒星をそれぞれ質点と考え，惑星と恒星の間に働く力を重力だけと考えることで，二体問題となり，解析的に解くことができる．[73] による導出が簡単である．G を重力定数とし，図 3.5 のように座標をとると，

$$\boldsymbol{F}_1 = m_1 \ddot{\boldsymbol{r}}_1 = G \frac{m_1 m_2}{r^2} \frac{\boldsymbol{r}}{r}, \tag{3.22}$$

$$\boldsymbol{F}_2 = m_2 \ddot{\boldsymbol{r}}_2 = -G \frac{m_1 m_2}{r^2} \frac{\boldsymbol{r}}{r}, \tag{3.23}$$

$$\boldsymbol{r} \equiv \boldsymbol{r}_2 - \boldsymbol{r}_1 \tag{3.24}$$

である．これから

$$\ddot{\boldsymbol{r}} = -G \frac{m_1 + m_2}{r^2} \frac{\boldsymbol{r}}{r} \tag{3.25}$$

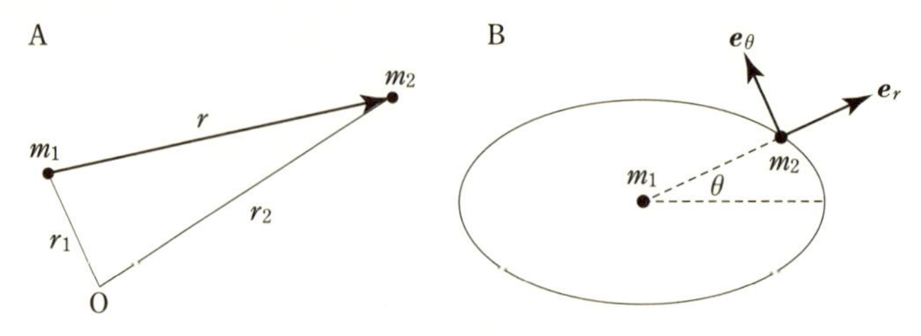

図 3.5 二体問題の座標系.

となる．軌道角運動ベクトル

$$\boldsymbol{h} \equiv \boldsymbol{r} \times \dot{\boldsymbol{r}} \tag{3.26}$$

を考えると，

$$\dot{\boldsymbol{h}} = \dot{\boldsymbol{r}} \times \dot{\boldsymbol{r}} + \boldsymbol{r} \times \ddot{\boldsymbol{r}} = \boldsymbol{r} \times \ddot{\boldsymbol{r}} \tag{3.27}$$

であり，式 (3.25) より

$$\boldsymbol{r} \times \ddot{\boldsymbol{r}} = 0 \tag{3.28}$$

であるから，

$$\dot{\boldsymbol{h}} = 0 \tag{3.29}$$

となる．すなわち軌道角運動量ベクトル $\boldsymbol{h}$ は，二体問題上は保存量である．これは質点が $\boldsymbol{h}$ に直交する平面（軌道面）上の運動に制約されていることを意味する．

軌道面上の円座標系 $\boldsymbol{e}_r = (\cos\theta, \sin\theta)^T$ と $\boldsymbol{e}_\theta = (-\sin\theta, \cos\theta)^T$ で考える（T は転置記号）．$\boldsymbol{r} = r\boldsymbol{e}_r$ であり，また $\dot{\boldsymbol{e}}_r = \dot{\theta}(-\sin\theta, \cos\theta)^T = \dot{\theta}\boldsymbol{e}_\theta$ と $\dot{\boldsymbol{e}}_\theta = \dot{\theta}(-\cos\theta, -\sin\theta)^T = -\dot{\theta}\boldsymbol{e}_r$ を用いると，

$$\dot{\boldsymbol{r}} = \frac{d}{dt} r\boldsymbol{e}_r = \dot{r}\boldsymbol{e}_r + r\dot{\boldsymbol{e}}_r = \dot{r}\boldsymbol{e}_r + r\dot{\theta}\boldsymbol{e}_\theta, \tag{3.30}$$

$$\ddot{\boldsymbol{r}} = (\ddot{r} - r\dot{\theta}^2)\boldsymbol{e}_r + \left[\frac{1}{r}\frac{d}{dt}(r^2\dot{\theta})\right]\boldsymbol{e}_\theta \tag{3.31}$$

となる．

式 (3.30) より，軌道角運動量ベクトルは

$$\boldsymbol{h} \equiv \boldsymbol{r} \times \dot{\boldsymbol{r}} = (r\boldsymbol{e}_r) \times (\dot{r}\boldsymbol{e}_r + r\dot{\theta}\boldsymbol{e}_\theta) = r^2\dot{\theta}\boldsymbol{e}_\phi \tag{3.32}$$

となることがわかる．軌道角運動量はこのノルムなので

$$h = |\boldsymbol{h}| = r^2\dot{\theta} \tag{3.33}$$

となる．惑星と恒星を結ぶ直線が単位時間に掃く面積は

$$\Delta A = \frac{1}{2}r^2\Delta\theta \tag{3.34}$$

であるから

$$\dot{A} = \frac{h}{2} \tag{3.35}$$

で一定となる（ケプラーの第 2 法則）．同様に速度の 2 乗は

$$v^2 = \dot{\boldsymbol{r}} \cdot \dot{\boldsymbol{r}} = \dot{r}^2 + r^2\dot{\theta}^2 \tag{3.36}$$

と求まる．

また式 (3.31) を用いて運動方程式 (3.25) の動径成分は

$$\ddot{r} - r\dot{\theta}^2 = -\frac{G(m_1 + m_2)}{r^2} \tag{3.37}$$

となる．

一応，解析力学を学んだ方のために，ラグランジアンを用いた解法も併記しておく．重心を原点にとったときのラグランジアンは，換算質量 $\mu = (m_1^{-1} + m_2^{-1})^{-1}$ を用いて，

$$L = T - U = \frac{m_1}{2}|\dot{\boldsymbol{r}}_1|^2 + \frac{m_2}{2}|\dot{\boldsymbol{r}}_2|^2 + G\frac{m_1 m_2}{r} = \frac{\mu}{2}[\dot{r}^2 + (r\dot{\theta})^2] + G\frac{m_1 m_2}{r} \tag{3.38}$$

となる（T：運動エネルギー，U：ポテンシャルエネルギー）．ラグランジュ方程式

$$\frac{d}{dt}\left(\frac{\partial L}{\partial \dot{r}}\right) - \frac{\partial L}{\partial r} = 0, \tag{3.39}$$

$$\frac{d}{dt}\left(\frac{\partial L}{\partial \dot{\theta}}\right) - \frac{\partial L}{\partial \theta} = 0 \tag{3.40}$$

より，式 (3.37) と角運動量保存がそれぞれ導出される．

さて式 (3.37) を $u \equiv 1/r$ で変数変換する．$hu^2 = \dot{\theta}$，$\frac{dr}{dt} = \frac{dr}{d\theta}hu^2 = -h\frac{du}{d\theta}$ を用いて，

$$\frac{d^2u}{d\theta^2} + u = \frac{G(m_1 + m_2)}{h^2} \tag{3.41}$$

となる．これは非斉次 2 階微分方程式であり，斉次解は定数 c_1, c_2, C_1, C_2 を用い

て

$$u_h = c_1 \cos\theta + c_2 \sin\theta = C_1 \cos(\theta - C_2) \tag{3.42}$$

のように書くことができる．非斉次解は明らかに

$$u_i = \frac{G(m_1 + m_2)}{h^2} \tag{3.43}$$

であり，これらを足しあわせたものが一般解である．$G(m_1 + m_2)/h^2$ をくくり出し，積分定数項を e, ω とした一般解は

$$u = \frac{G(m_1 + m_2)}{h^2}[1 + e\cos(\theta - \omega)] \tag{3.44}$$

と書ける．$r = 1/u$ に戻すと，

$$r = \frac{h^2}{G(m_1 + m_2)} \frac{1}{1 + e\cos(\theta - \omega)} \tag{3.45}$$

となる．ところで，図 3.6 のような楕円を考えてみよう．楕円なので

$$r + r' = 2a \tag{3.46}$$

が成り立つ．また座標から

$$(r')^2 = (x_p + 2ea)^2 + y_p^2 = (r\cos\theta + 2ea)^2 + (r\sin\theta)^2 \tag{3.47}$$

となる．式 (3.47) から r' を消去すると，楕円の円錐方程式

$$r = \frac{a(1 - e^2)}{1 + e\cos\theta} \tag{3.48}$$

が得られる．

長半径 a，短半径 b，また true anomary f（真近点角）を

$$\frac{h^2}{G(m_1 + m_2)} = a(1 - e^2), \tag{3.49}$$

$$b^2 = a^2(1 - e^2), \tag{3.50}$$

$$f \equiv \theta - \omega \tag{3.51}$$

と定義すれば，式 (3.45) は円錐方程式の形

$$r = \frac{a(1 - e^2)}{1 + e\cos f} \tag{3.52}$$

になることから，二体問題の解が楕円になることが確認される．ここに楕円度を表

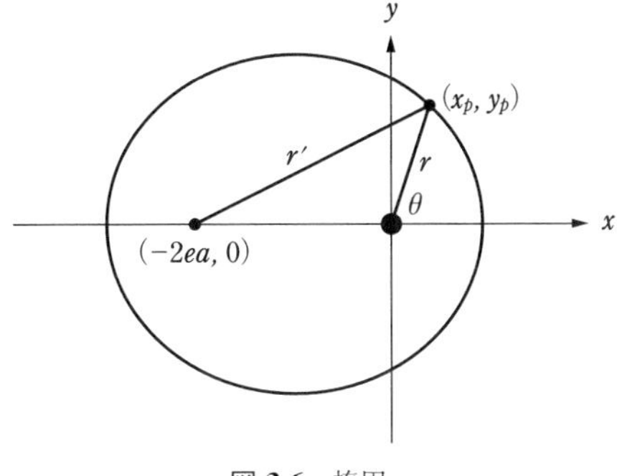

図 **3.6**　楕円.

すパラメタ e は離心率とよばれる（ただし $0 \leq e < 1$ とする）．また true anomaly f は，periastron（perihelion= 近日点の太陽を恒星に変えたもの，近点と略記することも多い）から測った恒星と惑星の角度に対応することがわかる．ω は the argument of periastron（近点引数）とよばれる量で円錐方程式 (3.48) で表される楕円を半時計回りに ω 回転したということを表している．

ところで $\dot{A}$ は一定であるから楕円面積

$$A = \pi ab = \frac{h}{2}P \tag{3.53}$$

と書ける．ここに P は公転周期である．これを変形すると

$$P^2 = \frac{4\pi^2}{G(m_1 + m_2)}a^3 \tag{3.54}$$

となる．公転周期の 2 乗は質量に反比例，軌道長半径の 3 乗に比例することがわかる（ケプラーの第 3 法則）．円軌道の場合，公転角速度は $1/\sqrt{G(m_1 + m_2)a}$ であることもわかる．

後々の表記のために平均運動 (mean motion) n を

$$n \equiv \frac{2\pi}{P} \tag{3.55}$$

とおく．h との関係は，式 (3.49) と式 (3.54) より

$$h = na^2 \sqrt{1 - e^2} \tag{3.56}$$

となっている．

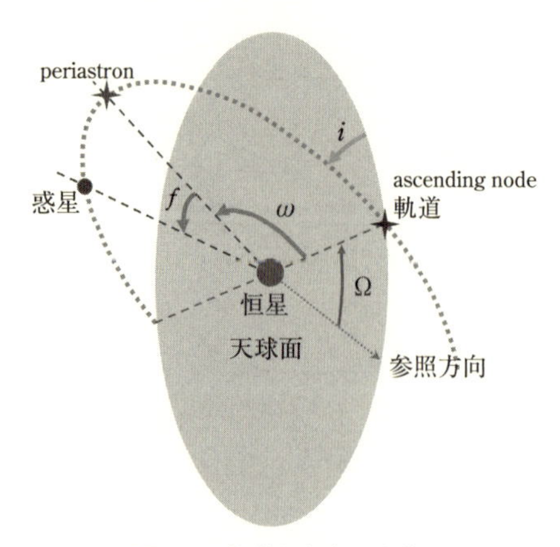

図 **3.7** 軌道と角度の定義.

3.3.2 3次元空間上の二体運動

これまで軌道平面の2次元空間上に座標をとって話を進めてきたが，軌道を確定するには，惑星系の軌道角運動量ベクトルの方向がとりうる自由度がさらに2次元分ある．これを図3.7に表示されるように，観測者から見た軌道の傾き，軌道傾斜角を i で，方位角方向の定義を longitude of ascending node Ω（昇交点黄経）で指定する．これら $a, e, \omega, f, i, \Omega$ の6つのパラメタを指定すれば，二体問題の軌道が一意に決定される．

これらの回転を回転行列で表してみよう．まず，元となる楕円は円錐方程式(3.48)で表される図3.6のものとしよう．z 軸を紙面に垂直にとるとする．

- 円錐方程式(3.48)を z 軸周りに反時計方向に ω 回したものが二体問題の楕円の方程式(3.52)であった．
- 次に x 軸周りに反時計方向に i 回すと軌道面が天球に対して i 傾くことになる．
- 最後に z 軸周りに Ω，つまり天球の方位角方向の回転の自由度が残る．

これらの回転行列を順に楕円を表す $(r\cos f, r\sin f, 0)$ に対してかけると，3次元空間上での軌道は

$$X = r(\cos(f+\omega)\cos\Omega - \cos i \sin(f+\omega)\sin\Omega), \tag{3.57}$$

$$Y = r(\cos i \cos\Omega \sin(f+\omega) + \cos(f+\omega)\sin\Omega), \tag{3.58}$$

$$Z = r \sin i \sin(f+\omega) \tag{3.59}$$

となる．

3.3.3 二体問題を時間について解く

3.3.1 項では二体運動の軌道が楕円になることやケプラーの第 3 法則を導いたが，軌道や視線速度の時間変化を知るためには，二体問題を時間について解かないとならない．もう一度 2 次元に戻って，まず r についての二体問題の時間微分方程式を導こう．速度の 2 乗，つまり式 (3.36) を r だけの関数と r と $\dot{r}$ の関数の 2 通りに表現することでこれを導く．true anomaly $f = \theta - \omega$ の微分は $\dot{f} = \dot{\theta}$ なので，式 (3.36) は

$$v^2 = \dot{r}^2 + r^2 \dot{f}^2 \tag{3.60}$$

となる．右辺を r と $\dot{r}$ だけの式にするには，角運動量 $h = r^2\dot{\theta} = r^2\dot{f}$ を用いれば

$$v^2 = \dot{r}^2 + \frac{h^2}{r^2} \tag{3.61}$$

となる．

次に r だけの式で表現するには，まず二体問題の円錐方程式 (3.52) を用いる．時間に依存する項を明示して再掲すると

$$r(t) = \frac{a(1-e^2)}{1 + e\cos f(t)} \tag{3.62}$$

である．式 (3.60) の右辺を f の関数だけで書き，最後に円錐方程式で r だけの関数に書き直す方針である．

$r(t)$ の時間微分は

$$\dot{r}(t) = \dot{f}\frac{d}{df}\left[\frac{a(1-e^2)}{1+e\cos f(t)}\right] = \dot{f}\frac{a(1-e^2)e\sin f(t)}{[1+e\cos f(t)]^2} = \frac{r\dot{f}e\sin f(t)}{1+e\cos f(t)} \tag{3.63}$$

となる．これから $h = r^2\dot{f}$ と再度，円錐方程式を用いて $\dot{f}$ と r を消去すると

$$\dot{r} = \frac{h}{r}\frac{e\sin f}{1+e\cos f} = \frac{h}{a(1-e^2)}e\sin f \tag{3.64}$$

となることがわかる．これで式 (3.60) 右辺の第 1 項を f のみで書けた．

式 (3.60) 右辺の第 2 項は，式 (3.63) と式 (3.64) で $\dot{r}$ を消して

$$r\dot{f} = \dot{r}\frac{1 + e\cos f}{e\sin f} = \frac{h}{a(1 - e^2)}(1 + e\cos f) \tag{3.65}$$

となる．さてこれでめでたく式 (3.60) は

$$v^2 = \frac{h^2}{a^2(1 - e^2)^2}(1 + 2e\cos f + e^2) = \frac{h^2}{a(1 - e^2)}\left(\frac{2}{r} - \frac{1}{a}\right) \tag{3.66}$$

となることがわかった．式 (3.61) と合わせて時間微分方程式は

$$\dot{r}^2 + \frac{h^2}{r^2} - \frac{h^2}{a(1 - e^2)}\left(\frac{2}{r} - \frac{1}{a}\right) = 0 \tag{3.67}$$

となる．さてここまできて何だが，この微分方程式はまともには解けそうにない．ここで eccentric anomaly（離心近点角）E を使って魔法の変数変換

$$r = a(1 - e\cos E) \tag{3.68}$$

のように定義する．

$$\dot{E} = \frac{\dot{r}}{ae\sin E} \tag{3.69}$$

であることに注意して，微分方程式 (3.67) を書き換えると

$$\dot{E} = \frac{h^2}{a^2\sqrt{1 - e^2}}\frac{1}{1 - e\cos E} = \frac{n}{1 - e\cos E} \tag{3.70}$$

が得られる．この微分方程式の解は

$$E - e\sin E = n(t - t_0) \equiv M \tag{3.71}$$

であることが容易に確かめられる．ここに M は mean anomaly（平均近点角）とよばれる量である．t_0 はある近点通過時刻である．mean anomaly は周期がわかっているときに時間の代わりに扱うと便利である．

さてこれで間接的に式 (3.71) と式 (3.68) を通じて，二体問題の時間微分方程式が解けたことになる．与えられた M に対し式 (3.71) から E を解くためには数値解法を用いるしかない．Newton-Raphson 法や Markley の手法 [62] などを用いよう．後者は PyAstronomy などでコードが配布されているので効率的に解くことができる．

第4章

主な観測手法

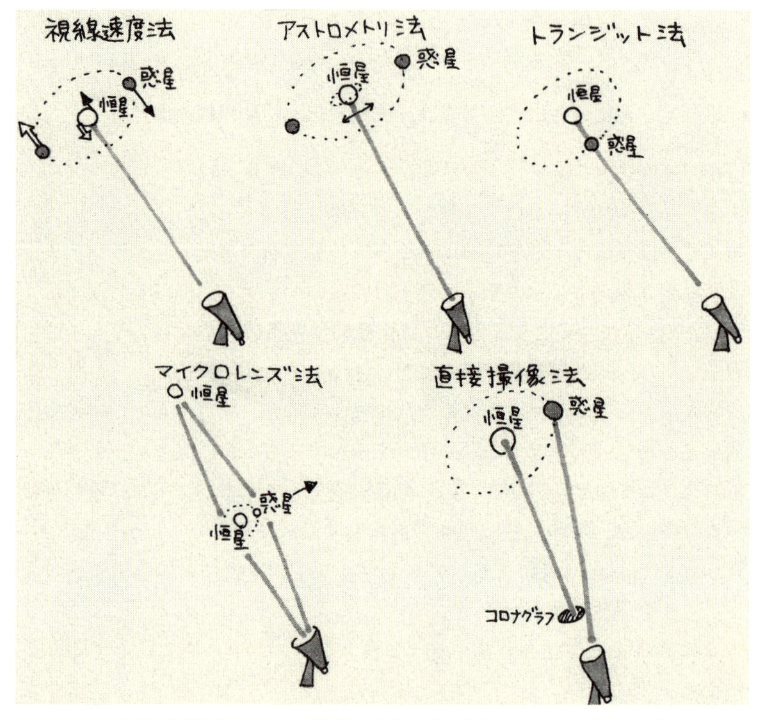

図 4.1 本章で説明する系外惑星観測手法の概念図．こんな内容だとポップな絵柄にすることは難しい．

系外惑星の研究は，1995年の視線速度法による最初の発見 [67] 以来，主星*1に刻み込まれた惑星のシグナルを観測する間接観測によって牽引されてきたといってもよい．また，21世紀に入ってからは，主星の前面を惑星が通過することによっておこる主星の減光を検出するトランジット法を用いることで，COROTやKeplerといった衛星ミッションや数多くの地上からの探査で夥しい数の系外惑星が発見された．

系外惑星の発見・観測手法については，何に惑星のシグナルが刻まれるかで大まかに3つに分けることができる．

- 主星の運動（視線速度変動，アストロメトリ）
- 主星フラックスの変動（トランジット，マイクロレンズ）
- 惑星光・運動の検出（直接撮像，位相曲線，惑星視線速度）

中でも視線速度法，アストロメトリ法，トランジット法，マイクロレンズ法，直接撮像法の5手法が代表的な観測手法である（図4.1）．

視線速度法は惑星による主星のふらつきを視線方向の運動として検出する．具体的には主星光スペクトル中の原子・分子吸収線のドップラー偏移を観測する．視線速度法は1995年にマイヨールとケロズが初めて系外惑星を発見したときに用いられた方法であり，その後も惑星探査における中心を占めている．

視線速度法では主星の視線方向のゆれを検出するが，天球面上で恒星の位置が精密に測定できれば，天球面上方向のゆれを検出することで惑星を検出できる．この方法をアストロメトリ法という．系外惑星探査はもともとアストロメトリ法での探査が主流であったがこの方法は現在であっても非常に難しい．しかし2013年に打ち上げられたGAIA衛星により，アストロメトリ法が再び系外惑星探査の表舞台に戻ってくる可能性が高い．

視線速度法による最初の発見の約5年後，シャルボノーらによって，惑星が恒星の前面を通過する際におこる減光が観測された．この減光による惑星探査法をトランジット法という．現在では，トランジット法の専用衛星ケプラーにより目覚ましい数の惑星が発見されている．これら2つの方法は，軌道長半径0.05 auという恒星のすぐ近くを回るclose-in planetsでまず成功した．close-in planetのような太陽系にはない極端な惑星があるとわかっていれば，系外惑星はいつ見つか

*1 惑星-恒星系における恒星のことを惑星との関係性に着目してこのようによぶことがある．

ってもおかしくなかった．ここで1つ引用しておきたいのは，すでに1952年にOtto Struveによって，このような惑星が存在したならば視線速度法やトランジット法で見つかるだろう，という予言がなされていたことである[99]．この論文には“But there seems to be no compelling reason why the hypothetical stellar planets should not, in some instances, be much closer to their parent stars than is the case in the solar system.”とあり，視線速度法とトランジット法の2つについて言及されている．素晴らしい洞察力であるといえよう．

また観測者と星の間に惑星を持った星が通過する際におこる増光から惑星を探すことも行われている．この増光は通過する主星と惑星の重力により光が曲げられる重力レンズ現象で引き起こされ，一般にマイクロレンズとよばれる．マイクロレンズ現象は，パチンスキーによって暗黒物質の候補であったMassive Compact Halo Object (MACHO)の探査法として提案されたものが，系外惑星探査にも応用され，2003年に初の検出がなされた．マイクロレンズによって発見された惑星は追観測が極めて困難であることから，個々の系外惑星探査よりは惑星の統計的な議論に向く．

上で述べた方法は，恒星光に刻まれた惑星のシグナルを間接的に検出しているという意味で，間接法とまとめてよばれることがある．これに対し恒星の光を遮蔽し，惑星光を直接観測する「直接撮像法」は惑星そのものの性質を調べるキャラクタリゼーションの本命であるが，まだ開発途上である．また恒星と惑星の光を空間的に分離できなくても，惑星光が強い場合，惑星光の情報を引き出すことが可能である．このような場合も直接観測に含むことがある．図1.7には，それぞれの検出方法により検出された系外惑星を軌道長半径・質量で示してある．この図からわかるようにトランジット法は恒星に近い場所，直接撮像法では現状では恒星から遠い場所，視線速度法ではトランジット法より広い範囲で惑星検出ができる．またマイクロレンズ法ではより小さな質量の惑星の検出に向いている．

以下では，おのおのの観測方法を，視線速度法，アストロメトリ法，トランジット系，マイクロレンズ現象，直接撮像，高分散分光による方法の順に解説したい．パルサー惑星の検出法であるパルサータイミング法の解説は省略したので，これについては[115]を参照していただきたい．

4.1　視線速度法

系外惑星の発見とその後10年の惑星発見ラッシュは，視線速度法が牽引したと

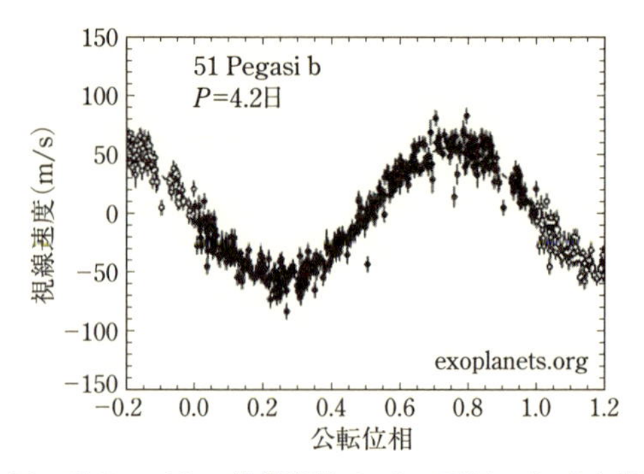

図 **4.2** 51 Pegasi b の視線速度データ．Wikipedia より転載.

いってもよい．惑星の公転がもたらす主星のゆれを，恒星スペクトル中に多数存在する原子・分子の吸収線の中心波長のずれ，すなわちドップラー偏移を通じて検出するのでドップラー法ともよばれる．図 4.2 は，初めて発見された系外惑星であるホットジュピター 51 Pegasi b の視線速度データである．約 50 m/s 程度の半振幅（式 (4.18) 参照）で 4.2 日ごとに視線速度が正弦曲線的に変動している．

4.1.1 光のドップラー効果

特殊相対論を用いて光のドップラー効果を考えよう [70]．図 4.3 のように 2 つの慣性系を用意し，観測者 S 系に対し，恒星系 S' が速度 v で x 軸方向に動いているとする．$t = t' = 0$ で 2 つの座標系が一致するとして，その時に原点で S' 系において周波数 f' で発せられた平面波が S 系で見たとき法線ベクトル $\boldsymbol{n}$ 方向に周波数 f でやってくるとする．x 軸との角度を α とする．このとき，ある座標，ある時刻における平面波 $\sin\phi$ の位相を両方の系で記述すると，この座標を通る波面から原点までの最短距離が法線ベクトルと座標ベクトルの内積で表されることから

$$\phi = 2\pi f\left(t - \frac{x\cos\alpha + y\sin\alpha}{c}\right) = 2\pi f'\left(t' - \frac{x'\cos\alpha' + y'\sin\alpha'}{c}\right) \tag{4.1}$$

が成り立つ．この式に対しローレンツ逆変換

$$t = \gamma(t' + vx'/c^2), \tag{4.2}$$

$$x = \gamma(x' + vt'), \tag{4.3}$$

$$y = y', \tag{4.4}$$

$$z = z' \tag{4.5}$$

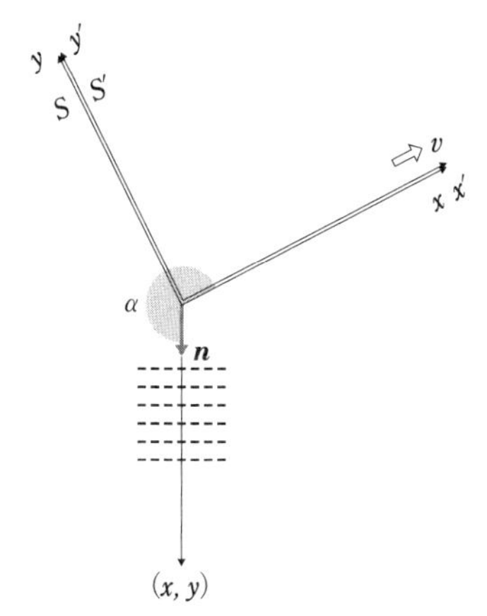

図 **4.3** 光のドップラー効果のための座標系．時刻 $t = t' = 0$ で 2 つの慣性系 S，S' は一致しているが，S' 系は S 系に対し x 軸方向に速度 v で動いている．いま，$t' = 0$ で S' 系の原点にのっている光源から周波数 f' の光が発せられたが，これを時刻 t で S 系での座標 (x, y) で受け取るときの周波数 f について考える．

を用いて t, x, y を消去する ($v = |\boldsymbol{v}|$)．ここに

$$\gamma \equiv \frac{1}{\sqrt{1-\beta^2}}, \tag{4.6}$$

$$\beta \equiv v/c \tag{4.7}$$

である．すると

$$[f\gamma(1-\beta\cos\alpha) - f']ct' + [f'\cos\alpha' - f\gamma(\cos\alpha - \beta)]x' + (f'\sin\alpha' - f\sin\alpha)y' = 0 \tag{4.8}$$

となる．これが任意の t', x', y' で成り立つためには各項の係数が 0 になるべきなので，t' の項から，観測者の周波数 f と恒星系での固有周波数 f' の関係式

$$f = \frac{1}{\gamma(1-\beta\cos\alpha)}f' \tag{4.9}$$

$$= \frac{\sqrt{1-(v/c)^2}}{1+v_r/c}f' \tag{4.10}$$

が得られる*2．2 個目の変形は，視線速度は $v_r = -\boldsymbol{v}\cdot\boldsymbol{n} = -v\cos\alpha$ であることを用いた．$v_r = 0$ であっても β^2 のオーダーで周波数が短くなるが，これは特殊相対論の時間遅延効果を示している．これを観測波長 λ と固有波長 λ_0 の関係に直すと，

$$\lambda = \frac{1 + v_r/c}{\sqrt{1-(v/c)^2}}\lambda_0 \tag{4.11}$$

のようになることがわかる．系外惑星の場合，通常 $v \ll c$ より

$$\lambda \approx \left(1 + \frac{v_r}{c}\right)\lambda_0 \tag{4.12}$$

となる．このように観測者と恒星の相対視線速度 v_r と元の波長・観測波長の間に関係がついたことがわかる．つまり観測波長の変化を観測すれば，視線速度の変動がわかることになる．

4.1.2 視線速度変動

次に恒星の視線速度の変動がどの程度なのか見積もってみよう．二体の場合，恒星の視線速度は恒星と惑星の重心から測ったベクトルの運動の視線速度が観測される．そこで，図 4.4 のように惑星 p，恒星 $\star$ とその重心 o をおく．主星，惑星質量をそれぞれ $M_\star, M_p$ とし，主星と惑星の位置を $\boldsymbol{r}_\star, \boldsymbol{r}_p$ とする．この系の重心 $\boldsymbol{r}_o$ は

$$\boldsymbol{r}_o = \frac{M_\star \boldsymbol{r}_\star + M_p \boldsymbol{r}_p}{M_\star + M_p} \tag{4.13}$$

である．重心から測った主星と惑星の位置 $\hat{\boldsymbol{r}}_\star = \boldsymbol{r}_\star - \boldsymbol{r}_o, \hat{\boldsymbol{r}}_p = \boldsymbol{r}_p - \boldsymbol{r}_o$，また主星から惑星に向かうベクトルを $\hat{\boldsymbol{r}} = \hat{\boldsymbol{r}}_p - \hat{\boldsymbol{r}}_\star$ と定義する．

$$M_\star \hat{\boldsymbol{r}}_\star + M_p \hat{\boldsymbol{r}}_p = M_\star \hat{\boldsymbol{r}}_\star + M_p(\hat{\boldsymbol{r}}_\star + \hat{\boldsymbol{r}}) = 0 \tag{4.14}$$

であるから

$$\hat{\boldsymbol{r}}_\star = -\frac{M_p}{M_\star + M_p}\hat{\boldsymbol{r}} \tag{4.15}$$

である．

簡単に主星と惑星 1 個の連星系で円軌道を回っているとしよう．この場合，恒

---

*2 式 (4.9) と x' の係数から $f'\cos\alpha' - f\gamma(\cos\alpha - \beta) = 0$ を用いると，y' の係数の $f'\sin\alpha' - f\sin\alpha = 0$ が導出されるが，これは式 (4.1) で光速不変性を暗に仮定したからである．

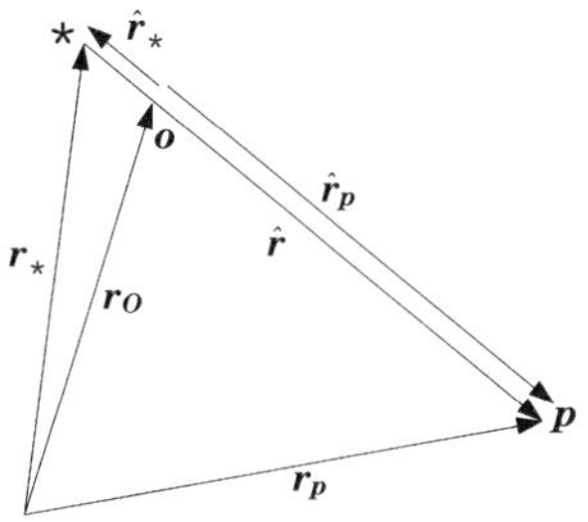

図 **4.4** 重心 o と各ベクトルの定義.

星は重心の周りで半径 $\hat{r}_\star \equiv |\hat{\boldsymbol{r}}_\star|$ の円運動をする．また $\hat{r} \equiv |\hat{\boldsymbol{r}}|$ は軌道長半径 a と同一 $(\hat{r} = a)$ であるから，式 (4.15) は

$$\hat{r}_\star = \frac{M_p}{M_\star + M_p} a \tag{4.16}$$

となる．重心系から見た主星の速度 $v_\star$ は公転角速度 $\Omega = 2\pi/P = \sqrt{G(M_\star + M_p)/a^3}$（ケプラー第 3 法則；式 (3.54) を参照）と式 (4.16) を用い，

$$v_\star = \hat{r}_\star \Omega = M_p \sqrt{\frac{G}{(M_\star + M_p)a}} \sim M_p \sqrt{\frac{G}{M_\star a}} \tag{4.17}$$

となる．惑星の公転軌道が観測者に対して軌道傾斜角 i 傾いているとすると，視線速度は，恒星系と観測者の相対視線速度に加え，$v_{\star,r}(t) = v_\star \sin i \sin(\Omega t)$ のような正弦曲線の変動成分が加わることになる．これがドップラー偏移となって観測される．そこで視線速度は半振幅

$$K_\star = v_\star \sin i = M_p \sin i \sqrt{\frac{G}{(M_\star + M_p)a}} = (2\pi)^{1/3} M_p \sin i\, G^{1/3} (M_\star + M_p)^{-2/3} P^{-1/3} \tag{4.18}$$

を観測量として定義すると便利である．途中の変形でケプラー第 3 法則を用いた．継続的な視線速度観測から周期 P はわかる．しかし，$M_\star$ を恒星スペクトルなどから推定できたとしても，惑星質量には軌道傾斜角 i の不定性が残り，視線速度法のみからは，$M_p \sin i$ の形，すなわち質量の下限しか推定されないことがわかる．そこで $M_p \sin i$ を最小質量とよぶこともある．

さて視線速度測定の現在の精度は 1 m/s 程度であるが，系外惑星系の典型的な視線速度を見ておく．まずホットジュピターの場合，典型的には 0.05 au 程度のと

ころを回っているので

$$K_\star = 130\left(\frac{M_p \sin i}{M_\mathrm{J}}\right)\left(\frac{M_\star}{M_\odot}\right)^{-1/2}\left(\frac{a}{0.05\ \mathrm{au}}\right)^{-1/2}\ \mathrm{m/s} \tag{4.19}$$

と ~ 100 m/s 程度の視線速度になる．これは波長のずれに変換すると式 (4.12) より，

$$\frac{\Delta\lambda}{\lambda} = \frac{v_r}{c} \sim \frac{K_\star}{c} = 3 \times 10^{-7} \tag{4.20}$$

ということになる．高分散分光器でも波長分解能 $R = \lambda/\Delta\lambda \sim 10^5$ 程度であるが，吸収線の中心値の決定精度はこれよりよいこと，多数の吸収線（N_l 本とする）を用いることで，$\sqrt{N_l}$ に比例して精度が改善することを利用し，測定が可能になる．ただし観測時間中に波長キャリブレーションが変動しないよう気体のライン吸収を利用したガスセルや周波数コムを使って参照の線を入れることが視線速度測定の重要なテクニックとなっている．

軌道長半径 1 au の地球質量の惑星だと

$$K_\star = 0.1\left(\frac{M_p \sin i}{M_\oplus}\right)\left(\frac{M_\star}{M_\odot}\right)^{-1/2}\left(\frac{a}{1\ \mathrm{au}}\right)^{-1/2}\ \mathrm{m/s} \tag{4.21}$$

と，0.1 m/s と小さく，さらに検出は難しくなってくる．晩期型星の周りのハビタブルゾーン内での惑星検出ということになると，a，$M_\star$ ともにこれより 1 桁程度小さくなるので，視線速度も 1 桁程度大きくなり緩和される．

視線速度曲線

上記では円軌道を仮定していたが，ここでは二体問題の場合に視線速度曲線がどうなるかきちんと見てみよう．まず，観測者から恒星への位置ベクトルは重心までの位置ベクトル $\boldsymbol{r}_o$ を用いて

$$\boldsymbol{r}_\star = \boldsymbol{r}_o + \hat{\boldsymbol{r}}_\star \tag{4.22}$$

である．恒星は惑星と反対に動くので，3.3.2 項で考えた回転において視線方向を Z 軸の反対向きにとり，反時計回りを保つために $\Omega = \pi$ ととるとしよう．この場合，恒星の視線速度はこの時間微分の Z 方向への単位ベクトル $\boldsymbol{e}_Z$ と内積をとったものを符号反転させたものだから，

$$v_r = V_{\rm sys} - \dot{\hat{\boldsymbol{r}}}_\star \cdot \boldsymbol{e}_Z \tag{4.23}$$

となる．ここに $V_{\rm sys} \equiv -\dot{\boldsymbol{r}}_o \cdot \boldsymbol{e}_Z$ は系全体の視線速度である．式 (4.15) より，

$$v_r = V_{\rm sys} + \frac{M_p}{M_\star + M_p} \dot{\hat{\boldsymbol{r}}} \cdot \boldsymbol{e}_Z \tag{4.24}$$

と変形できる．この $\hat{\boldsymbol{r}}$ は，3.3.1 項の $\boldsymbol{r}$ に対応させれば，そのまま二体問題の定式化を用いることができる．すると $\dot{\hat{\boldsymbol{r}}} \cdot \boldsymbol{e}_Z$ は，3.3.1 項の 3 次元座標系の Z 成分の時間微分 $\dot{Z}$ に対応することになる．すなわち式 (3.59) を用いて

$$v_r = V_{\rm sys} + \frac{M_p}{M_\star + M_p} \dot{Z} \tag{4.25}$$

となる．

$$\begin{aligned} \dot{Z} &= \frac{d}{dt} \left[r \sin i \sin (f + \omega) \right] \\ &= \dot{r} \sin i \sin (f + \omega) + r \dot{f} \sin i \cos (f + \omega) \end{aligned} \tag{4.26}$$

であり，式 (3.64) と式 (3.65) から，これは式 (3.49) を用いて，

$$\begin{aligned} v_r &= V_{\rm sys} + \frac{M_p}{M_\star + M_p} \frac{h \sin i}{a(1 - e^2)} \left[\cos (f + \omega) + e \cos \omega \right] & (4.27) \\ &= V_{\rm sys} + \frac{M_p \sin i}{\sqrt{1 - e^2}} \sqrt{\frac{G}{(M_p + M_\star) a}} \left[\cos (f + \omega) + e \cos \omega \right] & (4.28) \end{aligned}$$

となる．まとめると

$$v_r = V_{\rm sys} + K_\star \left[\cos (f + \omega) + e \cos \omega \right], \tag{4.29}$$

$$K_\star \equiv \frac{M_p \sin i}{\sqrt{1 - e^2}} \sqrt{\frac{G}{(M_p + M_\star) a}} \tag{4.30}$$

が二体問題の視線速度曲線となる．つまり離心率がある場合の半振幅は係数に $(1 - e^2)^{-1/2}$ がかかる修正が加わるだけである．

さて，この解を時間の関数で書きたい．3.3.3 項のときのように，時間 t から周期がわかると mean anomaly M がわかる．M から eccentric anomaly E は微分方程式の解である式 (3.71) を数値的に解く．E と f の関係は式 (3.68) と二体問題の円錐方程式 (3.52) から

$$\cos f = \frac{\cos E - e}{1 - e \cos E} \tag{4.31}$$

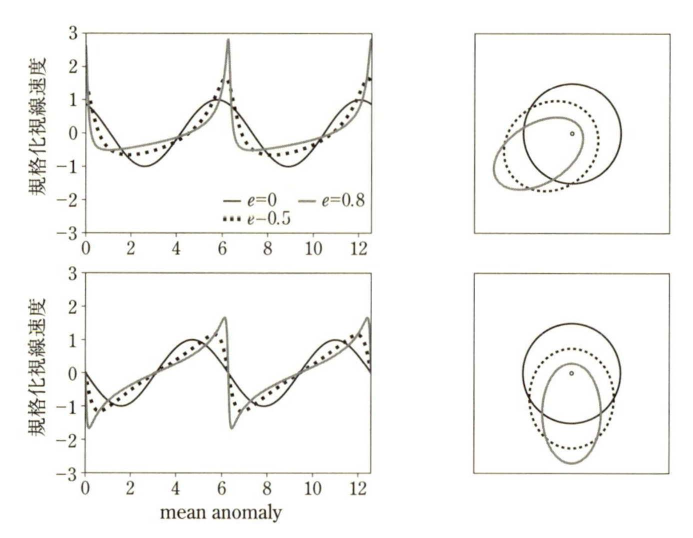

図 4.5 視線速度曲線（左）と対応する軌道（右）．上段は $\omega = \pi/6$，下段は $\omega = \pi/2$ である．線種は黒実線が $e = 0$，黒点線が $e = 0.5$，灰色実線が $e = 0.8$ に対応している．右の楕円は $i = \pi/2$ のときに軌道を上から見たものに対応し，下から上向きに視線方向をとると視線速度曲線の恒星軌道，上から下向きにとると惑星の軌道に対応する．

となる．これより，式 (4.29) を数値的に時間の関数で書きなおすことができる．このように視線速度曲線から求まる物理量は式 (4.29) から $V_{\rm sys}, K_\star, e, \omega$ である．また f に関係して周期 P と位相量（時刻のオフセット）も推定するパラメタとなる．図 4.5 はいくつかの視線速度曲線と対応する楕円軌道を描いたものである．ケプラー第 2 法則より天体が近点付近にきたときに急速に視線速度曲線が変化するのをイメージできるだろう．

binary mass function

そもそも視線速度法は恒星–惑星系以前に連星系で発展してきた．この場合，$M_p \ll M_\star$ は成り立たない．式 (4.30) を，$\star \to 1$ と $p \to 2$ で書き直し，ケプラー第 3 法則 (3.54) を用いて，右辺に観測量だけ，左辺に物理パラメタとわけて書くと

$$F \equiv \frac{M_2^3}{(M_1 + M_2)^2} \sin^3 i = \frac{PK_1^3}{2\pi G}(1 - e^2)^{3/2} \tag{4.32}$$

のようになる．この F が，一般の質量比の場合，星 1 の視線速度曲線の観測量

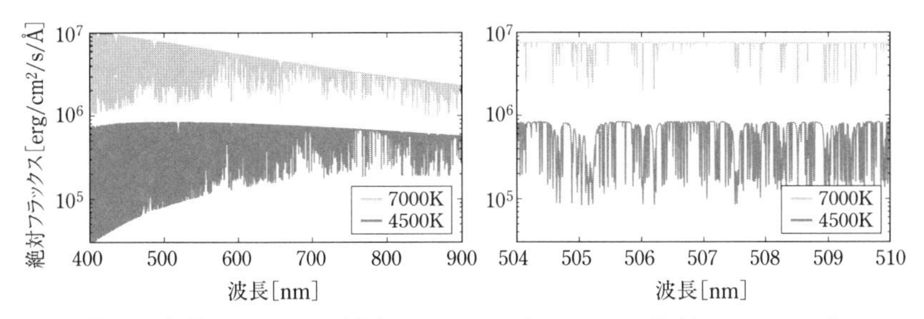

図 **4.6** 恒星スペクトルの例（$T_\star = 7000$ K と 4500 K の場合）．Coelho による理論テンプレート [15] を用いて作成した．

K_1, e, P のみからわかる量である．この F を binary mass function とよぶ．

また，逆に式 (4.18) のように

$$K_1 = 29.8 \frac{\sin i}{\sqrt{1-e^2}} \left(\frac{M_2}{M_1+M_2}\right) \left(\frac{M_1+M_2}{M_\odot}\right)^{1/3} \left(\frac{P}{1\mathrm{yr}}\right)^{1/3} \ \mathrm{km/s} \tag{4.33}$$

とスケーリングされた式を用いると，連星系の場合の検出可能性の見積もりに便利である．

4.1.3 恒星スペクトル中の吸収線と視線速度法の制限要因

視線速度法では，通常，回折格子（7.4.1 項参照）を用いて波長分解能 $R \equiv \lambda/\Delta\lambda$ が数万の高分散分光を行い，図 4.6 に示したような恒星スペクトル中の吸収線の中心波長を測定する．このため十分な光量が得られない遠くの星や温度が低く暗い星では難しい．したがって，ケプラー衛星のトランジット天体に対して視線速度法を用いることができるのはごく一部である．吸収線の数を N_l とすると視線速度決定の精度は $\sqrt{N_l}$ に比例するので，吸収線数が少ない高温星も視線速度測定は難しくなってくる．図 4.6 でも 4500 K の恒星スペクトルに対し 7000 K の恒星スペクトルでは吸収線数が著しく減少しているのがわかる．

恒星面は自転のために場所によって視線速度が異なる．恒星面の視線速度が積分平均化されて吸収線の中心視線速度が決定する．恒星が高速回転していると吸収線の中心波長決定精度が悪くなるため，若い恒星では視線速度測定が難しくなる．以上は統計誤差の問題であるが，系統誤差が問題になってくる場合もある．典型例が，恒星活動によっておこる黒点による視線速度の乱れ (jitter) である．これは黒点が存在する場所の視線速度成分が一時的に弱まるために，中心視線速度が系統的にずれてしまうことにより生じる．惑星が恒星面を通過する際にも同様の視線速度のアノマリーが生じるが，これはRossiter-McLaughlin効果として知られ，恒星の自転軸方向と惑星の公転軸方向のずれの検出に積極的に利用されている [77, 110].

4.2 アストロメトリ法

視線速度法では，軌道運動による恒星の視線速度を検出したのに対し，アストロメトリ法では，恒星の天球面上での軌道運動による移動を高精度に測定することで惑星を検出する．まず恒星系の重心が天球面上でどのように移動するか考えよう．地球から見た天球面上での恒星系重心の動きは，地球が太陽の周りを回ることによる見かけの運動（3.1.1項参照）と恒星系重心の直線運動（固有運動）の和となる．すなわち，視差による楕円運動 + 固有運動が天球面上での恒星系重心の動きとなる．すなわち，恒星系重心を恒星の重心とみなせるとき，アストロメトリ法の基本パラメタは，ある観測時における恒星の天球面上での位置ベクトル，固有運動ベクトル，年周視差（楕円の長径）の5パラメタである．恒星の軌道運動はこの重心運動からのずれとして検出される．

恒星と惑星の二体系で円運動の場合，重心からの恒星の距離は式 (4.16) で与えられるので，これを天球上での角度 $\alpha_\star$ に直すと

$$\alpha_\star = \frac{\hat{r}_\star}{d} \tag{4.34}$$

$$= 1'' \left(\frac{M_p}{M_\star + M_p}\right)\left(\frac{a}{1\ \mathrm{au}}\right)\left(\frac{d}{1\ \mathrm{pc}}\right)^{-1} \tag{4.35}$$

$$\approx 30 \left(\frac{M_p}{M_\mathrm{J}}\right)\left(\frac{M_\star}{M_\odot}\right)^{-1}\left(\frac{a}{3\ \mathrm{au}}\right)\left(\frac{d}{100\ \mathrm{pc}}\right)^{-1} \text{マイクロ秒角} \tag{4.36}$$

となる．最後の変形には $M_p \ll M_\star$ を仮定した．このようにアストロメトリ法は軌道長半径に比例しシグナルが大きくなるため，長周期惑星の検出に向いている．ただし，軌道周期と同程度の観測期間が必要なため，おおよそ観測期間の周期に最大検出効率がくることがわかる．Gaia衛星の精度は30マイクロ秒角程度といわれているため，周期数年のガス惑星が発見されるだろうと予測できる．

二体系の場合，天球上での軌道は，視線速度曲線のときと同様に，式 (4.15) と式 (3.57), (3.58) より

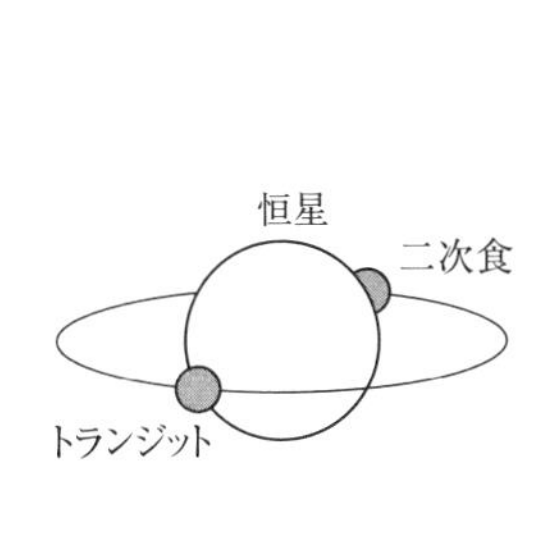

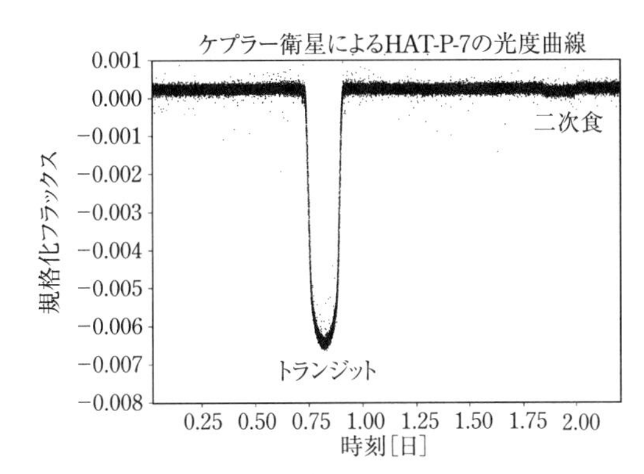

図 4.7 トランジット系の概念図（左）とホットジュピター HAT-P-7b による トランジットと二次食の例（右）.

$$\theta_{X,\star} = \frac{M_p}{M_\star + M_p} \frac{a}{d} \frac{(1-e^2)}{1+e\cos f}[\cos(f+\omega)\cos\Omega - \cos i \sin(f+\omega)\sin\Omega], \quad (4.37)$$

$$\theta_{Y,\star} = \frac{M_p}{M_\star + M_p} \frac{a}{d} \frac{(1-e^2)}{1+e\cos f}[\cos i \cos\Omega \sin(f+\omega) + \cos(f+\omega)\sin\Omega] \quad (4.38)$$

となる．アストロメトリ法のみでケプラー軌道要素の決定が原理的に可能である．しかし，上の式で $\cos i \sin(f+\omega)$, $\cos f$, $\cos(f+\omega)$ の項を変えないようにする変換，すなわち $i' = \pi - i, f' = 2\pi - f, \omega' = 2\pi - \omega$ という軌道パラメタを採用しても天球上の軌道は不変である．この対称性，言い換えると，惑星が向かってきているのか遠ざかっているのか，はアストロメトリ法のみでは知ることができない．

4.3 トランジット系

主星フラックスの変動にも惑星によるシグナルが含まれる．最もわかりやすいのは，主星の前面を惑星が通過するときにできる陰によるフラックス減少であるトランジット減光である（図 4.7）．トランジット系では，逆に惑星が主星の後ろに隠れることによる減光も観測されている．後者は二次食 (secondary eclipse) とか単に掩蔽(えんぺい)(occlutation) とよばれている．

惑星がトランジットする確率は，円軌道かつ $R_p \ll R_\star$ を仮定すると，図 4.8 で示された領域であるから

$$p_{\rm tra} = \sin(R_\star/a) \sim \frac{R_\star}{a} = 0.005 \left(\frac{R_\star}{R_\odot}\right)\left(\frac{a}{1\,{\rm au}}\right)^{-1} \quad (4.39)$$

となり，G 型星周りのハビタブル惑星だと 0.5% である．これは，すべての恒星系

図 **4.8** トランジットして見える立体角方向（帯部分）. 中に恒星と惑星軌道が描かれている. 外側の球の半径は, 観測者から惑星系までの距離 d であるので, $a \ll d$ と見なせる. するとランダムな視線方向で帯領域をとる確率は $4\pi \sin\theta/(4\pi) \approx R_\star/a$ となる.

がハビタブル惑星を 1 個ずつ持っているとしても, 地球から 20 pc 以内のトランジット・ハビタブル惑星数の期待値が約 1 個となるということに対応する. M 型星では 1% 強程度であり, 同様に 7-8 pc 以内に約 1 個存在するという換算となる. すでに距離 12 pc の地点に M4.5 型星周りのハビタブルゾーン内のトランジット・スーパーアース LHS1140 が発見されている [21].

4.3.1 トランジット光度曲線

さてトランジットの光度曲線から, 系外惑星系のどういった物理量がわかるのだろうか？ まず複数回のトランジットが観測されれば,

- 公転周期 P

を知ることができる. また, トランジット深さは,

- 惑星半径と恒星半径の比 $k \equiv R_p/R_\star$

の 2 乗となるので, この k を知ることができる. トランジットの継続時間から

- 惑星の通過時間 (duration) $T_{\rm tot}$

を知ることができる. さらに細かく見ると, もし恒星が一様に光っているという近似の元では, 図 4.9 (a) に示されるように, 惑星が恒星面に入るとき (ingress), または出るとき (egress) もわかる. つまり惑星が恒星に入るとき, 出るときに, 惑

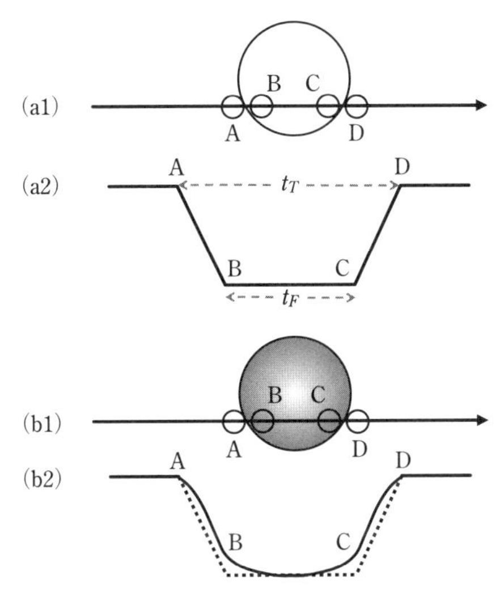

図 4.9 トランジット光度曲線の幾何. (a) は恒星が一様に光っている場合の光度曲線. 実際は恒星は淵側が暗い (周辺減光) ために (b) のような光度曲線となる.

星が恒星に入り始めてから, 完全に出るまでの時間 t_T と, 惑星が完全に恒星の全面に入っている期間 t_F が測定できると言い換えることもできる. 恒星は, 実際は周辺減光 (limb darkening) をしており, 実際の光度曲線は図 4.9 (b) のようになる. そこで通常, 周辺減光のモデル化を行うことで t_T と t_F を求めることができる. 周辺減光のモデルとしては以下の quadratic limb-darkening law

$$I(\mu) = I(\mu = 1)[1 - u_1(1 - \mu) - u_2(1 - \mu)^2] \tag{4.40}$$

がよく用いられる. ここに $\mu = \cos\psi$ であり, ψ は光球面の法線ベクトルと視線ベクトルのなす角度である. u_1, u_2 は周辺減光の度合いをコントロールするパラメタである. つまり中心で $\mu = 1$, 恒星円盤境界で $\mu = 0$ となる. 上記モデルは恒星円盤で積分すると $\pi R_\star^2(1 - u_1/3 - u_2/6)I(\mu = 1)$ になることに注意. いま, k がわかっているので, t_T, t_F から幾何学的に

- 衝突径数 (impact parameter): $b = (R_\star/a)\cos i$

も知ることができる. 恒星スペクトルのモデルや後述する恒星密度 $\rho_\star$ の情報を用いて $R_\star$ と $M_\star$ が推定できれば, 周期 P がわかっていると, ケプラー第 3 法則から a を推定することができる. これにより軌道傾斜角 i を決定することができる.

もし視線速度の測定されているトランジット系が存在すれば，軌道傾斜角 i がわかっているため惑星質量 M_p が求まり，惑星の平均密度

$$\rho_p \equiv \frac{3M_p}{4\pi R_p^3} \tag{4.41}$$

が推定できるということである．これにより図 3.3 のように系外惑星の大まかな分類が可能になった．

円軌道の場合，通過時間は $T_{\rm tot} = 2\sqrt{1-b^2}R_\star/v$ である．ここに v は惑星の通過速度である．惑星の質量を無視したケプラー第 3 法則

$$P^2 = \frac{4\pi^2}{GM_\star}a^3 \tag{4.42}$$

を $v = 2\pi a/P$ であることに注意して変形すると

$$v^3 = \frac{2\pi GM_\star}{P} \tag{4.43}$$

となるので，$T_{\rm tot}^3 \propto P/\rho_\star$ となり，周期・衝突径数がわかっていると，通過時間からは恒星密度 $\rho_\star$ がわかることになる．逆にだいたいの通過時間を知っておくため，$b = 0$ のときを計算してみよう．この場合，

$$T_{\rm tot} = \left(\frac{3P}{\pi^2 G\rho_\star}\right)^{1/3} \tag{4.44}$$

$$= 2.6\left(\frac{P}{3\ {\rm day}}\right)^{1/3}\left(\frac{\rho_\star}{\rho_\odot}\right)^{-1/3} 時間 \tag{4.45}$$

$$= 30\left(\frac{P}{12\ {\rm yr}}\right)^{1/3}\left(\frac{\rho_\star}{\rho_\odot}\right)^{-1/3} 時間 \tag{4.46}$$

となる．2 行目はホットジュピターの典型値で 3 行目は木星の公転周期を仮定している．このように周期が数年以上になっていくと，通過時間が 1 日を超えるようになってくる．また，巨星の場合は，恒星密度が桁で小さくなるので通過時間がやはり長くなる．

もう少しきちんと解いてみよう．円軌道を仮定すると幾何的考察から，

$$\sin\left(\frac{\pi t_T}{P}\right) = \frac{R_*}{a}\sqrt{\frac{(1+k)^2 - b^2}{\sin i}}, \tag{4.47}$$

$$\sin\left(\frac{\pi t_F}{P}\right) = \frac{R_*}{a}\sqrt{\frac{(1-k)^2 - b^2}{\sin i}} \tag{4.48}$$

が得られる．ここで，$\sin(\pi t_T/P) \sim \pi t_T/P$，$\sin(\pi t_F/P) \sim \pi t_F/P$ と近似すれば，

$$\frac{R_\star}{a} = \frac{\pi}{2\sqrt{k}} \frac{\sqrt{t_T^2 - t_F^2}}{P} \sin^3 i \tag{4.49}$$

が得られる．さらに惑星の質量を無視したケプラー第3法則(4.42)を用い，$\sin i \sim 1$とすると，

$$P = \frac{\pi G}{32} \frac{M_\star}{R_\star^3} \left(\frac{t_T^2 - t_F^2}{k} \right)^{\frac{3}{2}} \tag{4.50}$$

$$= \frac{\pi^2 G}{24} \rho_\star \left(\frac{t_T^2 - t_F^2}{k} \right)^{\frac{3}{2}} \tag{4.51}$$

が得られる．最後の式で未知の量は，恒星の平均密度$\rho_\star$だけであり，トランジット光度曲線解析から恒星の平均密度という物理量がわかることが示される．

4.3.2 ケプラー衛星の高精度光度曲線による惑星探査とキャラクタリゼーション

ケプラー衛星は，約20万の恒星の光度曲線を4年間にわたり取得し，トランジット法により数千個の惑星または惑星候補を発見した画期的なミッションである．その測光精度は0.01%のトランジット深さの惑星，すなわち地球程度の半径の惑星を発見できるレベルまで到達している．このような高精度な光度曲線が得られると，基本的なトランジット光度曲線解析を超えたさまざまな効果を用いて惑星の情報が得られる．

ある惑星のトランジットする周期やトランジットの長さが，他の惑星の重力的な摂動により変動することがある．これらの現象は，トランジット中心時刻のずれであるTransit Timing Variation (TTV)や通過時間の変動であるTransit Duration Variation (TDV)として現れ，ケプラー衛星の高精度トランジット観測で検出可能である．この方法で，光度曲線から質量が推定できる．また系外衛星の発見法としても有望視されているが，2016年4月現在，系外衛星の確実な検出報告例はない．また惑星リングもトランジット光度曲線に異常を刻むので，これを利用した系外リング探査も行われている[4]．

恒星の光球面の非一様性は，周辺減光以外の効果でも生じうる．恒星表面の黒点が自転により準周期的な光度曲線の変動をもたらす．黒点は生成消滅することと，恒星の緯度により自転速度が異なる(differential rotation)ため，つねに一定の周期で変動するわけではない．またトランジット中に黒点の前方を惑星が通過する(spot crossing)と見かけのトランジット深さが局所的に浅くなる．さらに恒星

の自転速度が速いと光球面の場所による重力の違いから温度の違いが生じ，赤道付近では重力が弱くなるため極より暗くなる．この重力減光とよばれる効果により標準のトランジット光度曲線からのずれが現れ，自転軸傾斜などの情報が得られる [7, 65]．その他には，惑星による恒星の潮汐変形による光度変動 (ellipsoidal variation) や相対論的ビーミングによる効果なども存在する．

トランジットのタイミングは重力的な摂動以外にも，恒星 + トランジット天体の系自体が，第3体目の天体によって動かされるとき，光の移動時間の差が生じることによっても引き起こされる．この効果を Light Travel Time Effect (LTTE) もしくは Rømer delay*3といい，第3体目の質量が推定できる．また非トランジット天体でも，たて座デルタ星のように周期的なパルスを出していると，同様の効果で，パルスの周波数が変調される．この効果でも視線速度が測定可能である [96]．しかしこれらの方法は，精度の問題でいまのところ惑星というよりは低質量伴星の検出に用いられている．

ケプラー衛星のデータ中には通常の惑星トランジットや食連星によるトランジットでは説明できない変わったものも発見されている．その1つが Rappaport ら [83] により発見された KIC 12557548 b である．このトランジット現象は，深さがほぼ 0% から 1% の間を不規則に変動する．また平均の光度曲線は図 4.10 のように非対称である．これは小さい惑星が破局的に蒸発し，その際吹き出したダストで影がつくられているという説が最も説得力があるようである．このシナリオに基づくと，光度曲線に見られるバンプ構造はダストに起因する前方散乱を，尾のようなテイル構造は吹き出したダストが恒星の輻射圧を感じ，彗星のように尾を引くことで生じると解釈される．KIC 12557548 b が蒸発惑星であるという確実な証拠はまだないが，透過分光観測により波長依存性があり，食連星ではなさそうである．またもしこのような大規模蒸発がおこっているとすると，そのエネルギー源がなにかが問題である．恒星の輻射光によるものの説明 [79] や，黒点とトランジット深さの相関から，極紫外光による蒸発の主張 [45] などがある．さらに最近ではより小さい似たようなトランジット形状の KOI-2700 b や K2 ミッションによるトランジット変動のある惑星候補 K2-22b が発見された [82, 91]．このようにケプラー衛星のような宇宙での高精度測光からは，光度曲線そのものから惑星の性質についてさまざまな情報が得られることがある．

*3 Ole Christensen Rømer は木星の衛星イオの食のタイミングにより，光の到達時間差からはじめて光速を算出した．

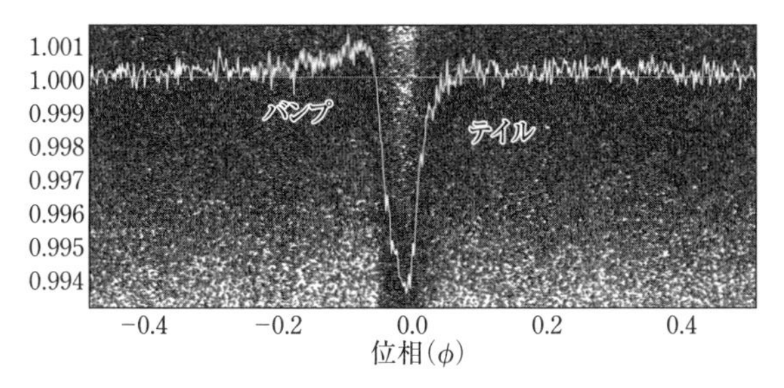

図 **4.10** ケプラー衛星による KIC 12557548 b の光度曲線.

単一減光現象

ケプラー衛星のような長期モニター観測では，通常，box least square（8.4.2 項）とよばれる手法で惑星の検出を行う．これは通常，観測期間に 3 回以上トランジットしたものが周期の決まる惑星候補として認識される．このため，たとえば観測期間が 4 年ほどのケプラー衛星ではだいたい周期 2 年未満くらいの惑星が探査対象になる．それより周期が長い惑星（たとえば太陽系でいう木星）は観測期間中にせいぜい 1 回しかトランジットをおこさない（Single Transit Event; STE，単一減光現象）ことになる．式 (4.50) より，このような単一減光現象でも，恒星の平均密度がわかれば（円軌道を仮定するものの）公転周期がわかる．恒星の平均密度は恒星の観測により推定できるが，より確実なのは内側に他の惑星を持っている場合である．この場合，内側の惑星は公転周期がわかっているので恒星密度を導出できる．これを用いて単一減光現象をおこした惑星の周期をもう一度，式 (4.50) から推定できる．

図 4.11 は KOI 天体中の単一減光現象により発見された長周期トランジット惑星候補である．このような複数惑星系に減光現象が見つかった場合，それが false positive[*4]である確率は極めて低いので，この単一減光現象は，おそらく惑星によるトランジットである．

4.3.3 透過光分光

トランジット系では惑星由来のシグナルを検出する方法がいくつか存在し，実用化されている．ここでは単色・多バンド測光もしくは低分散分光による方法を主と

*4 false positive とは，目的とするシグナルに似た信号を誤って検出してしまうもの．本来，検出されるべき信号が見過ごされてしまうことを false negative という．

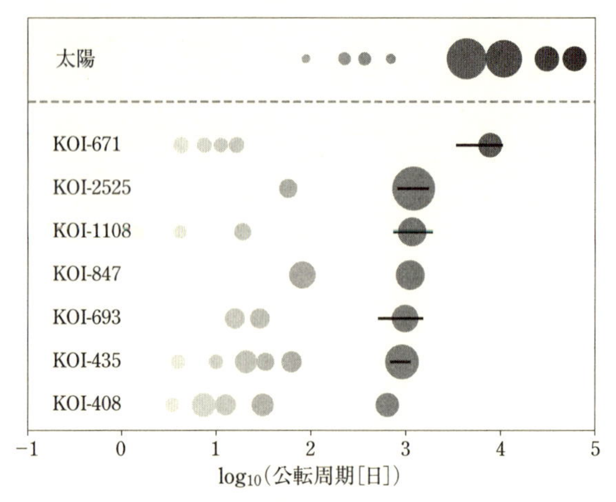

図 4.11 内側に惑星候補のある KOI 天体中に単一減光現象により発見されたトランジット惑星（最も右のもの）．KOI-847 と KOI-408 は 2 回トランジットがある．[93, 104] を元に作成．

して示す．トランジット系に高分散分光を適用する手法は 4.6 節に示したい．トランジット半径を異なる波長で測定することを透過光分光という．この手法では，惑星大気の視線にそった光学的厚さの波長依存性を測定できる．これは惑星大気に存在する分子種に依存するので，惑星大気の組成を制約することが可能である．たとえば，惑星大気中の分子や原子による強い吸収のある波長では，吸収の弱い波長に比べ，より上層まで光が透過することを妨げられるので，トランジット半径はより大きくなる（図 4.12）．

ところで，トランジット半径は，惑星上のある基準面から測った高さ $r = r_c$ において，光が水平に通過する方向（弦）の光学的厚さ $(\tau_t(r_c))$ が 1 程度になる場所での半径に対応する．これと大気構造のモデル（第 6 章）で用いられる地面に垂直方向の光学的厚さ $\tau(r_c)$ は，積分方向が異なるために一致しない．しかし両者の関係は，考えている大気層が惑星半径に比べ薄い，等温などの仮定をおくと

$$\tau_t(r_c) \approx \sqrt{\frac{2\pi N r_c}{H}}\tau(r_c) \tag{4.52}$$

のように表すことができる [14, 35, 87]．導出は以下のように行う．くわしくは 6.1.2 項で導出するが，等温の薄い大気モデルでは，圧力分布は

$$P(r) = P_0 \exp\left(-\frac{r - R_0}{H}\right) \tag{4.53}$$

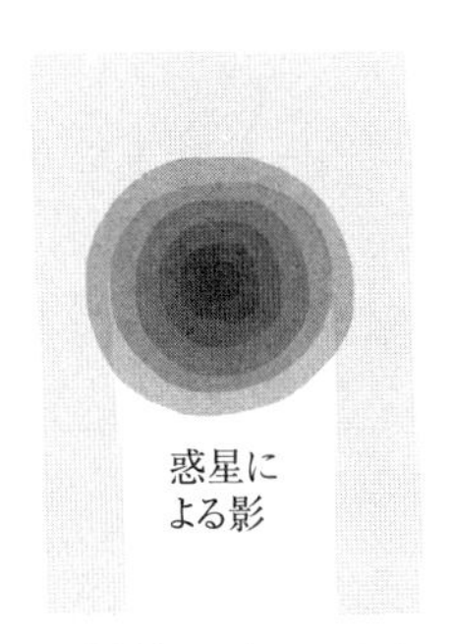

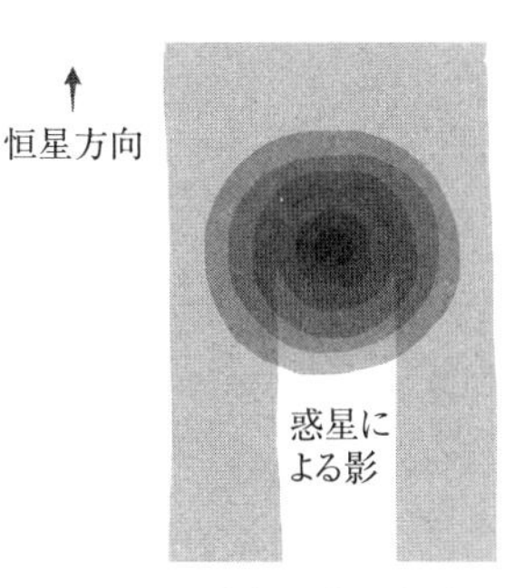

図 4.12　不透明度の異なる波長でのトランジット半径の違いを示した概念図．強い吸収を受ける波長（左）では，吸収の弱い波長（右）に比べ，影となる領域つまりトランジット半径が大きくなる．

となる．$H = k_BT/\mu m_H g$ はスケールハイトとよばれる．ここに k_B はボルツマン定数，μ は平均分子量，m_H は陽子質量である．基準面 R_0 での圧力を P_0 として境界条件とした．不透明度 (opacity) が

$$\kappa = CP^{N-1} \tag{4.54}$$

の形に書けると仮定する（C は定数）．この仮定については 6.2.2 項と式 (6.70) も参照のこと．また $\rho(r) = \mu m_H P(r)/k_BT$ に注意して，

$$\begin{aligned} \tau_t(r_c) &= 2\int_0^\infty \kappa(r)\rho(r)dz = 2\int_r^\infty \frac{\kappa(r)\rho(r)}{\sqrt{r^2 - r_c^2}} r\,dr \\ &= 2CP_0^N \frac{\mu m_H}{k_BT} \int_{r_c}^\infty e^{-\frac{N(r-R_0)}{H}} \frac{r}{\sqrt{r^2 - r_c^2}} dr \end{aligned} \tag{4.55}$$

となる．r は惑星中心からの動径距離，z は水平方向の弦の座標，r_c は弦と惑星中心までの距離，$r^2 = r_c^2 + z^2$ を用いている（図 4.13 参照）．

次に，積分の中では $r \sim r_c$ のところが寄与するという仮定を行う．$y \equiv (r - r_c)/H$ を用いて変数変換を行うことを考えると，

$$\frac{r}{\sqrt{r^2 - r_c^2}} = \frac{r}{\sqrt{(r - r_c)(r + r_c)}} \approx \frac{r_c}{\sqrt{(r - r_c)(2r_c)}} = \sqrt{\frac{r_c}{2H}} y^{-1/2} \tag{4.56}$$

と近似できるので

$$\tau_t(r_c) \approx \frac{\sqrt{2r_cH}CP_0^N \mu m_H}{k_BT} \int_0^\infty y^{-1/2} \exp\left[-N\left(y + \frac{r_c - R_0}{H}\right)\right] dy \tag{4.57}$$

となる．ここで，

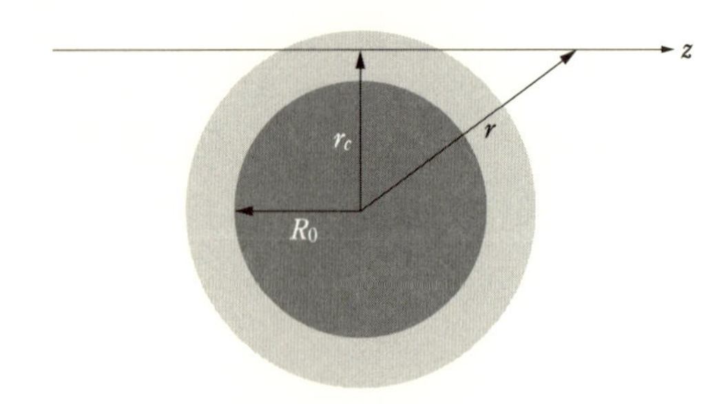

図 4.13 透過光における弦の座標.

$$\tau(r) \equiv \int_r^\infty \kappa(r)\rho(r)dr = \frac{CHP_0^N \mu m_{\rm H}}{k_{\rm B}T} \int_0^\infty \exp\left[-N\left(y + \frac{r-R_0}{H}\right)\right]dy \tag{4.58}$$

と,

$$\int_0^\infty y^{-1/2} e^{-Ay+B} dy = \sqrt{\frac{\pi}{A}} e^B, \tag{4.59}$$

$$\int_0^\infty e^{-Ay+B} dy = \frac{1}{A} e^B \tag{4.60}$$

に注意すると

$$\tau_t(r_c) \approx \sqrt{\frac{2\pi N r_c}{H}} \tau(r_c) \tag{4.61}$$

が得られる.たとえば地球半径で地球大気のスケールハイトを代入すると,

$$\tau_t(r_c) \approx 70N \left(\frac{r_c}{R_\oplus}\right)^{1/2} \left(\frac{H}{8.4\,{\rm km}}\right)^{-1/2} \tau(r_c) \tag{4.62}$$

となり,通常 $N \gtrsim 1$ 程度であるので,透過光分光の $\tau_t = 1$ 面は,鉛直方向の τ でいうと2桁近く小さい値に対応することがわかる.これより透過光分光は,直接撮像のような惑星光を直接観測する場合に比べて,大気のより上層を探索することがわかる.透過光分光では,高精度なトランジット光度曲線の測定が求められる.とくにハッブル衛星 (HST) による観測が非常に成功していて,たとえば HD 189733 b のようなホットジュピターではナトリウム (sodium) やカリウム (potassium) の線の位置で数百〜千 km ほど半径が大きくなっていることが観測されている.また haze(もや)による散乱やレイリー散乱によっても半径の波長依存性が現れる.

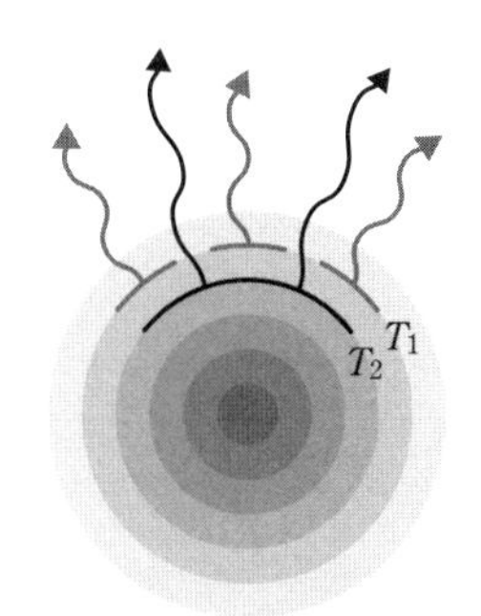

図 **4.14** ある波長での輻射光は，光学的厚さが 1 程度になる高さの場所の温度の黒体輻射スペクトルが発せられる．

4.3.4 昼側放射分光

惑星の昼側面からの放射の測定は，二次食を通じて行われる．二次食前後の光度差は惑星の昼側面からの放射由来であり，直接撮像と同様，熱輻射と反射の両方がありうるが，熱輻射のほうがコントラストが高いため，現在，検出されているものの多くはホットジュピター昼側面からの熱輻射である．

昼側放射がほぼ熱輻射の場合，第 0 近似的には，惑星表面の平均温度 T_p の黒体輻射スペクトルになる．しかし，もう少しくわしく見ると，波長によって不透明度が異なるので，黒体輻射に寄与する「表面」の位置は波長によって異なる．この違いにより，輻射光のスペクトルが形成される．図 4.14 を例にとると，原子や分子吸収のある不透明度の高い波長では，代表的にはより高い大気層の温度 $T = T_1$ の黒体輻射スペクトルが，より吸収の少ない波長ではより低い大気層の温度 $T = T_2$ の黒体輻射スペクトルが見えることになる．このため，$T_1 < T_2$ の場合，吸収のある波長ではスペクトルがへこんで見える．逆に高度が上がるにつれ温度が上がる $T_1 > T_2$ の，いわゆる温度逆転層 (temperature inversion) がある場合，吸収のある波長ではスペクトルに山ができる．輻射光スペクトルの理論的な記述は 5.2.4 項を参照のこと．

二次食輻射光観測においては通常は光子ノイズより系統誤差のほうが大きいが，取り除くことのできない根源的ノイズは光子ノイズのほうである．参考までに図 4.15 に 10 m 望遠鏡，スループット 50%，積分時間 1 時間，$R = 10$ における M 型 (10 pc) と G 型 (30 pc) での典型的な光子ノイズと地球型惑星 (273 K) の二次食の深さ，すなわち輻射コントラストを示した．これを見るとハビタブル惑星では，上記のような割と甘い条件でも M 型星周りで 20–30 μm でぎりぎり二次食の深さが

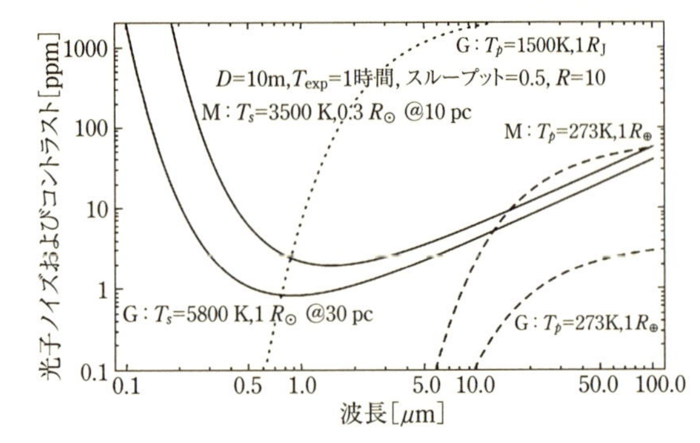

図 4.15 恒星の光子ノイズ（実線）. 10 m 望遠鏡, スループット 50%, 積分時間 1 時間, R = 10 で M 型 (10 pc) と G 型 (30 pc) での光子ノイズ [ppm] をかいてある. 破線は惑星温度 T_p = 273 K における輻射コントラスト（二次食の深さに対応する）を M, G のぞれぞれのケースについてプロットしてある. また点線は G 型星周りでの惑星温度 1500 K, 木星サイズの惑星による二次食深さ.

光子ノイズをうわまわる程度であり, この帯域が宇宙観測でなくてはならないことを考えると（図 4.26), ハビタブル惑星の二次食輻射光分光はそれなりに厳しいことがわかる. 一方, 1500 K 以上の惑星に対しては二次食の深さの立ち上がりが近赤外域まで移動し, かつ深さもより深くなることから観測はより容易になる. 図上の点線は G 型星周りでの 1500 K の惑星温度の木星サイズの惑星による二次食深さであるが, 2-4 μm で 100-1000 ppm となっているのがわかる. Spitzer や HST による昼側輻射分光観測, また後にのべる地上高分散分光による輻射光観測は, 現在のところほぼすべて近赤外域の観測である.

4.3.5 光度曲線解析におけるノイズ源・false positive

光度曲線解析におけるノイズの理論的限界は光子ノイズである. すなわち, ある時間幅 Δt に対して期待値 N 個の光子が得られるとき, この確率過程はポアソン過程で記述され, 標準偏差で $\sqrt{N}$ のノイズがのるというものである. このノイズはホワイトノイズともよばれ, 光度曲線をフーリエ変換（7.1 節参照）した周波数空間において一定のパワーを持つノイズである. 現実には, ポアソン過程によるホワイトノイズの他にさまざまなノイズがのる. 宇宙での観測の場合, たとえば, 衛星のポインティング精度に由来して恒星の中心位置が検出器上のピクセル間を移動していくことにより, ピクセルの感度むらによる系統誤差が生じる. 検出器の温度変化による系統誤差, 読み出しノイズ・暗電流ノイズによる統計誤差などがある. 地上観測の場合, 大気による強度ゆらぎやポインティング精度による誤差が存在する．このため，参照星などを同時に測光し較正を行う．上層大気の乱流層に起因するシンチレーションは，参照星までの角距離分の光路の違いにより誤差を生む．また大気ゆらぎに起因する大きな tip-tilt により光があたるピクセルが検出器上で随時移動してしまうことによる系統誤差も存在する．さらに恒星に存在する黒点の変動や黒点の上を惑星が通過することによる変動は，系自体に内在する系統誤差であり，多色で同時に観測するなどの工夫が必要である．

また，惑星の通過以外にもトランジット現象がおこることがある．最もメジャーなものが食連星 (eclipsing binary) によるもので，とくに小さいほうの星が大きいほうの星の端をかするようにトランジットしている場合（grazing という）や，食連星とさらに背景星が混ざっている場合などに，小さな惑星トランジットのように見える場合がある．ケプラー衛星の見つけた惑星候補の中にもそのようなものがかなり含まれているとされている．

4.4 マイクロレンズ現象

一般相対論によると重力により時空が歪むため，天体質量による時空の歪みに起因して，天体周辺で光の進み方が変わる．この現象を重力レンズという．重力レンズは，背景のクエーサーや銀河が途中の銀河や銀河団の重力により分裂したり歪む現象などで確認できる．このような大質量天体は像の歪みを直接観測することができるが，恒星や惑星の質量スケールになってくると像の直接の変化を観測することは難しい．しかし，重力レンズには像の拡大に伴って光度が増大するという特徴があるため，これを用いて恒星および惑星スケールの重力レンズ現象を観測することができる．本書の最初にも述べたように，マイクロレンズ探査は，パチンスキーにより暗黒物質の起源探索法の 1 つとして提案された．多数の恒星の光度をモニターし，たまたま前面をコンパクトな重い天体 (MACHO) が通過した際におこる増光を観測し，頻度を計算することで，銀河内の MACHO の全質量を推定できるという画期的方法である．実際にマイクロレンズ探査で，MACHO の全質量が推定されたが，これは暗黒物質の全質量から見ると微々たるものであった．

惑星の検出方法としては，恒星（ソース天体）の前を，惑星を持った恒星（レンズ天体）が通過時におこす増光を利用する．この光度曲線を解析することで系外惑星を発見する方法がマイクロレンズ法を用いた系外惑星検出法である [61].

以下では，図 4.16 に示す 3 つのケースを考える．まずソース天体とレンズ天体がそれぞれ 1 個の点質量である場合，つまり，もともとの暗黒物質探査のときの

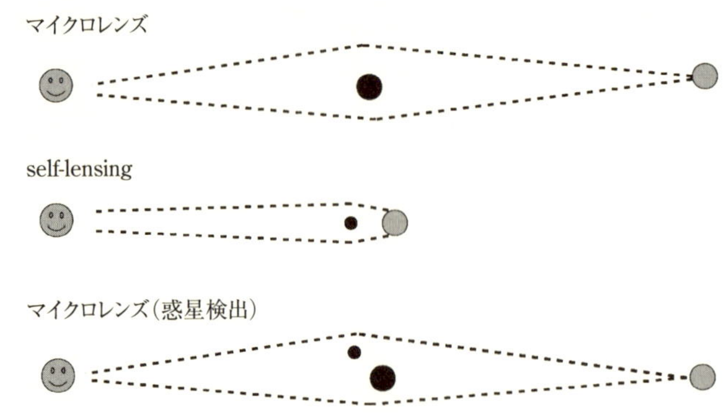

図 4.16 本書で考える重力レンズの 3 パターン．黒がレンズ天体（恒星，惑星，コンパクト星）で，灰色がソース天体（恒星）である．

ような状況を考える．次に，やはりソース天体とレンズ天体はそれぞれ 1 個だが，ソース天体が広がった天体である場合，すなわち，恒星とレンズ天体（惑星や白色矮星）の連星の場合に，レンズ天体が恒星前面に来たとき（トランジット時）のマイクロレンズ現象を考える (self-lensing)．最後に，レンズ天体が複数の点質量である場合，すなわちレンズ天体が惑星系を持つ恒星や連星のときを考える．

いまソース天体のもともとの天球上での角度ベクトルを $\boldsymbol{\beta}$，レンズで変形をうけた後の角度ベクトルを $\boldsymbol{\theta}$ とすると，レンズ方程式は

$$\boldsymbol{\theta} = \boldsymbol{\beta} + \boldsymbol{\alpha}(\boldsymbol{\theta}) \tag{4.63}$$

と表現できる（図 4.17）．ここに $\boldsymbol{\alpha}(\boldsymbol{\theta})$ は屈折角である．屈折角は一般相対論から導かれるが，レンズ天体の質量を m，位置を $\boldsymbol{\Theta}$ とすると

$$\boldsymbol{\alpha}(\boldsymbol{\theta}) = \frac{4G}{c^2 D_r} m \frac{\boldsymbol{\theta} - \boldsymbol{\Theta}}{|\boldsymbol{\theta} - \boldsymbol{\Theta}|^2} \tag{4.64}$$

となることが知られている．ここに D_r は，観測者からレンズまでの距離を D_l，観測者からソースまでの距離を D_s としたとき

$$\frac{1}{D_r} = \frac{1}{D_l} - \frac{1}{D_s} \tag{4.65}$$

で定義される量である．N 個の質点（i 番目の質点の質量 m_i，角度ベクトル $\boldsymbol{\Theta}_i$ とする）の場合，

$$\boldsymbol{\alpha}(\boldsymbol{\theta}) = \frac{4G}{c^2 D_r} \sum_{i=1}^{N} m_i \frac{\boldsymbol{\theta} - \boldsymbol{\Theta}_i}{|\boldsymbol{\theta} - \boldsymbol{\Theta}_i|^2} \tag{4.66}$$

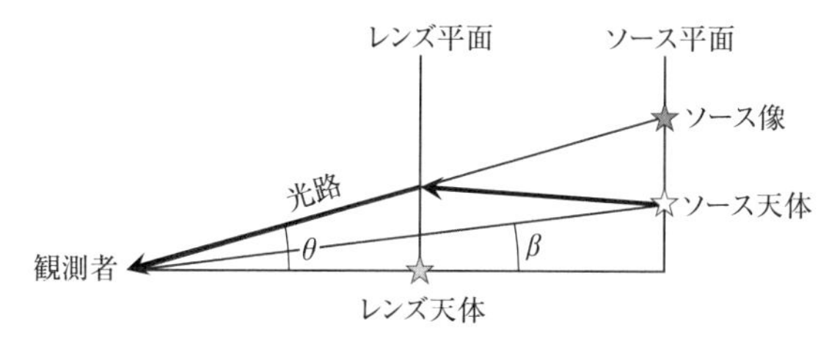

図 4.17　単一点レンズ，点ソースの場合の角度の定義.

となる．ここで全レンズ質量 $M \equiv \sum_{i=1}^{N} m_i$ とし，アインシュタイン半径

$$\theta_{\mathrm{E}} \equiv \sqrt{\frac{4GM}{c^2 D_r}} \tag{4.67}$$

で，式 (4.63)，式 (4.66) を規格化しよう．すると

$$\boldsymbol{\beta} = \boldsymbol{\theta} - \sum_{i=1}^{N} \frac{m_i}{M} \frac{(\boldsymbol{\theta} - \boldsymbol{\Theta}_i)}{|\boldsymbol{\theta} - \boldsymbol{\Theta}_i|^2} \theta_{\mathrm{E}}^2 \tag{4.68}$$

となることがわかる.

4.4.1　恒星の前を天体が通るときのマイクロレンズ

恒星の前を単一天体が通った場合，ただし，2 つの天体が無関係，すなわち，観測者–レンズ間距離がレンズ–ソース間距離と同程度の場合の増光は，点レンズと点ソースで近似することができる．単一の点レンズと点ソースでは，レンズの位置 $\boldsymbol{\Theta}$ を原点におき，レンズ–ソース方向の 1 次元方向のみを考えることで，レンズ方程式 (4.68) を

$$\beta = \theta - \frac{\theta_{\mathrm{E}}^2}{\theta} \tag{4.69}$$

のように単純化することができる．2 解は

$$\theta = \theta_{\pm} = \frac{1}{2}\left(\beta \pm \sqrt{\beta^2 + 4\theta_{\mathrm{E}}^2}\right) \tag{4.70}$$

となり，レンズ–ソースを結ぶ直線上の $\theta = \theta_{\pm}$ の 2 カ所に無限小サイズの像が現れる.

アインシュタイン半径は，他重像の典型的離角のスケールを与えることがわかる．銀河による重力レンズの場合，典型的な銀河質量と距離を代入すると

$$\theta_{\rm E} = 3\left(\frac{M}{10^{12}M_\odot}\right)^{1/2}\left(\frac{D_r}{1\rm Gpc}\right)^{-1/2} \text{秒角} \tag{4.71}$$

となり秒角程度なので，地上望遠鏡でも他重像を空間分解できる．しかし，マイクロレンズの場合，同様に典型的な恒星質量と距離を代入すると

$$\theta_{\rm E} = 3\left(\frac{M}{M_\odot}\right)^{1/2}\left(\frac{D_r}{1\rm kpc}\right)^{-1/2} \ \rm mas \tag{4.72}$$

となり，マイクロレンズの他重像の空間分解は相当厳しいことがわかる．そこで通常，空間分解は諦め，増光に着目することになる．

重力レンズは，面輝度を変えないので，各像の増光率は像の変形による拡大率に一致する．いま点ソースを考えているが，このソースは無限小の面積を持つとする．この場合，増光率は，レンズを受ける前後での微小面積の比をとればよい．よって，

$$\mu_{A,\pm} = \left|\frac{d\theta_x d\theta_y}{d\beta_x d\beta_y}\right| = \left|\frac{\theta_\pm}{\beta}\frac{d\theta_\pm}{d\beta}\right| \tag{4.73}$$

となる．式 (4.70) を代入すると

$$\mu_{A,\pm} = \frac{\left(\beta \pm \sqrt{\beta^2 + 4\theta_{\rm E}^2}\right)^2}{4\beta\sqrt{\beta^2 + 4\theta_{\rm E}^2}} \tag{4.74}$$

となる．全増光率は 2 つの増光の和であるので

$$\mu_A = \mu_{A,+} + \mu_{A,-} = \frac{\beta^2 + 2\theta_{\rm E}^2}{\beta\sqrt{\beta^2 + 4\theta_{\rm E}^2}} \tag{4.75}$$

$$= \frac{u^2 + 2}{u\sqrt{u^2 + 4}} \tag{4.76}$$

となる（ここに $u \equiv \beta/\theta_{\rm E}$）．

これを光度曲線にするためには，$\beta(t)$ を式 (4.75) に代入すればよい．レンズ中心に対するソース天体の衝突径数（レンズ–ソース間距離）を β_0 とすると

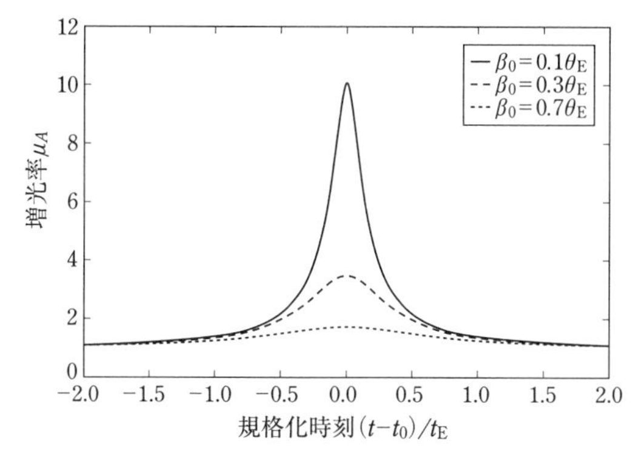

図 4.18 点レンズ，点ソースの場合のマイクロレンズ増光率．$\beta_0 = 0.1\theta_E$, $0.3\theta_E, 0.7\theta_E$ の場合を示した．

$$\beta(t) = \sqrt{\beta_0^2 + \left(\frac{t - t_0}{t_E}\theta_E\right)^2} \tag{4.77}$$

となる．ここに t_E はアインシュタイン半径を通過する時間 (crossing time) であり，t_0 は再接近時間である．図 4.18 は，式 (4.75)，(4.77) を用いて計算した増光率曲線である．

式 (4.76)，(4.77) をよく見ると，最大の増光率 $(t = t_0)$ は β_0/θ_E のみに依存していることがわかる．つまり最大増光率の質量依存性は，アインシュタイン半径に対する衝突径数で決まるということなので，惑星質量であっても恒星質量と同程度の増光になりうるということである．一方，増光の継続時間は通過時間のみに比例する．通過時間はアインシュタイン半径に比例するので，結局，増光の継続時間はアインシュタイン半径に比例することになり，質量の 1/2 乗に比例する．すなわち惑星質量の増光継続時間は，恒星質量の場合の 1/10 以下となる．具体的には，銀河内での恒星の典型的な速度として $V = 200$ km/s を用いると

$$t_E = \frac{\theta_E D_r}{V} = 25\left(\frac{M}{M_\odot}\right)^{1/2}\left(\frac{D_r}{\mathrm{kpc}}\right)^{1/2}\left(\frac{V}{200\ \mathrm{km/s}}\right)^{-1} \text{日} \tag{4.78}$$

となり，恒星がレンズの場合，増光期間は約 1 カ月である．

$$t_E = \frac{\theta_E D_r}{V} = 18\left(\frac{M}{M_J}\right)^{1/2}\left(\frac{D_r}{\mathrm{kpc}}\right)^{1/2}\left(\frac{V}{200\ \mathrm{km/s}}\right)^{-1} \text{時間} \tag{4.79}$$

となり，木星質量の天体がレンズの場合，増光期間は約 1 日となる．実際，惑星

質量の単一レンズの増光が複数，発見されている [100]．これらは主星を持たず，惑星単体で存在していることから自由浮遊惑星 (free-floating planet) とよばれる．

有限ソース効果

上では，ソースを点ソース，つまり無限小に小さいサイズのものとして考えてきた．無限小に小さいが面積を持つので拡大縮小はされ，増光率として微小面積の変形を式 (4.73) で考えた．次にソースが有限サイズとしてみよう．図 4.19 左はソースが有限な場合の像であるが，ソース分布がどのように変形されるか視覚的にわかる．マイクロレンズの場合，ソース天体の視半径は，たとえば，太陽半径を仮定すると，

$$\frac{R_\odot}{D_s} = 5 \times 10^{-3} \left(\frac{D_s}{1\ \mathrm{kpc}}\right)^{-1}\ \mathrm{mas} \tag{4.80}$$

とアインシュタイン半径に比べ小さい．しかし，レンズ-ソース間の最小距離がソース視半径と同程度になってくると，増光率にもソースの有限性が効いてくる．

たとえば，ソース・レンズ・観測者が同軸上にある場合 ($\beta_0 \to 0$)，点ソースの場合は式 (4.76) から増光率が発散してしまう．点ソースの代わりに，ソース半径が $\beta_s = \rho\theta_\mathrm{E}$ の一様円盤の場合を考えてみよう．この場合，境界のある点がつくる像の位置は式 (4.70) で与える位置に 2 つの点 (R_1, R_2) が中心からの角度

$$\theta_{+,s} = \frac{1}{2}\left(\rho + \sqrt{\rho^2 + 4}\right)\theta_\mathrm{E}, \tag{4.81}$$

$$\theta_{-,s} = \frac{1}{2}\left(\rho - \sqrt{\rho^2 + 4}\right)\theta_\mathrm{E} \tag{4.82}$$

の位置に現れる．境界より少し内側の点がつくる 2 像は，(R_1, R_2) の 2 点の少し内側に現れる．点対称性と面輝度不変から，結局，像は $\theta_{-,s} \geq \theta \geq \theta_{+,s}$ 内のリング状になる．これをアインシュタインリングという．このとき，増光率はこのリング面積を評価すればよく

$$\mu_A = \frac{\pi\theta_{+,s}^2 - \pi\theta_{-,s}^2}{\pi\beta_s^2} = \sqrt{1 + 4\left(\frac{\theta_\mathrm{E}}{\beta_s}\right)^2} \tag{4.83}$$

となり有限となる（図 4.19 右）．

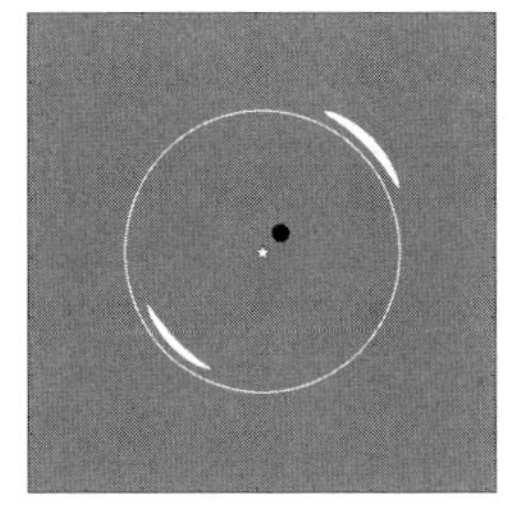
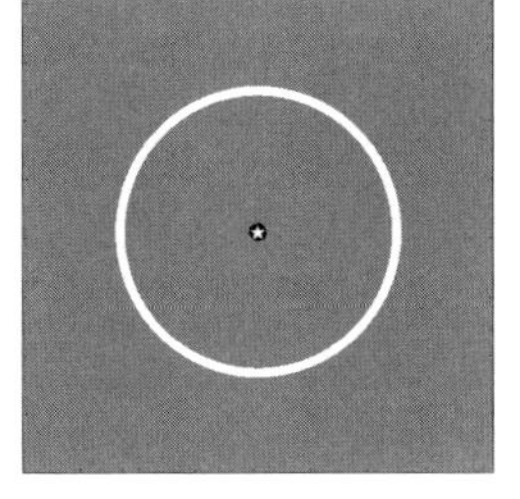

図 4.19 有限ソース，点レンズの場合のソース（黒）と像（白）．左パネルの円はアインシュタイン半径を示している．

4.4.2 self-lensing

ソース天体とレンズ天体が重力的に束縛されている場合でも，レンズ天体が前面を通過するときにマイクロレンズによる増光がおこりうる [56, 59, 103]．この self-lensing とよばれる周期的な増光成分は，光度全体としてはトランジット減光との競合になる．これは，惑星・恒星・白色矮星などが恒星の前面を通過したときの状況に対応している．これまで惑星によるトランジット現象を考える際に，self-lensing の効果を無視してきたが，その正当性を確認してみよう．レンズ天体の半径がソース天体より小さく，簡単のためソース天体は一様で，かつ，レンズ天体がソース天体の中心にいるときを考える [3]．この場合，面輝度は一定であるので，増光率は，レンズによりソース天体全体が拡大された効果による．すなわち，β_s,θ_s をそれぞれソース平面，像平面での縁までの角度として $\mu_A = (\theta_s/\beta_s)^2$ がマイクロレンズによる像拡大率となる．

レンズ方程式 (4.69) から，

$$\frac{\beta_s^2}{\theta_{\mathrm{E}}^2} = \frac{\theta_s^2}{\theta_{\mathrm{E}}^2} - 2 + \frac{\theta_{\mathrm{E}}^2}{\theta_s^2} \approx \frac{\theta_s^2}{\theta_{\mathrm{E}}^2} - 2 \tag{4.84}$$

となる．最後の近似はアインシュタイン半径がソース天体の視半径より十分小さい $(\theta_{\mathrm{E}} \ll \theta_s)$ という仮定を用いている．これを用いて拡大率は

$$\begin{aligned}\mu_A &= \frac{\theta_s^2}{\beta_s^2} \approx \frac{\beta_s^2 + 2\theta_{\mathrm{E}}^2}{\beta_s^2} \\ &= 1 + 2\left(\frac{R_{\mathrm{E}}}{R_\star}\right)^2 \end{aligned} \tag{4.85}$$

となる．ただし，本当はレンズ像は太ったアインシュタインリングになるはずなの

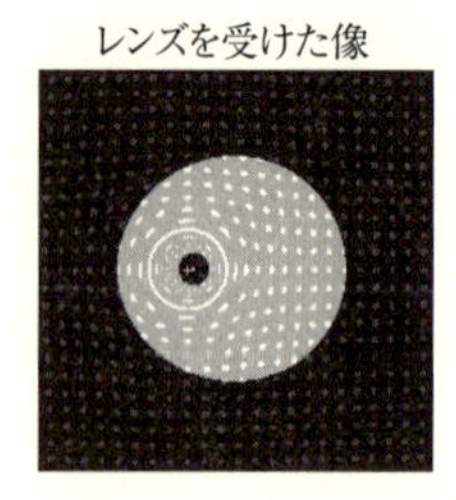

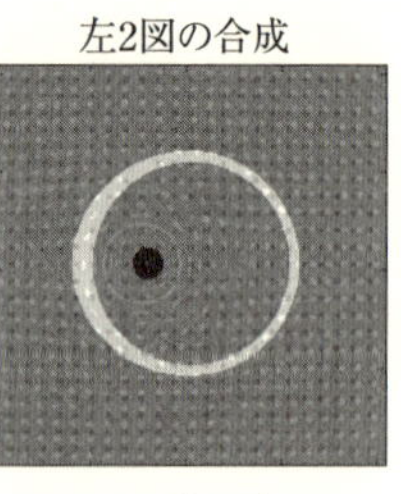

図 4.20 点レンズによる self-lensing. 左がソース平面，中がレンズを受けた像，右は左 2 つを重ねてかいたもの．一様円盤の場合，右パネルの白い円環状の部分が増光部分である．

で内側に穴が開いているはずである．いまはこの寄与を無視している．図 4.20 は，点レンズによる self-lensing のシミュレーションである．点レンズを受けて背景の恒星が膨らんで見えることが見てとれよう．

ところで，いま考えている状況では $D_s \approx D_l \equiv D$ である．ここに $R_{\rm E} = \theta_{\rm E} D$ は実距離でのアインシュタイン半径，$R_\star = \beta_s D$ はソース天体の半径を表している．この式の導出からわかるように円盤内にとった円で $\theta \gg \theta_{\rm E}$ の部分の増光率は θ^2 に反比例している．すなわち $\theta \gg \theta_{\rm E}$ におけるソースの増光量は 0 である．つまり増光は主にアインシュタイン半径近傍の部分でおこっていることがわかる（図 4.20 も参照のこと）．一様円盤ではない場合，増光量はアインシュタイン半径内付近の輝度分布で決まることから，端の部分を除いて，光度曲線は，トランジット光度曲線を逆さまにした形状で非常によく近似される．

さて，レンズ天体は光らず，内側の穴[*5]を隠す程度大きいとするとトランジット深さは $k^2 = (R_l/R_\star)^2$ であったから，この減光分と self-lensing の増光分を合わせて，全増光率は

$$\mu = 1 + 2\left(\frac{R_{\rm E}}{R_\star}\right)^2 - \left(\frac{R_l}{R_\star}\right)^2 \tag{4.86}$$

となる．もしくは減光方向を正として定義した self-lensing 補正入のトランジット深さは

$$\mathrm{depth} = k^2\left[1 - 2\left(\frac{R_{\rm E}}{R_l}\right)^2\right] \tag{4.87}$$

とも表現できる．つまり，増光になるか減光になるかはアインシュタイン半径とレ

*5 この穴の半径比は $R_{\rm in}/R_\star \approx (R_{\rm E}/R_\star)^2 \approx O(\mu - 1)$ 程度である．

ンズ天体半径の比率 $R_{\rm E}/R_l$ で決まり，レンズ天体の半径がアインシュタイン半径の $\sqrt{2}$ 倍以下になると増光が卓越する．この比をさらに評価してみよう．

$$\theta_{\rm E} = \frac{\sqrt{4GM_l}}{c}\sqrt{D_l^{-1} - D_s^{-1}} = \frac{\sqrt{4GM_l}}{c}\sqrt{D_l^{-1} - (D_l + a)^{-1}} \approx \frac{\sqrt{4GM_l a}}{cD} \tag{4.88}$$

である（M_l はレンズ天体の質量）．すなわち

$$R_{\rm E} = \frac{\sqrt{4GM_l a}}{c} = 0.04R_\odot\left(\frac{M_l}{M_\odot}\right)^{1/2}\left(\frac{a}{1\rm au}\right)^{1/2} \tag{4.89}$$

であり，恒星と惑星や通常の恒星同士の場合，self-lensing による増光は無視できることがわかる．長々と説明した割には惑星にはあまり関係なくて申し訳ないが，計算が簡単で，現象として面白いので紹介したかったのだ．そして self-lensing は，半径が太陽の約 1/100 にもなる白色矮星やさらに小さい中性子星，ブラックホールがレンズ天体の場合は増光が顕著となる．この式からわかるように，軌道長半径がある程度大きくなると，レンズ天体が白色矮星であっても増光に転じることになる．実際にケプラー衛星で白色矮星による周期的な増光が発見されている [55]*6.

4.4.3 バイナリーレンズと系外惑星検出

一般に N 個の点レンズでは，[112] による複素表式が便利である．式 (4.68) に対し，規格化した各ベクトル $\boldsymbol{\beta} = (\beta_x, \beta_y)$，$\boldsymbol{\theta} = (\theta_x, \theta_y)$，$\boldsymbol{\Theta}_i = (\Theta_{i,x}, \Theta_{i,y})$ に対し，$\zeta = (\beta_x + i\beta_y)/\theta_{\rm E}$，$z = (\theta_x + i\theta_y)/\theta_{\rm E}$，$w_i = (\Theta_{i,x} + i\Theta_{i,y})/\theta_{\rm E}$ のように複素数を割り当てる [111]. また質量比 $q_i \equiv m_i/M$ と定義し，$1/(z - w_i)^* = (z - w_i)/|z - w_i|^2$ に注意すると式 (4.68) は

$$\zeta = z - \sum_{i=1}^{N} \frac{q_i}{z^* - w_i^*} \tag{4.90}$$

となる（z^* は z の複素共役）．複素表式におけるおのおのの像の増光率は，

$$A_j = |\det J|^{-1} \tag{4.91}$$

ここに

*6 筆者らも最近 self-lensing 連星を 4 例発見した．self-lensing を起こす状況にある天体は意外と数多いようである．

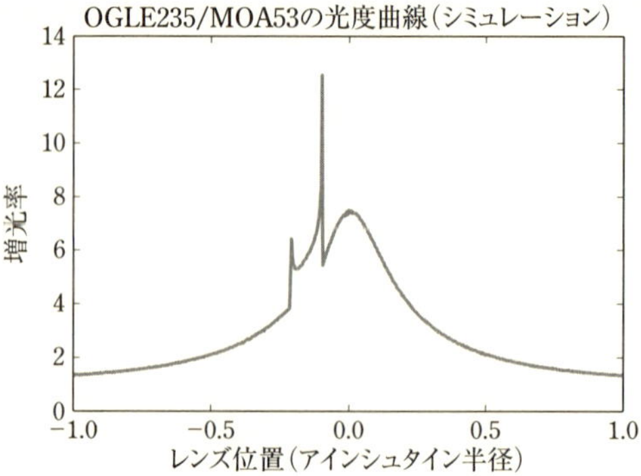

図 **4.21** 恒星 + 惑星系による増光曲線の一例. OGLE-2003-BLG-235/MOA-2003-BLG-53 の配置を模し, 式 (4.68) を使い brute force (強引に, 力技でという意味) 的に計算した例. $\beta_0 = 0.133\theta_E$, 主星惑星の離角 $\theta_a = 1.12\theta_E$, 質量比 0.996:0.04, 位置角 (position angle) = 223.8 度を仮定した.

$$\det J = 1 - \frac{\partial\zeta}{\partial z^*}\left(\frac{\partial\zeta}{\partial z^*}\right)^* \tag{4.92}$$

となる. 系外惑星の探査で重要なのは $N = 2$ の場合のバイナリーレンズであるが, この場合でも式 (4.90) は 5 次方程式となるので z について解析的に解くことはできない. つまりまず数値的に解いてレンズ像を決定し, その後, 式 (4.92) を用いて, 各像の増光率を計算することになる.

しかし, 逆に像面の座標グリッド z を設定して, 対応するソース平面の座標 ζ とその輝度を計算することは容易である. よって, ソースの輝度分布を仮定して, brute force 的にシミュレーションすることは簡単にできるので試されたし. 図 4.21 は, そのようにして計算された増光曲線の一例である. 最初のマイクロレンズ系外惑星 OGLE-2003-BLG-235/MOA-2003-BLG-53[10] の配置を模して計算を行った. この増光曲線では, 恒星による長い時間スケールの増光成分と惑星による短い時間スケールの成分がはっきりわかる例となっている.

式 (4.90) から, マイクロレンズの地球からの増光曲線のフィットからは, 恒星と惑星の質量比 q が推定されることがわかる. 比ではなく実際の質量を知るためには他の情報を用いなければならない. また, ソースの恒星はそれなりに明るくなくてはならないが, レンズとなる恒星は明るい必要はないため, マイクロレンズのレンズ天体は最も存在数の多い M 型星側に偏ることになることにも注意が必要である.

4.5 直接撮像

主星の強い光を遮蔽して，惑星からの光を分離して観測する手法を直接観測とか直接撮像という．惑星からの自然光 $f_p(\lambda)$ は大きく 2 つに分けられる．1 つは主星光の惑星による反射光であり，もう 1 つが惑星自身の熱輻射光である．つまり惑星光度 $f_p(\lambda)$ は反射光 $f_p^{\mathrm{ref}}(\lambda)$ と熱輻射光 $f_p^{\mathrm{th}}(\lambda)$ の和

$$f_p(\lambda) = f_p^{\mathrm{ref}}(\lambda) + f_p^{\mathrm{th}}(\lambda) \tag{4.93}$$

で表される．

図 4.22 は，10 pc 離れたところから見た地球光のスペクトルを示しており，第 0 近似では，反射光は恒星温度の，輻射光は惑星温度の黒体輻射スペクトル（式 (3.4)）の形をしている．このように主星と惑星の温度の差がある場合，反射光と輻射光は波長方向によく分離される．生物が存在する惑星としては普通，液体の水が存在できる温度域の惑星を考える．液体の水が存在できるような惑星をハビタブル惑星とよぶ．ハビタブル惑星の条件については第 2 章でくわしく考えたが，おおまかには表面温度が室温くらい，つまり典型的には 300 K 程度の惑星を考えればよい．これは主星の温度（2500–7000 K）より十分低い．つまり生命探査を行うような系外惑星に対しては，図 4.22 のように，紫外から赤外までのほとんどの波長で反射光か輻射光のどちらかのみが卓越していると考えられる．しかし，たとえば，主星により近いところを回るホットジュピター（2000 K を超えることもある）や，一般に惑星温度がわからない状況では，両者が混ざった光だとして扱わなければならない．

直接撮像においては，3.1.1 項で説明した主星惑星間の離角とともに主星と惑星のフラックス比である主星–惑星コントラスト

$$c_{\mathrm{sp}}(\lambda) \equiv \frac{f_p(\lambda)}{f_\star(\lambda)} \tag{4.94}$$

が重要な量である，主星–惑星コントラストが低い（つまり c_{sp} が大きい）ほうが，また主星–惑星間離角が大きいほうが一般に直接撮像を行いやすい．

4.5.1 惑星反射光の直接観測

距離 d の位置から観測した惑星の反射光フラックス $f_p^{\mathrm{ref}}(\lambda)$ は，主星–惑星間距離 a，惑星アルベド $A(\lambda)$，惑星半径 R_p，距離 d から観測した主星フラックス $f_\star(\lambda)$，

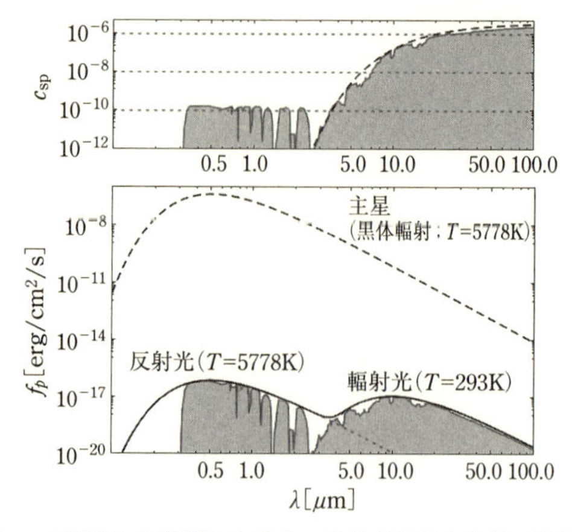

図 4.22 10 pc の距離から観測した場合の地球惑星光と主星（太陽光）スペクトルのシミュレーション（SAO 太陽系モデル; 下パネル）．上パネルは主星惑星コントラストを示している．[20] を元に作成した．

また観測者から見た惑星位置による関数 $\phi(\beta)$ を用いて

$$f_p^{\mathrm{ref}}(\lambda) = \frac{2\phi(\beta)}{3} A(\lambda) \left(\frac{R_p}{a}\right)^2 f_\star(\lambda), \tag{4.95}$$

$$\phi(\beta) \equiv [\sin\beta + (\pi - \beta)\cos\beta]/\pi \tag{4.96}$$

と表される．ここで $\phi(\beta)$ はランバート位相関数 (Lambert phase function) とよばれ，位相角 (phase angle) β = ∠(主星—惑星—観測者) の関数である（図 4.23）．ただしこの関係は，等方散乱を仮定していることに注意が必要である．海洋による鏡面反射 (ocean glint) などの非等方性の強い反射では必ずしも成り立たない．

5.1.1 項でもこれらの式の導出を行うが，ここでは，式 (4.95) は以下のように導こう．まず等方散乱近似においては惑星球面上の素片からの反射は，$(\boldsymbol{e}_\mathrm{O} \cdot \boldsymbol{e}_\mathrm{R})(\boldsymbol{e}_\mathrm{R} \cdot \boldsymbol{e}_\mathrm{S})$ に比例する．ここに $\boldsymbol{e}_\mathrm{O} = (1, 0, 0)^T$: 惑星から観測者方向への単位ベクトル，$\boldsymbol{e}_\mathrm{R} = (\cos\phi\sin\theta, \sin\phi\sin\theta, \cos\theta)^T$：惑星表面の法線ベクトル，$\boldsymbol{e}_\mathrm{S} = (\cos\beta, \sin\beta, 0)^T$: 惑星から恒星方向への単位ベクトルである．この係数は単に入射光，もしくは観測者の素片に対する傾きによる光量差の補正のことである．惑星全体からの反射フラックスの位相角依存性は適当な比例係数 C をおいて

$$f_p^{\mathrm{ref}}(\beta) = C \int_{-\pi/2+\beta}^{\pi/2} d\phi \int_0^{\pi} d\theta \sin\theta (\boldsymbol{e}_\mathrm{O} \cdot \boldsymbol{e}_\mathrm{R})(\boldsymbol{e}_\mathrm{R} \cdot \boldsymbol{e}_\mathrm{S}) = \frac{2}{3}\pi C \phi(\beta) \tag{4.97}$$

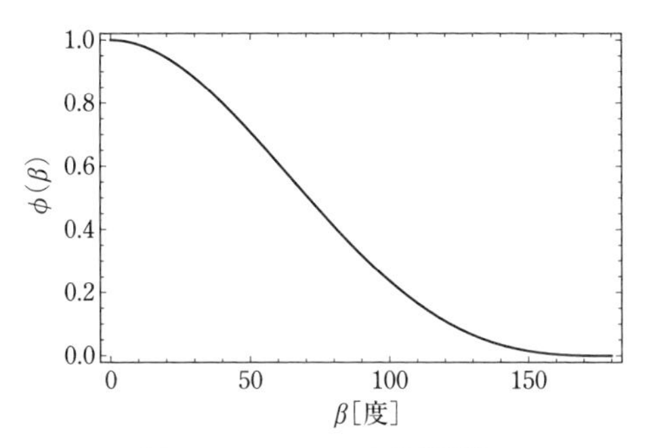

図 4.23 ランバート位相関数.

となる．さて惑星反射光度は恒星光度と軌道長半径，惑星が受ける断面積 πR_p^2，反射率 A（Bond albedo; 5.1.1 項参照）を用いて

$$L_p = \frac{L_\star}{4\pi a^2}\pi R_p^2 A \tag{4.98}$$

と書ける．惑星周りのある観測者までの距離 d の球殻の平均フラックスは式 (4.97) を立体角積分して

$$\langle f_p^{\rm ref}\rangle = \frac{2\pi\int_0^\pi d\beta\sin\beta f_p^{\rm ref}(\beta)}{4\pi} = \frac{C}{4}\pi \tag{4.99}$$

であり，これが

$$\langle f_p^{\rm ref}\rangle = \frac{L_p}{4\pi d^2} \tag{4.100}$$

と一致すべきであるから，

$$C = \frac{L_p}{\pi^2 d^2} = \frac{L_\star A R_p^2}{4\pi^2 d^2 a^2} \tag{4.101}$$

である．恒星光は等方であると仮定して，

$$f_\star = \frac{L_\star}{4\pi d^2} \tag{4.102}$$

であることから，式 (4.97) の C に戻すと，式 (4.95) が導出される[*7]．これより主星–惑星コントラストは，

＊7 確認のため，距離 d の球面上で $f_p^{\rm ref}(\beta)$ を積分すると

$$\int_0^{2\pi} d\phi\int_0^\pi d\beta\sin\beta f_p^{\rm ref}(\beta)d^2 = \frac{L_\star}{4\pi a^2}\pi R_p^2 A \tag{4.103}$$

となっていて，正しく，全球で入射エネルギーの A 倍が反射されていることが確認できる．

$$c_{\rm sp} \equiv \frac{f_p^{\rm ref}}{f_\star} = \frac{2\phi(\beta)}{3} A \left(\frac{R_p}{a}\right)^2 \tag{4.104}$$

となる．反射光の主星-惑星コントラストは，恒星半径にはよらず，波長依存性もアルベド A だけに依存する．

半月ならぬ半惑星 ($\beta = 90$ 度) の場合，式 (4.95) を用いて，主星-惑星コントラストを見積もると，

$$c_{\rm sp} \approx 10^{-10} \left(\frac{A}{0.3}\right) \left(\frac{R_p}{R_\oplus}\right)^2 \left(\frac{a}{1\,{\rm au}}\right)^{-2} \tag{4.105}$$

となり，半月ならぬ半地球の場合，反射光の主星-惑星コントラストは 10^{-10} 程度になることがわかる（図 4.22 上パネルを参照）．つまり地球からの反射光を検出しようとすると，その 100 億倍明るい主星が隣にいるということになる．このような状況では，通常は分解して観測できるぐらいの離角であっても，惑星光の位置に大量の光が漏れ込んでくることになり，惑星光の検出が困難になる．

惑星放射計算の 1 次元モデルと観測量を結びつけるために，惑星の反射フラックスの平均 $\overline{F}_p(\lambda)$ と距離 d にて観測される惑星フラックス $f_p^{\rm ref}(\lambda)$ との関係を記しておく．惑星が受け取る主星フラックスは

$$F_\star(\lambda) = \frac{L_\star(\lambda)}{4\pi a^2} = f_\star(\lambda) \left(\frac{d}{a}\right)^2 \tag{4.106}$$

であり，

$$\overline{F}_p(\lambda) = \frac{F_\star(\lambda) A(\lambda)}{4} \tag{4.107}$$

であるから，式 (4.95) より

$$f_p^{\rm ref}(\lambda;\beta) = \frac{8\phi(\beta)}{3} \left(\frac{R_p}{d}\right)^2 \overline{F}_p(\lambda) \tag{4.108}$$

となる．

反射光による直接撮像は，地球照のスペクトル図 2.19 に見てとれるように，主要なバイオマーカーを検出できる可能性があるという利点がある．また，アルベドの不定性があるものの惑星半径の推定も可能である．また反射光度の時間変動を利用して，惑星表面のマッピングや自転軸傾斜角の推定が原理的には行えるが，これについては 8.3.1 項と 8.4.3 項を参照のこと．

4.5.2 熱輻射光の直接観測

惑星熱輻射光のスペクトルは第 0 近似では惑星温度 T_p の黒体輻射であり，式 (3.4) と同じ，

$$f_p^{\rm th}(\lambda)d\lambda = \frac{2\pi hc^2}{\lambda^5}\frac{R_p^2}{d^2}\left[\exp\left(\frac{hc}{\lambda k_{\rm B}T_p}\right)-1\right]^{-1}d\lambda, \tag{4.109}$$

である．ということはコントラストは

$$c_{\rm sp}(\lambda) = \frac{R_p^2}{R_\star^2}\frac{\exp\left(\frac{hc}{\lambda k_{\rm B}T_\star}\right)-1}{\exp\left(\frac{hc}{\lambda k_{\rm B}T_p}\right)-1} \tag{4.110}$$

となる．この式を，図 4.22 の上パネル破線で示してある．地球の場合，10^{-8} から 10^{-6} 程度である．またこの図からわかるように，生命探査対象となる惑星を熱輻射光で直接撮像するならば，$10\,\mu$m 程度の中間赤外もしくはそれより長波長側で探査する必要がある．このような計画として宇宙赤外干渉計による探査がある．また長波長極限の場合は

$$c_{\rm sp} = \frac{R_p^2 T_p}{R_\star^2 T_\star} = 4\times10^{-6}\left(\frac{R_p}{R_\oplus}\right)^2\left(\frac{R_\star}{R_\odot}\right)^{-2}\left(\frac{T_p}{293{\rm K}}\right)\left(\frac{T_\star}{5778{\rm K}}\right)^{-1} \tag{4.111}$$

となる．

ところで，直接撮像惑星として有名な HR 8799 b–e（図 1.6）は H バンド (1.6 μm) で 10^{-5} 程度ものコントラストがある．式 (4.105) を用いると，

$$c_{\rm sp} \approx 10^{-8}\left(\frac{A}{0.3}\right)\left(\frac{R_p/R_J}{a/1\,{\rm au}}\right)^2 \tag{4.112}$$

と反射光では，木星サイズ・1 au であっても 10^{-8} という厳しいコントラストであることがわかる．つまり，HR 8799 系で観測されている光（図 1.6）は熱輻射であるということだが，放射平衡温度 (2.6) を T_p として採用し，式 (4.110) からコントラストを $\lambda = 1.6\,\mu$m で見積もると，とうていこのような高いコントラストにはならない．これはどういうことだろうか？　実は，2017 年現在では，直接撮像が成功している惑星はすべて self-luminous planet という，長くても年齢 1 億年以下の若い惑星系で，形成時に熱かった惑星が冷えていく途中のものである．この場合，惑星の平衡温度は，式 (2.6) の代わりに

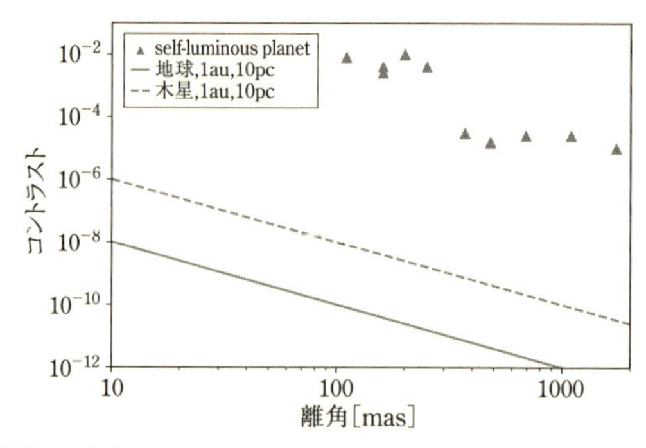

図 4.24 実線と破線は 1 au に地球と木星をおいたときの反射光コントラスト理論値．離角（横軸）は 10 pc を仮定してミリ秒 (mas) で表記している．三角は 2017 年現在，直接撮像により検出されている self-luminous planet のコントラストである．離角は実際の値．

$$L_{\rm em} = L_{\rm ab} + L_{\rm int} \tag{4.113}$$

のように，惑星内部からのエネルギーフラックス ($L_{\rm int}$) を考えなければならない．self-luminous planet は $L_{\rm ab} \ll L_{\rm int}$ のような系であり，惑星の温度も 1000 K 程度といった高温である．そのため近赤外域であっても熱輻射光を観測していることになる．

近赤外領域の直接撮像は，現在の self-luminous planet の熱輻射光から self-luminous でない惑星の反射光の検出へと移行することが，次の 1 つのブレークスルーといえるだろう．図 4.24 は，その壁を示している．いまここでは d = 10 pc を仮定した反射光のコントラストと，現在検出されている self-luminous planet のコントラストを，離角の関数としてかいてみたものである．self-luminous planet のコントラストは恒星からの距離に直には依存しないため，0.5 秒程度の場所であっても緩いコントラストを持っている．しかし反射光は式 (4.104) からわかるように a の 2 乗に反比例するため，緩いコントラストを得るためには，より恒星に近い場所を観測しなくてはならない．恒星に近ければ近いほど恒星光を除去することが難しくなるため，反射光にはこのような，コントラストと離角のトレードオフ関係があるといえよう．熱輻射光も反射光と同様に分子の存在を確認できる利点がある．そしてやはり惑星温度を直接推定できるという点が非常に有用であろう．

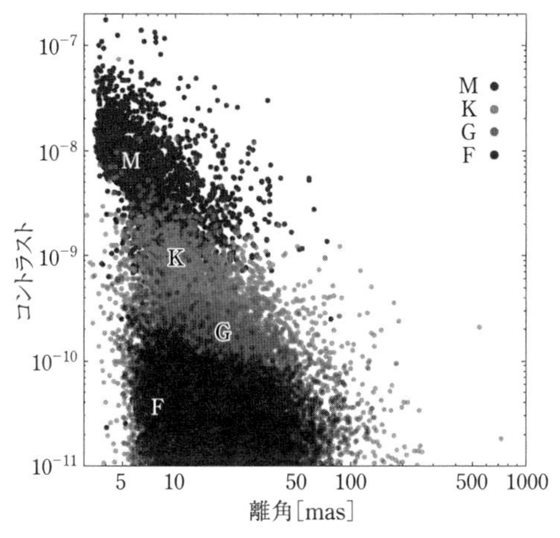

図 4.25　近傍の恒星の内側ハビタブルゾーンに地球をおいたときの主星惑星コントラストと主星惑星間離角．計算方法については [46] 参照．

4.5.3　直接撮像の制限要因

ハビタブル惑星のコントラストと離角

ハビタブル惑星の場合，惑星温度は液体の水が存在できる狭い温度域で，温度はほぼ一定と見なせるので，惑星熱輻射フラックスは主星のタイプにほぼよらない．また主星から受け取るべきエネルギーも狭い範囲でほぼ一定になる（第 2 章参照）．反射光はこれにアルベドをかけたものなので，反射フラックスもほぼ主星のスペクトルタイプによらないことになる．つまり反射光でも熱輻射光でも主星の光度が低ければ低いほどコントラストがなくなる方向に働き，そのかわりハビタブルゾーンが内側に移動するので離角は小さくなる．主星のタイプで見た場合，このようなトレードオフの関係が存在する．

図 4.25 は反射光で探る場合，近傍の恒星の内側ハビタブルゾーンに地球をおいたときの主星惑星コントラストと主星惑星間離角を示している．G 型星周りではコントラスト 10 の −10 程度，離角 100 mas 程度となり，M 型周りでは 10 の −8 乗程度で離角は 10 mas 程度となる．

スペックル・tip-tilt

コントラストと離角が直接撮像の成否にとって重要な意味をもつのは，惑星の位置における恒星光の漏れ込みが惑星検出を邪魔するからである．コロナグラフ

(7.2.1項) の場合，この漏れ込みは恒星のコピーのようなぽつぽつがいたるところに現れるスペックルノイズとして現れる．スペックルの詳細については，7.2.1項を参照してほしいが，大きく分けると装置的な問題と大気の乱流による問題がある．前者は地上観測のみならず，人工衛星搭載コロナグラフでも避けられない問題である．具体的には望遠鏡面や光学系の波面精度の問題により波面の乱れが出ることで生じる．また副鏡のスパイダーも原因となる．後者は，地上観測で問題となり，大気の乱流により波面の乱れが生じる．これを修正する装置が補償光学装置である．

また，コロナグラフは理想的な点源が光学軸の中心に来たときに最大の性能が発揮されるようになっているので，光学軸の中心からずれてしまう効果 (tip-tilt) によっても，恒星光が惑星の位置に漏れ込む．tip-tilt の原因は，大気による位相誤差，望遠鏡・光学系のアライメント，恒星の直径が有限であることによる効果などがあげられる．

大気光

地上観測の場合，大気は波面誤差を生成し，スペックルや tip-tilt をつくることで大きなノイズ源となるが (7.2.1項)，それ以外に，そもそも大気自体が光ることで背景ノイズとなる．この大気光 (夜光ともいう) の見積もりがかかせない．図4.26左には，すばる望遠鏡などの各国の大望遠鏡が密集するハワイ島マウナケア山頂における大気放射のスペクトルモデルを示してある．この図からわかるように大気光は近赤外域と中間赤外域で主要な成分が異なる．近赤外域では主に OH による輝線が，中間赤外域では大気の熱放射が大気光の主な原因となる．

大気光が恒星観測に対してどの程度ノイズとなるか見積もったのが図4.26右である．大気光は空全体が光っているので，切り出す視野 (アパーチャー) $\Delta\Omega$ を指定しないとフラックスが出せない．恒星の明るさと比較するには，検出器上での恒星の広がりと同程度のアパーチャーを用いるべきであろう．ここでは $\Delta\Omega = 1\,\mathrm{arcsec}^2$ の場合と，望遠鏡直径 $D = 30\,\mathrm{m}$ を仮定して，極限補償光学が最大限発揮された場合に得られる星像の広がりである回折限界 $\theta_{\mathrm{dl}} = \lambda/D$ (7.1.3項参照) の半径の円，$\Delta\Omega = \pi\theta_{\mathrm{dl}}^2$ の2通りの場合の開口を用いて計算している．

近赤外領域における大気光：OH, O_2 放射

近赤外領域においては，OH や O_2 による細い輝線が最も強い空の背景放射光である．図4.26の 1-2 μm 帯に見える輝線のほとんどは OH によるものである．ま

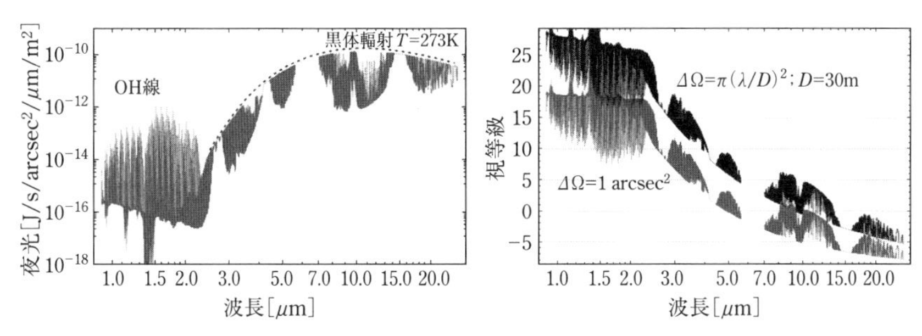

図 4.26 左：マウナケアにおける大気光スペクトルモデル．Gemini 天文台が提供しているデータを用いて図を作成した．airmass = 1.0, water vapor = 1 mm のものを使用．点線は $T = 273$ K のプランク関数．右：大気光の「等級」．$\Delta\Omega = 1$ arcsec^2 の場合，望遠鏡直径 $D = 30$ m の回折限界 $\theta_{\rm dl} = \lambda/D$ の半径の円，$\Delta\Omega = \pi\theta_{\rm dl}^2$ の場合を仮定し，等級に変換した．等級の定義は [17] に基づき，Gemini の flux magnitude conversion tool を利用した．

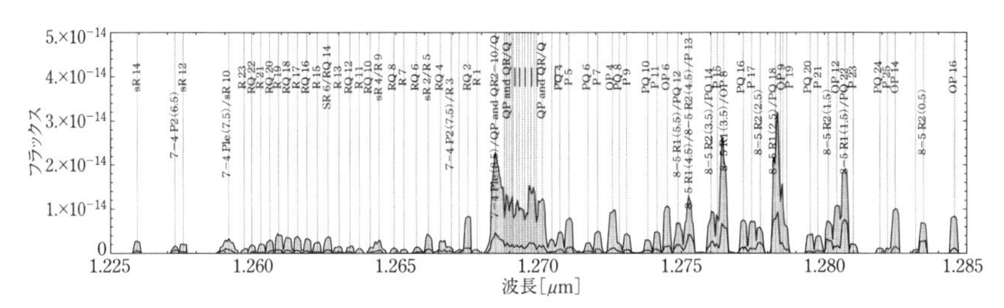

図 4.27 すばる望遠鏡の IRCS による 1.27 μm 付近の夜空（天体のない場所）のスペクトル [46]．縦線でラベルされたものは O_2, OH の線位置．スペクトルは高いほうがハワイ時間日没後 19:12 の観測，低いほうが夜明け前 5:34 の観測である（11 月の観測）．

た酸素分子 O_2 による輝線も存在し，これは地上からのバイオマーカー探査において考慮しなければならないものである．すばる望遠鏡の近赤外線分光撮像装置 (Infrared Camera and Spectrograph; IRCS) による酸素 1.27 μm 付近の夜空（天体のない場所）のスペクトルを図 4.27 に示す [46].

これらの大気光は，夜では日が暮れた間際が最も強く光り，その後減光していく．図 4.27 には 19:12 の観測と夜明け前 5:34 の観測を示しているが，後者のほうが強度が下がっているのが見てとれる．OH は夜半になっても，日没直後の半分くらいの強度が残っているが，O_2 は 1/10 程度までに減衰するので，地上から系外惑星の酸素を観測するときは後半夜に行うとよいだろう [46]．またこの輝線強度は，場所にも依存し，季節変動もする．

図 4.26 右において，近赤外域では大気光の実質的な等級は 10 等程度以下であ

るので，近傍の恒星の等級と比べた場合，必ずしも大気光は明るくない．しかし，直接撮像で惑星を検出する場合には，惑星反射光はさらに恒星の 10^{-8} から 10^{-10} 倍暗いので，惑星は恒星の 20 以上大きい等級になる．この場合，大気光は主要なノイズ源となり，回折限界に近い星像を得て，大気光をなるべく含まないようにすることが重要となる．たとえば，30 m 級望遠鏡で回折限界像が得られても，近傍の M 型星周りの惑星反射光は，地球サイズを仮定すると大気光と同程度から 1/10 程度になる（1.27 μm 付近かつ後半夜）ことが予想される．光子のノイズとしては大きい値である [46]*8.

上記のような高尚なバックグラウンドを考えるためには，望遠鏡の設置条件が極めてよい，つまり人里離れた真っ暗なところにないとならない．筆者は，神奈川県にある宇宙科学研究所の屋上で何度も観測したことがあるが，隣のテニスコートでは夜 11 時位までシティライフを楽しんでいらっしゃるので，その間は我々の観測データには多分に人工のバイオマーカーが含まれている．

中間赤外領域の大気熱放射

図 4.26 において 2.5 μm 程度以上の波長では，大気熱放射が大気光として卓越してくる．波長によって大気のどの部分が見えているかで放射輝度は変わるが，包絡線は地上付近の温度を反映したプランク分布とよく合っていることが見てとれる．南極大陸などさらに低温の場所では，この熱輻射は最大 1 桁程度下がる．

図 4.26 右からわかるのは，中間赤外域の放射は極めて明るく，$\Delta\Omega = 1$ arcsec^2 の開口*9では 10 μm 近傍で −5 から 0 等，たとえ 30 m 級望遠鏡で回折限界程度内に星像が収まったとしても，0 から 5 等もあることだ．たとえばアルファセンタウリ A でさえ，N バンド（中心 10.5 μm）で −1.6 等であり，惑星の報告がある最も近い恒星アルファセンタウリ B で −0.6 等 (N) である [22]．つまり中間赤外域で主系列星を観測すると，たいていの場合，大気光のほうが明るいということである．これは中間赤外の地上観測における原理的な障害となっており，赤外干渉計による惑星検出ミッションが地上ではなく宇宙望遠鏡で検討される最大の理由であろう．また望遠鏡や光学系からの熱放射も中間赤外帯における大きなノイズとなっていることを付記しておく．

---

*8　また，OH 光は狭い輝線であるので，その部分だけ選択的に除去する OH サプレッサー [39] を用いた大気光ノイズ低減も可能である．

*9　可視天文学では，天球面のある小さな領域のことを開口 (aperture) とよぶ．

4.6 高分散分光による惑星シグナルの検出

惑星大気に存在する分子線を $R \sim 100,000$ の高分散分光することで検出する手法が実用化されつつあり，一部のホットジュピターで CO, H_2O などの検出が報告されている．この方法では惑星の公転に伴い，吸収線の位置がずれていき，惑星の視線速度を測定できる．透過光分光によるもの [98] と昼側放射を用いるもの [8, 12, 19, 86] の両方で検出がされている．このような手法で惑星を検出することを分光的直接検出 (spectroscopic direct detection) ということもある．この方法では惑星の公転に伴い，吸収線の位置がずれていき，惑星の視線速度を測定できる．

この手法では，惑星の視線速度の位置にシフトした吸収線を検出する．現状では直接吸収線を検出するというよりは，分子吸収線のテンプレートとスペクトルの相関をとることで検出を行っている．惑星視線速度の半振幅は

$$K_p \equiv v_p \sin i \sim \sqrt{\frac{GM_\star}{a}} \sin i = 29.8 \left(\frac{M_\star}{M_\odot}\right)^{1/2} \left(\frac{a}{1\,\mathrm{au}}\right)^{-1/2} \sin i \,\mathrm{km/s} \tag{4.114}$$

である．ホットジュピターの場合，惑星視線速度は数百 km/s のオーダーになる．$R \sim 100,000$ もの高分散分光が必要な理由は，惑星と恒星の速度差の分別ではなく，分子 1 本 1 本の線を分解し，分子線検出のための感度を得たいからということになる．さらに，直接撮像惑星に対し，高分散分光をすることで大気の情報を得ることもできるようになった．

昼側放射の高分散分光

ホットジュピターでは，近赤外まで輻射光が伸び，コントラストも 10^{-4} 程度もあることから，惑星光を含む恒星光を同時に分光したものを用いて，たとえば K バンドの CO の検出に成功している [8, 12, 19, 86]．この場合，惑星の恒星への近さが重要となる．たとえば，太陽型星周りの木星サイズの惑星の K バンドにおけるコントラストは，$a = 0.05$ au では 10^{-4} 程度だが，$a = 0.1$ au となると 10^{-5} まで下がる．そのため惑星の平衡温度の高さが重要となる．またこの手法では分子 1 本 1 本を検出する必要はなく，大気の温度構造を仮定し分子線のつくる理論スペクトルとデータの相関を通じて検出するので，たとえば TiO（酸化チタン）といった分子線の数が極めて多い分子の検出や温度逆転層の検出も行われている [76].

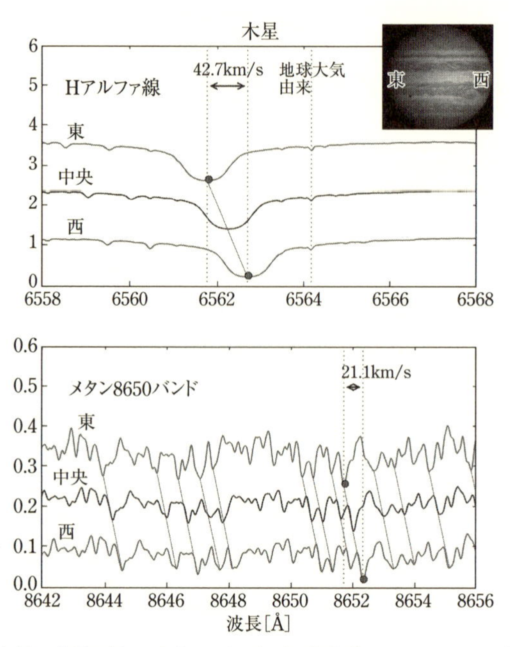

図 4.28 木星の赤道面東・中央・西のすばる望遠鏡の HDS による高分散反射光スペクトル．上：太陽由来（H アルファ線）の吸収線波長差．下：木星由来のメタン吸収線波長差．右上パネルは観測の場所を示している．写真は NASA カッシーニによるもの．

反射光の高分散分光

恒星光の吸収線の惑星による反射シグナルを，高分散分光によって検出したとする報告もすでにある [64]．反射光のドップラー偏移は，吸収線が反射体由来ではない場合，反射体の視線速度だけでなく，もともとの光を出しているものと反射体の間の相対速度差分の偏移も考える必要があることに注意が必要である．図 4.28 は，木星の赤道面東西の反射光スペクトルを，すばる望遠鏡の高分散分光器 (High Dispersion Spectrograph; HDS) で撮ったものである．木星の自転速度は赤道面では $V_{\rm rot} = 12$ km/s である．まず木星大気に由来する吸収線の東西差（上）は，$\Delta V \approx 2V_{\rm rot}$ であり，これは東西の速度差と一致する．しかし，もともとの太陽光に含まれる吸収線の東西差（下）は，$\Delta V \approx 4V_{\rm rot}$ となっている．これは木星に太陽光が入射するときの回転による速度差が加算されるためである．

直接撮像天体の高分散分光

直接撮像天体の位置に分光スリットや分光用ファイバをあてて高分散スペクトルをとることで同様に惑星の視線速度を測定できる．Snellen ら [97] は，波面の計測と補償を行う補償光学（Adaptive Optics，AO，7.2 節参照）を効かせた状態で self-luminous planet の beta Pic b の位置に近赤外高分散分光器のスリットをあて，CO のシグナルや自転運動を検出している．また，コロナグラフ後に高分散分光を行うポストコロナグラフ高分散分光も模索されている．たとえば極限補償光学とコロナグラフを 30 m 級望遠鏡に用いると，self-luminous planet ではなくともウォームジュピターのような天体で，このような手法を λ/D 以下の離角であっても行えることが示されている [47]．筆者らを含むグループでは，2017 年現在，すばる望遠鏡の極限補償光学と高分散分光装置の接続装置 (post-coronagraphic injection) を開発中であり，8 m 級の望遠鏡でコロナグラフが効いた状態で直接撮像天体の高分散分光観測を目指した開発を行っている．

第 II 部
理論的基礎

第5章

惑星光の伝達

図 5.1 本章では，惑星において光の伝達をどのように記述するかを考える．

本章では，惑星や惑星大気に関係する放射を扱う．系外惑星からの光を考えるとき，惑星が球体であることを適切に考慮しないとならない．反射光強度は恒星と惑星と観測者の相対的な位置関係に左右されるし，輻射光であっても球体全体からの強度を考えねばならない．これらを扱うためのいわば惑星光の幾何学的表現を最初に述べる．次に惑星大気中を光が伝達するときに受ける作用を解説する．本章の基礎となるのは，反射や散乱，放射伝達など放射理論と光と物質の相互作用による放射過程などであり，直接の応用先としては直接撮像による惑星光や透過光分光・二次食分光，またこれらの高分散分光といったキャラクタリゼーションに関係した観測である．また惑星大気中の放射伝達は，次章で説明する惑星大気の構造を考える上での基礎ともなる．

5.1 惑星光の幾何学

式 (4.93) で見たように，恒星光が惑星にやってくると一部は宇宙に返され，一部は吸収され熱となる．前者は，光子をそのまま返す過程であり，一般的には反射・散乱とよばれる．散乱は大気中で確率的に光の進行方向を変更するが，反射は地表や雲などで離散的に進行方向を変更する．「反射光」とは一般には散乱光や多重反射を含むのであるが，本章ではこれを入射光が最終的にどのように進路を変更して出射するか，つまり入口と出口だけを特徴づけて幾何学のみで記述する方法を示す．また，熱輻射光の場合も，惑星表面や雲の表面からの黒体輻射だけ考える近似も役に立つ．本節ではこのような面による反射・輻射光の幾何学を考えよう．

惑星や恒星は遠方から見れば点であり，近づいて見れば通常，連続的に密度が変わる 3 次元構造を持っている．しかし表面上のある基準球面，たとえば地球なら惑星表面や大気上端の高度一定面，恒星なら光球面などを考えると，ある面からの放射や，ある面への放射を考えることで，計算がやさしくなる．そこで，まず，ある有限面積の表面からの放射や，表面への放射を定量化するための量を定義しよう．素片 dA からある $\mathbf{\Omega}$ 方向に $d\Omega$ の円錐内（図 5.2 左）を通過する単位時間・単位波長当たりのエネルギー dE を考える．$\boldsymbol{n}$ は単位法線ベクトルである．dE 自体は，見かけの投影面積 $\cos\theta dA$ に比例するので，

$$dE = L_{\uparrow}(\theta,\phi)\cos\theta dA d\Omega d\nu \tag{5.1}$$

のように比例定数を，radiance（放射輝度）$L_{\uparrow}$ として定義すれば，投影の効果を除いて放射を定義できる．単位はたとえば $\mathrm{W/m^2/sr/\mu m}$ となる．dA から $\boldsymbol{n}$ 方向

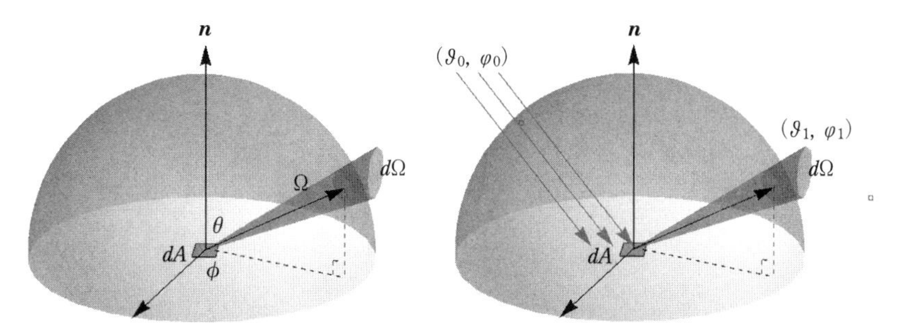

図 5.2 左：素片 dA からの放射または，素片への放射．右：(ϑ_0, φ_0) 方向からの平行光の入射と立体角 $d\Omega$ あたりの (ϑ_1, φ_1) 方向への反射．

に流れるネットのエネルギーを irradiance（放射照度）$E_\uparrow$ といい

$$E_\uparrow = \int_{\mathrm{US}} dE = \int d\Omega L_\uparrow(\theta, \phi) \cos\theta \tag{5.2}$$

$$= \int_0^{2\pi} d\phi \int_0^{\pi/2} d\theta L_\uparrow(\theta, \phi) \cos\theta \sin\theta \tag{5.3}$$

となる*1（US は，upper shere（上半球）の略である）．

上記では，素片 dA から放射される radiance，irradiance を考えたので，添字↑をつけてある．逆に，dA へのエネルギーの流入も考えられる．この場合は，$L_\downarrow$，$E_\downarrow$ のように↓の添字を用いておこう．また radiance が一定 $(L_\uparrow(\theta, \phi) = L_\uparrow)$ の場合，式 (5.3) から

$$E_\uparrow = \pi L_\uparrow \tag{5.4}$$

となる．

5.1.1 反射光の幾何学

物体の表面反射を特徴づけることを考えてみよう．太陽光が芝生にあたるときの反射を特徴づけることをイメージしてもらいたい（図 5.2 右）．入射光線（平行光）をある (ϑ_0, φ_0) 方向から照射すると，表面で反射され，素片 dA からさまざまな方向へ光が放射されるが，ある観測方向 (ϑ_1, φ_1) の $d\Omega$ の幅へ放射されたエネルギーを測ることができる．このエネルギーの比をあらゆる (ϑ_1, φ_1) について測るこ

*1 radiance と irradiance は入射・出射双方に用いる単語であり，それぞれ放射輝度，放射照度という日本語が対応しているものの若干混乱を生むので，本書では英語表記を用いる．

とで，角度依存性がわかる．さらに入射光線の (ϑ_0, φ_0) も変えて調べることで，あらゆる状況での反射が記述できるだろう．これを関数の形式で表したものが双方向反射率分布関数 (Bi-directional Reflection Distribution Function; BRDF) である．さて以上の状況から，入射光は入射エネルギーすなわち iraddiance で定義し，反射エネルギーは radiance で定義すべきとなるだろう．すなわち BRDF は

$$R(\vartheta_0, \varphi_0, \vartheta_1, \varphi_1) \equiv \pi \frac{\mathrm{L}_\uparrow(\vartheta_1, \varphi_1)}{E_\downarrow(\vartheta_0, \varphi_0)} \tag{5.5}$$

のように定義される．係数 π は規格化係数であり，つけない定義もよく用いられる*2．この場合，$E_\downarrow(\vartheta_0, \varphi_0)$ は，(ϑ_0, φ_0) 方向から平行光がきたときの irradiance ということになる．

多くの場合，方位角方向は入射と反射の差 $\varphi \equiv \varphi_1 - \varphi_0$ だけによるので，BRDF は，太陽天頂角 (solar zenith angle) ϑ_0, 観測天頂角 (view zenith angle) ϑ_1, 観測者と太陽の相対方位角 (view-sun relative azimuth angle) φ の 3 つの角度を変数にとることになる．

$$R(\vartheta_0, \varphi_0, \vartheta_1, \varphi_1) = R(\vartheta_0, \vartheta_1, \varphi) \tag{5.6}$$

BRDF の概念は反射特性を最も一般的に記述できるようになっているが，それゆえ扱いにくい側面もある．たとえば地球のリモートセンシングでは，BRDF をいくつかの関数で近似して係数を与える手法が採用されている．代表的な記述法に Ross-Li モデルがある．

ラテン語で白さを意味するアルベド (albedo) とは，一般にある放射の状況下において，入射総エネルギーに対する反射総エネルギーの比をいう．空の一点のみから入射した光に対するアルベドは black-sky albedo*3とよばれる．式 (5.5) より，black-sky albedo は

$$a_{\mathrm{B}}(\vartheta_0) = \frac{\int d\varphi_1 \int d\vartheta_1 \sin\vartheta_1 L_\uparrow \cos\vartheta_1}{E_\downarrow(\vartheta_0)} \tag{5.7}$$

$$= \frac{1}{\pi} \int_0^{2\pi} d\varphi_1 \int_0^{\pi/2} d\vartheta_1 \sin\vartheta_1 \cos\vartheta_1 R(\vartheta_0, \varphi_0, \vartheta_1, \varphi_1) \tag{5.8}$$

のように BRDF を用いて計算できる．

---

*2　この定義では反射率が BRDF と同じ強度になるようになっていてわかりやすい [58]．他によく用いられる $f \equiv L_\uparrow / E_\downarrow$ で BRDF を定義する場合，アルベドや反射率を π で割った値が BRDF と同じ強度となるので，どちらの定義を用いているか注意が必要である．

*3　一点からの入射なので空が黒いという意味．directional-hemispherical reflectance とも．

BRDFがすべての角度によらず一定のときを等方反射（ランバート反射）という ($R(\vartheta_0, \varphi_0, \vartheta_1, \varphi_1) = R$). この場合，上の式より

$$a_{\mathrm{B}}(\vartheta_0) = R \tag{5.9}$$

となる．完全反射（エネルギーの吸収なし）の場合は，$a_{\mathrm{B}} = R = 1$ となる．

一方，空全体から一様に光が入射する場合のアルベド，white-sky albedo*4は，black-sky albedo に入射の際の見かけの角度による重み $\cos\vartheta_0$ をかけて平均した

$$a_{\mathrm{W}} = \langle a_{\mathrm{B}} \rangle = \frac{\int_0^{2\pi} d\varphi_0 \int_0^{\pi/2} d\vartheta_0 \sin\vartheta_0 a_{\mathrm{B}}(\vartheta_0) \cos\vartheta_0}{\int_0^{2\pi} d\varphi_0 \int_0^{\pi/2} d\vartheta_0 \sin\vartheta_0 \cos\vartheta_0} \tag{5.10}$$

$$= 2\int_0^{\pi/2} d\vartheta_0 a_{\mathrm{B}}(\vartheta_0) \sin\vartheta_0 \cos\vartheta_0 \tag{5.11}$$

となる．等方散乱のとき，やはり

$$a_{\mathrm{W}} = a_{\mathrm{B}} = R \tag{5.12}$$

となることに注意.

次に惑星全体からの反射光を考える．惑星からの反射光と恒星光の比，恒星惑星コントラストは，4.5.1 項で見たように，コロナグラフによる直接撮像においてとくに重要である．惑星球面上の素片からの反射は，式 (5.5) より

$$L_{\uparrow} = \frac{E_{\downarrow}(\vartheta_0) R}{\pi} \tag{5.13}$$

である．素片 dA から $d\Omega$ の放射円錐を考え，距離 d にある面積 dA_{tel} の望遠鏡が円錐の先端と考える ($d\Omega = dA_{\mathrm{tel}}/d^2$) と，$dA$ から dA_{tel} が受け取るエネルギー $\Delta E dA_{\mathrm{tel}}$ は，

$$\Delta E dA_{\mathrm{tel}} = L_{\uparrow} \cos\vartheta_1 d\Omega dA \tag{5.14}$$

$$= \frac{L_{\uparrow}}{d^2} \cos\vartheta_1 dA dA_{\mathrm{tel}} \tag{5.15}$$

となる．すなわち，観測者から見た素片 dA による irradiance もしくはフラックスは

*4 空全体が光っているので白い空の場合のアルベドという意味．bi-directional-hemispherical reflectance とも．

$$\Delta E = \frac{L_\uparrow}{d^2} \cos\vartheta_1 dA \tag{5.16}$$

となる．

ここで $E_\downarrow$ は入射フラックスであるので

$$E_\downarrow(\vartheta_0) = \frac{L_\star}{4\pi a^2} \cos\vartheta_0 \tag{5.17}$$

であることに注意して，素片を惑星全体で積分した惑星全体からのフラックスは

$$\begin{aligned} f_p &= \int_{\text{全球}} \Delta E = \int_{\text{全球}} dA \frac{L_\uparrow}{d^2} \cos\vartheta_1 = \int_{\text{全球}} dA \frac{E_\downarrow(\vartheta_0) R}{\pi d^2} \cos\vartheta_1 \\ &= \int_{\text{全球}} dA \frac{L_\star R}{4\pi^2 a^2 d^2} \cos\vartheta_0 \cos\vartheta_1 = \int d\varphi_1 \int d\vartheta_1 R_p^2 \sin\vartheta_1 \frac{L_\star R}{4\pi^2 a^2 d^2} \cos\vartheta_0 \cos\vartheta_1 \\ &= \frac{f_\star R_p^2}{\pi a^2} \int_{\text{IV}} d\Omega_1 R \cos\vartheta_0 \cos\vartheta_1 \end{aligned} \tag{5.18}$$

となる．ここに $\int_{\text{IV}} d\Omega_1$ は恒星に照らされ，かつ観測者側に見えている惑星の表面上での立体角積分である．

さて図 5.3 のように惑星座標をとり，$\boldsymbol{e}_\text{O} = (1, 0, 0)^T$: 惑星から観測者方向への単位ベクトル，$\boldsymbol{e}_\text{R} = (\cos\phi \sin\theta, \sin\phi \sin\theta, \cos\theta)^T$：惑星表面の法線ベクトル，$\boldsymbol{e}_\text{S} = (\cos\beta, \sin\beta, 0)^T$: 惑星から恒星方向への単位ベクトルとする．ここに位相角 β を $\angle$ 観測者–惑星–恒星で定義する．すると，$\cos\vartheta_0 = \boldsymbol{e}_\text{S} \cdot \boldsymbol{e}_\text{R}$，$\cos\vartheta_1 = \boldsymbol{e}_\text{O} \cdot \boldsymbol{e}_\text{R}$ であり，この積分は結局

$$f_p^\text{ref}(\beta) = \frac{f_\star R_p^2}{\pi a^2} \int_{-\pi/2+\beta}^{\pi/2} d\phi \int_0^\pi d\theta R \sin\theta (\boldsymbol{e}_\text{O} \cdot \boldsymbol{e}_\text{R})(\boldsymbol{e}_\text{R} \cdot \boldsymbol{e}_\text{S}) \tag{5.19}$$

となる．

位相関数

まず，惑星の表面反射率が一様の場合を考えよう．この場合，

$$f_p^\text{ref}(\beta) = \frac{f_\star R_p^2}{\pi a^2} H(\beta), \tag{5.20}$$

$$H(\beta) \equiv \int_{-\pi/2+\beta}^{\pi/2} d\phi \int_0^\pi d\theta R \sin^2\theta \cos\phi (\cos\beta \cos\phi \sin\theta + \sin\beta \sin\phi \sin\theta) \tag{5.21}$$

のように積分部分を β の関数として表記できる．等方散乱近似（ランバート近似）の場合を考えよう．この場合，R が角度によらないから，$H(\beta) = \frac{2}{3} R[(\pi - \beta)\cos\beta +$

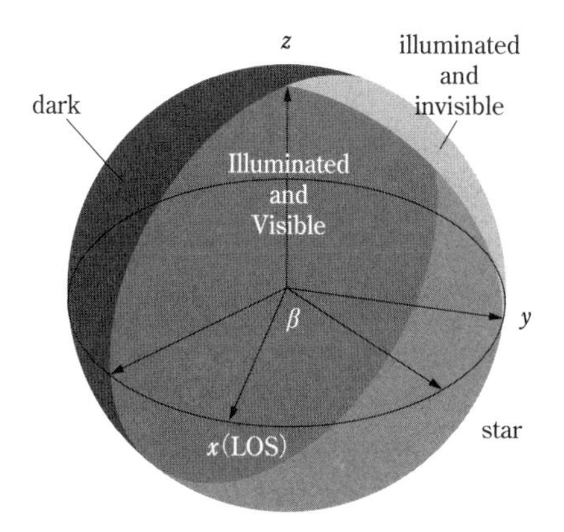

図 **5.3** 惑星が恒星に照射されている領域（薄い灰色と中間の灰色）と IV（照射かつ可視：Illuminated and Visible(IV) 領域，中間の灰色）．位相角 β は ∠ 観測者–惑星中心–恒星で定義されている．LOS は line of sight（視線方向）の略称．

$\sin\beta$] であり，式 (5.20) は

$$f_p^{\rm ref}(\beta) = \frac{2R}{3}\phi(\beta)\left(\frac{R_p}{a}\right)^2 f_\star \tag{5.22}$$

となり，R を A に置き換えると式 (4.95) に一致する．ここに改めて，

$$\phi(\beta) = [\sin\beta + (\pi - \beta)\cos\beta]/\pi \tag{5.23}$$

はランバート近似のときの，恒星–惑星–観測者の角度 β による光度変動を表す位相関数である．

一般の場合，位相関数は，$\beta = 0$ のときに 1 になるように規格化されているので，

$$f_p^{\rm ref}(\beta) = f_p^{\rm ref}(0)\phi(\beta) \tag{5.24}$$

と書ける．

Bond albedo/spherical albedo

全入射エネルギーに対する全反射エネルギーの比を Bond albedo A という．ある波長における入射エネルギーに対する反射エネルギーの比のことは，区別して spherical albedo $A(\lambda)$ という．以下では，全エネルギーの場合も $A(\lambda)$ の場合も A と略記するので注意すること．エネルギーは，前者の場合は総エネルギー，後者の

場合は単位波長あたりのエネルギーのことである.

反射フラックス $f_p^{\rm ref}(\beta)$ を惑星の周りの球面で積分すると反射エネルギー（惑星フラックス）が求まる．また入射エネルギーは $L_{\rm p,in} = \pi R_p^2 L_\star/4\pi a^2$ であるから,

$$A = \frac{L_p}{L_{\rm p,in}} = 2\pi \int_0^\pi d\beta \sin\beta f_p^{\rm ref}(\beta) d^2 = \frac{2}{\pi} \int d\beta \sin\beta H(\beta) \tag{5.25}$$

となる.

geometric albedo

geometric albedo とは，同じ直径の 100% 等方反射をする円盤（ランバート・ディスク）に対する位相角 $\beta = 0$ のときの反射 irradiance の比のことを指す．ランバート・ディスクからの irradiance は式 (5.14), (5.18) と同様に考えて（ただし，円盤なので $\cos\vartheta_1$ の項はつかない）,

$$f_{\rm LD} = \int_{円盤} dA \frac{L_\uparrow}{d^2} = \int_{円盤} dA \frac{E_\downarrow}{\pi d^2} = \int_{円盤} dA \frac{L_\star}{4\pi^2 a^2 d^2} = \frac{L_\star R_p^2}{4\pi a^2 d^2} = \left(\frac{R_p}{a}\right)^2 f_\star \tag{5.26}$$

となる．ここに円盤への入射 irradiance

$$E_\downarrow(\vartheta_0) = \frac{L_\star}{4\pi a^2} \tag{5.27}$$

を用いた．つまり geometric albedo は

$$A_{\rm g} \equiv \frac{f_p^{\rm ref}(0)}{f_{\rm LD}} = \int_{-\pi/2}^{\pi/2} d\phi \int_0^\pi d\theta R \sin^3\theta \cos^2\phi \tag{5.28}$$

となる．この定義はイメージしにくいので，Bond albedo/spherical albedo とどう関係しているかを考えよう．geometric albedo は，$\beta = 0$ で 1 に規格化されている位相曲線を全球面で積分して Bond albedo/spherical albedo を求めるときの比例係数である．すなわち,

$$A = A_{\rm g} \int d\Omega \phi(\beta) = 2A_{\rm g} \int_0^\pi \phi(\beta) \sin\beta d\beta \tag{5.29}$$

となる．これより前方散乱が強い場合，$A_{\rm g}/A$ は大きくなることがわかる．ランバート反射のとき，式 (4.96) より

$$A = \frac{3}{2} A_{\rm g} \tag{5.30}$$

となる.

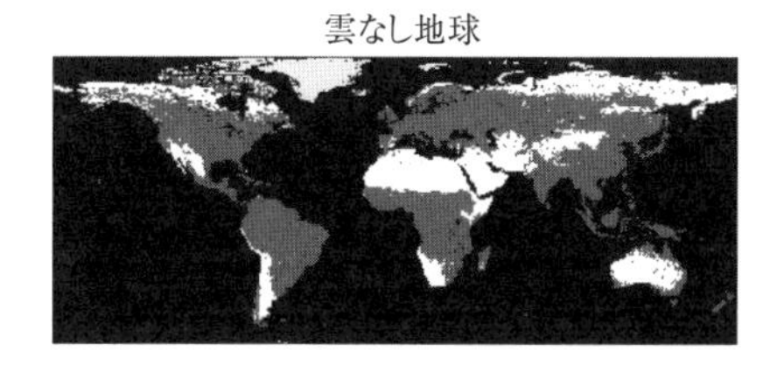

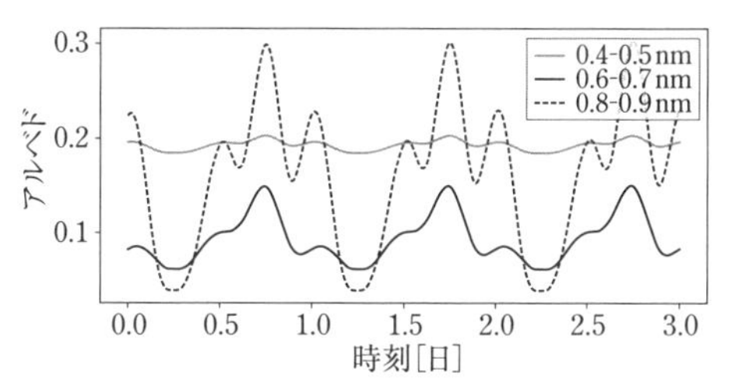

図 5.4 雲なし地球（上）の反射光モデル（下）．半月型（半地球とでもいうべきか）のときの自転によるアルベド変動を示す．

5.1.2 惑星の反射光変動

惑星表面の反射率が非一様の場合，式 (5.19) を用いて反射光全体の強度変動を計算できる．非一様反射率の場合

$$f_p^{\rm ref}(t) = \int_{\rm IV} d\Omega \, W(\theta, \phi, t) m(\theta, \phi), \tag{5.31}$$

$$W(\theta, \phi, t) \equiv \frac{f_\star R_p^2}{\pi a^2} (\boldsymbol{e}_{\rm O} \cdot \boldsymbol{e}_{\rm R})(\boldsymbol{e}_{\rm R} \cdot \boldsymbol{e}_{\rm S}) \tag{5.32}$$

のように書きなおせる ($d\Omega = \sin\theta d\theta d\phi$)．ここに R の代わりに惑星表面の反射率分布 $m(\theta, \phi)$ をおいた．例として，雲なし地球の反射光変動の計算を図 5.4 に示す．惑星の自転運動により昼面が移動していくので積分された全反射光強度が変動をおこす [18, 25, 28]．惑星表面は土・雪・植物・海の 4 種類とし，反射率としては図 2.12 のものに大気を加え，かつ等方近似を仮定して作成した．0.4–0.5 μm では大気の散乱が卓越してあまり変動が見えないが，0.8–0.9 μm では，土・植物と海の反射率の差が卓越してくるので，変動が大きくなっている．実際にはこれに雲の成分が加わる．反射光変動は将来の系外惑星の表層環境のプローブとして有望だ．8.3.1 項の惑星表面のマッピング手法で再びくわしく扱う．

5.1.3 黒体輻射光の幾何学

温度 T の表面は黒体輻射を行う．黒体輻射の radiance は

$$L_{\uparrow} d\lambda = B_{\lambda}(T) d\lambda = \frac{2hc^2}{\lambda^5} \frac{1}{\exp(hc/\lambda k_{\mathrm{B}} T) - 1} d\lambda \tag{5.33}$$

であり，一様輻射である．半径 R_p で温度 T の球から発する黒体輻射を距離 d で測定したときのフラックスは，式 (5.16) の素片を式 (5.18) と同じ要領で全球で積分して，

$$f_p^{\mathrm{th}} = \int_{全球} \Delta E = \int_{全球} dA \frac{B_{\nu}(T)}{d^2} \cos\vartheta_1 = R_p^2 B_{\nu}(T) \int_0^{2\pi} d\varphi_1 \int_0^{\pi/2} d\vartheta_1 \sin\vartheta_1 \cos\vartheta_1 \tag{5.34}$$

$$= \pi B_{\nu}(T) \frac{R_p^2}{d^2} \tag{5.35}$$

となる．式 (3.7) より全エネルギーは波長方向の積分と距離 d の球殻面積をかけて

$$L = 4\pi d^2 \int_0^{\infty} d\nu \pi B_{\nu}(T) \frac{R_p^2}{d^2} = 4\pi R_p^2 \sigma T^4 \tag{5.36}$$

となる．

大気の放射平衡モデルでは，大気高さ方向の 1 次元モデルのフラックスを考えるが，境界条件に地表のフラックスを与えることがある．同様に，ある黒体放射の素片から上向き射出されるフラックスを考えよう．素片周囲の上半面での角度積分を考えて

$$F_{\nu}(T) = \Delta E = \int_{\mathrm{US}} d\Omega B_{\nu}(T) \cos\vartheta_1 = \pi B_{\nu}(T) \tag{5.37}$$

となる．全エネルギーでは同様に波長積分をして

$$F(T) = \int d\nu F_{\nu}(T) = \sigma T^4 \tag{5.38}$$

となる．

5.2 惑星大気中の光の伝達

5.2.1 放射伝達

次に大気中での光の伝達を考えよう．ある角度 $(\boldsymbol{n})$ 方向に，ある波数幅 $d\nu$ の間の光が微小面積（dS，法線方向を $\boldsymbol{k}$ とする）・微小時間，微小立体角 $d\omega$ 内に伝達するエネルギーを $d\mathcal{E}_\nu$ とすると，specific intensity $\mathcal{I}_\nu$ は以下のように表現される

$$d\mathcal{E}_\nu = \mathcal{I}_\nu(\boldsymbol{n}\cdot\boldsymbol{k})dS\,d\omega d\nu dt \tag{5.39}$$

微小円柱に入射した光は $\mathcal{I}_\nu$ に比例して散乱・吸収する．その比例定数を extinction coefficient（減光の係数という意味）κ_ν という．ところで opacity という語はさまざまな定義で使われるが，本書ではこの cm^2/g の次元を持つ extinction coefficient を opacity とよぶことにする．また，いまの意味では opacity は単一周波数 ν に対して定義されているので厳密には monochromatic[*5] opacity である．何らかの周波数平均をした代表的な extinction coefficient も opacity とよぶ．この opacity を用いると，微小円柱内からの射出がない場合，単位時間内に吸収・散乱されるエネルギーは，微小距離 ds，密度 ρ を用いて，

$$-\kappa_\nu\mathcal{I}_\nu\rho ds d\omega d\nu dt = d\mathcal{I}_\nu d\omega d\nu dt \tag{5.40}$$

となるので，

$$d\mathcal{I}_\nu = -\kappa_\nu\mathcal{I}_\nu\rho ds \tag{5.41}$$

となる．微小円柱内からの射出放射輝度は emission coefficient η_ν を用いて

$$d\mathcal{I}_\nu = \eta_\nu\rho ds \tag{5.42}$$

と定義するので，全体では

$$d\mathcal{I}_\nu = -\kappa_\nu\mathcal{I}_\nu\rho ds + \eta_\nu\rho ds \tag{5.43}$$

となる．ここで放射源関数 (source function)

---

*5　単色（単一波長）の意味．

$$\mathcal{J}_\nu \equiv \frac{\eta_\nu}{\kappa_\nu} \tag{5.44}$$

を定義すると，放射伝達の式は

$$\frac{d\mathcal{I}_\nu}{\kappa_\nu \rho\, ds} = -\mathcal{I}_\nu + \mathcal{J}_\nu \tag{5.45}$$

と書ける．さらに，光学的深さ

$$d\tau = -\kappa_\nu \rho dz \tag{5.46}$$

を定義することで，ある軸 z をとって $ds = \mu dz$ と $\mu = \cos\theta$ を用いて

$$\mu \frac{d\mathcal{I}_\nu}{d\tau} = \mathcal{I}_\nu - \mathcal{J}_\nu \tag{5.47}$$

となる．これを Schwarzschild equation という．

5.2.2 吸収と散乱

電磁波の減光 (extinction) は，光が吸収 (absorption) され真に消失する効果と，異なる方向へと散乱 (scattering) されて消失する効果の 2 種類の和

$$\text{extinction} = \text{absorption} + \text{scattering} \tag{5.48}$$

となる．光子が原子・分子を電離し，原子の電離エネルギーと電離した電子の運動エネルギーとなる場合や，光子により原子・分子の電子が励起され，これが原子や分子同士の衝突により脱励起されることにより熱化する場合などは吸収に対応する．散乱は，光子が原子・分子の電子を励起した後，そのまま脱励起し同じ周波数の光子を出す場合や，電子，原子・分子による散乱などが含まれる．opacity の吸収，散乱による成分を，それぞれ，true absorption coefficient μ_a と scattering coefficient μ_s で表すと

$$\kappa_\nu = \mu_\mathrm{a} + \mu_\mathrm{s} \tag{5.49}$$

となる．このとき，emission coefficient は mean intensity

$$J_\nu \equiv \langle \mathcal{I}_\nu \rangle = \frac{1}{4\pi} d\Omega \mathcal{I}_\nu \tag{5.50}$$

を用いて

$$\eta_\nu = \mu_\mathrm{a} B_\nu + \mu_\mathrm{s} J_\nu \tag{5.51}$$

と書ける．つまり放射源関数は

$$\mathcal{J}_\nu = \frac{\mu_{\rm a} B_\nu + \mu_{\rm s} J_\nu}{\mu_{\rm a} + \mu_{\rm s}} = (1 - \omega_0) B_\nu + \omega_0 J_\nu \tag{5.52}$$

と書ける．ここに

$$\omega_0 \equiv \frac{\mu_{\rm s}}{\mu_{\rm a} + \mu_{\rm s}} \tag{5.53}$$

は単散乱アルベドとよばれる．つまり散乱のある場合の放射伝達式は，

$$\mathcal{J}_\nu = \omega_0 J_\nu + (1 - \omega_0) B_\nu \tag{5.54}$$

となる．

式 (5.47) の Schwarzschild equation は微分系であるので，$\mu = 1$ の場合で積分系にも書き直しておこう．

$$\frac{d\mathcal{I}_\nu}{d\tau} = \mathcal{I}_\nu - \mathcal{J}_\nu \tag{5.55}$$

これに $e^{-\tau}$ をかけると

$$\frac{d\mathcal{I}_\nu e^{-\tau}}{d\tau} = -\mathcal{J}_\nu e^{-\tau} \tag{5.56}$$

となるから直接積分できる．ここでは，大気上端 $\tau = 0$ から地表 $\tau = \tau_s$ まで積分すると，

$$-\mathcal{I}_\nu(0) = -\mathcal{I}_\nu(\tau_s) e^{-\tau_s} + \int_0^{\tau_s} d\tau\, \mathcal{J}_\nu e^{-\tau} \tag{5.57}$$

となっている．ここで，τ の軸の方向が大気上端から地表方向になっている．すなわち，$\mathcal{I}$ は負ならば，宇宙への射出方向となっていることに注意する．

5.2.3 分子・原子吸収

惑星に入射してくる恒星光や惑星から射出される光は大気中を通過する際に，大気分子や原子と相互作用し量子力学的遷移を通じた吸収がおきる．遷移の種類には，電子遷移*6，分子の振動遷移，回転遷移によるものがある．地球の可視赤外域では，水の振動・回転遷移による吸収が最も顕著な吸収である．

*6 本節では説明を省くが，たとえば水素原子によるライマンアルファや H アルファなどがある．

回転・振動モード

2 原子分子の分子回転による遷移を考えよう．ここでは簡単のため 2 原子分子間の距離が一定であるという仮定，すなわち剛体回転を仮定する．分子が高速に回転している場合，遠心力により原子間距離は変化してしまうが，回転レベルの低い分子ではよい近似になる．シュレーディンガー方程式とその固有値は

$$\hat{H}\phi = E_J\phi, \tag{5.58}$$

$$\hat{H} = -\frac{\hbar^2}{2\mu r^2}\left[\frac{1}{\sin\theta}\frac{\partial}{\partial\theta}\left(\sin\theta\frac{\partial}{\partial\theta}\right) + \frac{1}{\sin^2\theta}\frac{\partial^2}{\partial\Phi^2}\right], \tag{5.59}$$

$$E_J = \frac{J(J+1)\hbar^2}{2\mu r^2} \tag{5.60}$$

である．ここに μ は換算質量 $\mu = m_1 m_2/(m_1+m_2)$（m_1, m_2 は各原子質量）である．固有値を波数で書いておくと

$$\nu_J = \frac{h}{8\pi^2\mu r^2 c}J(J+1) = 16.7J(J+1)\left(\frac{\mu}{m_p}\right)^{-1}\left(\frac{r}{1\text{Å}}\right)^{-2}\ \text{cm}^{-1} \tag{5.61}$$

となる．光子の吸収・放射による遷移則は $\Delta J = \pm 1$ である．また電気双極子モーメントを持つためには，非対称性が必要であり，H_2 のような等核 2 原子分子では回転遷移をおこさない．

振動遷移の最も簡単なモデルは調和振動子

$$\hat{H} = -\frac{\hbar^2}{2\mu}\frac{\partial^2}{\partial x^2} + \frac{1}{2}kx^2, \tag{5.62}$$

$$E_n = \hbar\sqrt{\frac{k}{\mu}}\left(n + \frac{1}{2}\right) \tag{5.63}$$

である．波数で書くと，

$$\nu_n = \frac{1}{2\pi c}\sqrt{\frac{k}{\mu}}\left(n + \frac{1}{2}\right) \approx 2000\left(\frac{k}{300\ \text{N/m}}\right)^{1/2}\left(\frac{\mu}{m_p}\right)^{-1/2}\left(n + \frac{1}{2}\right)\ \text{cm}^{-1} \tag{5.64}$$

となる．典型的な分子のバネ定数 $k = 300$ N/m を最後の式で入れてある．遷移則は $\Delta n = \pm 1$ である．実際の分子では，調和振動子よりモースポテンシャルのほうがよく近似でき，この場合，遷移則は $\Delta n = \pm 1, \pm 2, \pm 3, \ldots$ となるが，大きい Δn になると遷移確率が下がる．また H_2 のような等核 2 原子分子では電気双極子遷移をおこさないが，磁気双極子遷移はおこすことができる．図 5.5 に示したように実際にはさまざまな振動モードがある．たとえば H_2O の 6.3 μm 帯は bending mode,

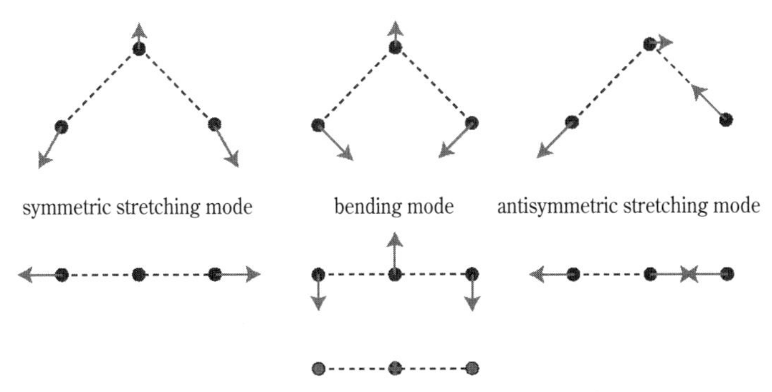

図 **5.5** 非対称コマ（上; H_2O）と直線 3 原子分子（下; CO_2）の基準振動モード.

2.7 μm 帯は symmetric/antisymmetric stretching mode による吸収帯であり，CO_2 の 15 μm 帯は bending mode，4.3 μm 帯は antisymmetric stretching mode による吸収帯である.

振動遷移は $\nu_n = 10^3 - 10^4$ cm^{-1} のオーダーの遷移であり，回転遷移は $\nu_J \approx$ 10 cm^{-1} のオーダーの遷移であるから，ボルン-オッペンハイマー (Born-Oppenheimer) 近似によりこれらの準位は couple していないと見なすことができ，

$$\nu_{n,J} = \nu_n + \nu_J \tag{5.65}$$

となる．これから分子の吸収線は，可視・赤外域（振動遷移の波数）に多数の線（回転遷移による分岐）が存在することがわかる.

吸収断面積

分子・原子は，状態間の遷移に対応するエネルギー $E = hc\hat{\nu}$ の光を吸収する．吸収する光は $\nu = \hat{\nu}$（遷移波数）にデルタ関数として吸収線が出るわけではなく，さまざまな過程によりラインが広がる (line broadening)．まず量子力学の不確定性による広がり (natural broadening) がある．また熱運動による広がり (Doppler broadening)，さらに圧力による広がり (pressure broadening) がある，これらのラインの広がり方を表現する関数をラインプロファイル (line profile) $g(\nu; \hat{\nu})$ とよぶ．$g(\nu; \hat{\nu})$ は

$$\int d\nu \, g(\nu; \hat{\nu}) = 1 \tag{5.66}$$

となるように規格化されている．ある分子の i 番目と j 番目の準位間遷移 l の吸収

断面積 $\sigma_l(\nu)$ は，$g(\nu;\hat{\nu})$ とライン強度 $S_{i,j}$ を用いて

$$\sigma_l(\nu) = S_{i,j}\, g(\nu;\hat{\nu}) \tag{5.67}$$

に分離できる．

ライン強度は，量子力学計算から求まり，遷移確率，分配関数，遷移波数，統計荷重 (statistical weight) に依存する．$S_{i,j}$ は

$$S_{i,j} = g_i f_{ij} \frac{\pi e^2}{m_e c^2} e^{-hc\nu_i/k_\mathrm{B}T} Q^{-1}(T)\left(1 - e^{-hc\hat{\nu}/k_\mathrm{B}T}\right) \tag{5.68}$$

と表される．単位は $\mathrm{cm}^2/\mathrm{s}/\mathrm{species}$ である*7．f_{ij} は振動子強度 (oscillator strength)，g_i は i 番目準位の統計荷重，ν_i は低エネルギー側の i 番目準位の波数，$\hat{\nu} = \nu_j - \nu_i$ は遷移波数であり，それぞれ $E_i = hc\nu_i$, $E_j = hc\nu_j$（i 番目と j 番目の準位の励起エネルギー）と結びつけられる．$Q(T)$ は分配関数である．遷移確率は振動子強度 f_{ij} と関係づけられる．f_{ij} や $Q(T)$ の具体的表記はここでは省くが，実際の惑星大気の計算では，分子データベースを利用してライン強度を計算する*8．

ラインプロファイル

次に吸収線の形状 (line profile) を考えよう．まず，熱運動による broadening は，原子が熱運動により視線方向に速度 v_x を持つことでおこるドップラーシフト $\nu = \hat{\nu}(1 + v_x/c)$ に起因する．v_x の分布関数はマクスウェル速度分布

$$P(v_x) = \sqrt{\frac{m}{2\pi k_\mathrm{B}T}}\, e^{-\frac{mv_x^2}{2k_\mathrm{B}T}} = \sqrt{\frac{m}{2\pi k_\mathrm{B}T}}\, e^{-\frac{mc^2(\nu-\hat{\nu})^2}{2k_\mathrm{B}T\hat{\nu}^2}} \tag{5.69}$$

に比例して，ラインが広がることになる．HWHM (Half Width at Half Maximum),

$$\gamma_\mathrm{D} = \hat{\nu}\sqrt{\frac{2(\log 2)k_\mathrm{B}T}{mc^2}} \tag{5.70}$$

---

*7 データベース HITRAN では，温度 $T_0 = 296\,\mathrm{K}$ で規格化されたライン強度 $S^h_{i,j}(T_0)$ が直接与えられている．また HITRAN のライン強度の定義は少し単位が異なり，cm/species であり，$S^h_{i,j}(T_0) = S_{i,j}(T_0)/c$ の関係がある．

*8 いくつか実用上の注意をしておきたい．まず，g_i と f_{ij} は，$gf = g_i f_{ij}$ とひとまとまりにして gf-value としてデータが提供されることがよくある．分配関数は，電子遷移，振動遷移，回転遷移のそれぞれの分配関数の積として書かれ，原理的には計算できるが，通常はこれも予め計算されたものから求めたフィッティング関数を用いることが多い．たとえば，2 原子分子では，[6] や [92]，原子では [38]，また地球大気で有用な [75] などがある．

を用いて，Doppler broadening のラインプロファイルは

$$g_{\mathrm{D}}(\nu; \hat{\nu}; \gamma_{\mathrm{D}}) = \sqrt{\frac{\log 2}{\pi}} \frac{1}{\gamma_{\mathrm{D}}} \exp\left[-\log 2 \left(\frac{\nu - \hat{\nu}}{\gamma_{\mathrm{D}}}\right)^2\right] \tag{5.71}$$

となり，Doppler broadening はガウス分布に従う．

一方，pressure broadening と natural broadening はともに Lorentz profile,

$$g_{\mathrm{L}}(\nu; \hat{\nu}; \gamma_{\mathrm{L}}) = \frac{\gamma_{\mathrm{L}}/\pi}{(\nu - \hat{\nu})^2 + \gamma_{\mathrm{L}}^2} \tag{5.72}$$

で表される．ここに HWHM を γ_{L} としている．

惑星大気ではとくに pressure broadening (van der Waals broadening) が重要である．$p_0 = 1$ 気圧，$T_0 = 296$ K での $\gamma_{\mathrm{L,W}}$ を，air-broadening coefficient $\gamma_{\mathrm{L,W}}^{\mathrm{air}}$ といい，これを用いて，

$$\gamma_{\mathrm{L,W}}(p, T) = \gamma_{\mathrm{L,W}}^{\mathrm{air}} \frac{p}{p_0} \left(\frac{T_0}{T}\right)^{\alpha} \tag{5.73}$$

のように pressure broadening を計算することが多い．ここに α は温度依存項のべき (temperature exponent) で 0.5 程度である．HITRAN データはこの α も与えている．

natural broadening は，不確定性原理からくるラインの広がりで，

$$\gamma_{\mathrm{L,n}} = \frac{0.222}{4\pi c} \left(\frac{\nu}{\mathrm{cm}^{-1}}\right)^2 \mathrm{cm}^{-1} \tag{5.74}$$

が便利な式である [105]．pressure broadening に対し，natural broadening は低圧下で寄与が大きくなる．

上記の Doppler broading によるラインプロファイルと Lorentz profile の両方が効く場合，両者を畳み込んだものがラインプロファイルとなる．これを Voigt profile とよぶ．

$$g_{\mathrm{V}}(\nu; \hat{\nu}) = (g_{\mathrm{L}} * g_{\mathrm{D}})(\nu; \hat{\nu}) = \int_{-\infty}^{\infty} d\nu' g_{\mathrm{L}}(\nu - \nu'; \hat{\nu}; \gamma_{\mathrm{L}}) g_{\mathrm{D}}(\nu' - \hat{\nu}; \hat{\nu}; \gamma_{\mathrm{D}}) \tag{5.75}$$

となる．

pressure broadening と natural broadening の両方が寄与する場合は，γ_{L} として

$$\gamma_{\mathrm{L}} = \gamma_{\mathrm{L,W}} + \gamma_{\mathrm{L,n}} \tag{5.76}$$

を用いればよい．これは Lorentz profile 同士の畳み込みが

$$g_{\mathrm{L}}(\nu;\hat{\nu},\gamma_{\mathrm{L,W}}) * g_{\mathrm{L}}(\nu;\hat{\nu},\gamma_{\mathrm{L,n}}) = \int_{\infty}^{\infty} d\nu' g_{\mathrm{L}}(\nu-\nu';\hat{\nu};\gamma_{\mathrm{L,W}}) g_{\mathrm{L}}(\nu'-\hat{\nu};\hat{\nu};\gamma_{\mathrm{L,n}}) \tag{5.77}$$

$$= \frac{(\gamma_{\mathrm{L,W}}+\gamma_{\mathrm{L,n}})/\pi}{(\nu-\hat{\nu})^2+(\gamma_{\mathrm{L,W}}+\gamma_{\mathrm{L,n}})^2} \tag{5.78}$$

$$= g_{\mathrm{L}}(\nu;\hat{\nu},\gamma_{\mathrm{L,W}}+\gamma_{\mathrm{L,n}}) \tag{5.79}$$

となるからである．Voigt profile は計算上の負荷が大きいので，さまざまな近似法や計算法が開発されている*9.

衝突誘起吸収

衝突誘起吸収 (Collision-Induced Absorption; CIA) は分子同士が衝突する際に，双極子モーメントを瞬間的に持つことにより生じる吸収である．H_2，O_2，N_2 といった対称分子で，電気双極子モーメントを持たない分子であっても，衝突の際に瞬間的に生じる電気双極子モーメントにより遷移がおこる．衝突により生じるために，遷移確率は衝突する分子 A と分子 B の密度の積に比例する．

衝突誘起吸収は水素分子でもおこる吸収であるので，巨大ガス惑星の大気で重要である．そして生命探査的観点からは，1 次大気由来の H_2 大気を大量にまとう地球型惑星のハビタビリティの観点からも重要である．水素分子主体で数気圧から数十気圧の大気を持てば，1 au から 10 au 以遠でも表面温度を室温に保つことができることが知られている [80].

5.2.4 惑星大気の輻射光フラックス

惑星大気からの輻射光スペクトルを計算するには，Schwarzschild equation の積分形 (5.57) の放射源関数をプランク関数にして求めればよい．すなわち

$$-I_\nu(0) = -I_\nu(\tau_s)e^{-\tau_s} + \int_0^{\tau_s} d\tau\, B_\nu(T) e^{-\tau} \tag{5.81}$$

である．右辺第 1 項は地表面からの輻射を表し，右辺第 2 項は地表より上の大気部分からの熱輻射を表している．ただし，この式は，散乱を無視し，局所熱力学平衡を仮定していることに注意が必要である．分子の吸収断面積 $\sigma_m(\nu)$ と分子数密度 n_m を用いて，

---

*9 Voigt profile の HWHM の近似としては以下のものが有用である (c_1 = 1.0692, c_2 = 0.86639)[94].

$$\gamma_{\mathrm{V}} = \frac{1}{2}\left(c_1\gamma_{\mathrm{L}} + \sqrt{4\gamma_{\mathrm{D}}^2 + c_2\gamma_{\mathrm{L}}^2}\right). \tag{5.80}$$

$$\tau_\nu(z) = \sum_m \int_0^z dz \sigma_m(\nu, T(z), P(z)) n_m(z) \tag{5.82}$$

となる．さて，大気の温度-圧力プロファイルと分子の体積質量比がわかっている場合は，各高さ z での n_m が決まり，また式 (5.81) 内の $B_\nu(T) = B_\nu(T(z))$ も求まるので，分子断面積 $\sigma_m(\nu, T(z), P(z))$ が求まれば，輻射光スペクトルが求まることとなる．

さて，式 (5.81) の右辺第 1 項を無視できる状況，すなわち大気からの熱輻射が卓越している場合を考えよう．この場合，惑星からの熱輻射は，ある地表面を $z = 0$ として

$$F_\nu \propto \int_0^{\tau_s} d\tau\, B_\nu(T) e^{-\tau} = \int_0^\infty dz\, B_\nu(T(z)) W_\nu(z), \tag{5.83}$$

$$W_\nu(z) = e^{-\tau_\nu(z)} \left| \frac{\partial \tau_\nu(z)}{\partial z} \right| \tag{5.84}$$

と書ける．この式の形式からわかるように，$W_\nu(z)$ は F_ν のプランク関数の重みを決めている関数，すなわち重み関数 (weight function) となっている．つまり，輻射スペクトルは，だいたい $W_\nu(z)$ が最大付近 ($\tau_\nu \sim 1$) の温度のプランク関数で決まることになる．この仕組みを，具体的な例で説明しよう．図 5.6 左上は，HD 209458 b のパラメタで計算した K バンド CO ライン帯の重み関数を縦軸 $\log_{10} P$ で示したものである．温度-圧力構造は右上を仮定している．線状に見えているのは CO のラインプロファイルであり，$P = 10^{-1} - 10^0$ bar 付近の直線部分は水素の衝突誘起吸収による連続吸収によっている．CO の吸収のある波数では感度のある高度が高く，対応する温度が低くなる．逆に CO 線の周辺もしくは線の影響のない箇所では大気下部の高温部に感度がある．そのため，左下に示す輻射スペクトルでは，CO の吸収のある場所のフラックスが相対的に低くなっている．

逆に大気上部で温度が上昇している場合を温度逆転 (thermal inversion) といい，大気中になんらかの吸収体があることを意味している．このような状況では，ラインのある部分ではフラックスが高くなる．つまり，吸収線位置でスペクトルが上に凸になっている場合，温度逆転が存在することを示している．地球大気の成層圏は，オゾンが吸収体としておこった温度逆転であり，輻射スペクトルの二酸化炭素やオゾンラインの最も opacity の高い部分はたしかに凸になっている．このようなラインプロファイルの形状から，逆に大気温度構造を推定する手法をサウンダ (sounder) とよび，リモートセンシングの重要な方法の 1 つとなっている．

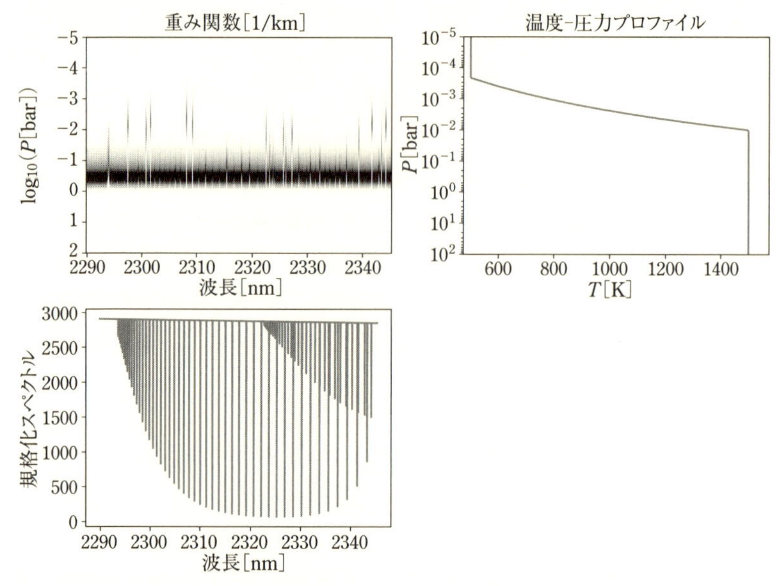

図 **5.6** 左上：HD 209458 b のパラメタで計算した K バンド CO ライン帯の重み関数，右上：温度-圧力プロファイル，左下：スペクトル．ただし，opacity は CO と H_2 衝突誘起吸収のみを考えている．

本章の最後で見たように，大気を持つ惑星からの輻射スペクトルを計算するためには，分子・原子の opacity と温度-圧力構造が必要であることがわかる．では惑星大気の温度-圧力構造はどのように決まるのだろうか？　次章では，惑星大気構造がどのように物理的に決定するかを見ていくことにする．

第6章

惑星大気構造の物理

図 6.1　本章のイメージ図．動物に頼って親しみやすく見せる作戦だ．

前章では，大気を持つ惑星からの輻射スペクトルを計算するためには惑星の大気構造の仮定が必要であることがわかった．本章では惑星の大気構造がどのように決まるのかを考える．大気構造は，輻射スペクトルのみならず，惑星表面に海洋が存在できるかどうかという生命探査における重要な条件を知るためにも必要だ．基礎となる物理は大気中のエネルギー輸送を担う放射過程や対流と熱力学などである．熱力学部分の導出は，目的を見失いそうになるかもしれないが，本文中や付録Cなどに省略しないで記述した．

まず最初に等温仮定をおいた場合を考える．平行平板で大気の流出がなく，重力と圧力が釣り合っている平行平板近似では，大気構造の基本的なスケールであるスケールハイトが導入される．次に等温仮定をやめて，大気中のエネルギー輸送を考え温度-圧力関係を導く．まずエネルギー輸送として放射のみを考える放射平衡大気モデルを導入する．次に，対流による輸送，対流層での乾燥大気や水蒸気大気の構造を考える．そして対流層と放射層を接続した放射対流平衡モデルを扱う．イメージは図6.1を参照のこと．

6.1 等温理想気体モデル

6.1.1 理想気体の状態方程式

単一成分の理想気体の状態方程式は，圧力 P，温度 T，気体数密度 $n\,\mathrm{cm}^{-3}$ を用いて

$$P = nk_{\mathrm{B}}T \tag{6.1}$$

となる．アボガドロ数 $N_{\mathrm{A}} = 6.0221367 \times 10^{23}$ を利用して

$$P = R'n'T \tag{6.2}$$

とも書ける．ここに $R' = N_{\mathrm{A}}k_{\mathrm{B}} = 8.3144598 \times 10^{7}\,\mathrm{erg/K/mol}$ は universal gas constant，n' はモル数密度 $\mathrm{mol\,cm}^{-3}$ である．式 (6.1) を気体密度 $\rho\,[\mathrm{g\,cm}^{-3}]$ で表すと，

$$P = \frac{k_{\mathrm{B}}}{\mu m_{\mathrm{H}}}\rho T \tag{6.3}$$

$$\rho = \mu m_{\mathrm{H}} n \tag{6.4}$$

となる（μ は分子量，m_{H} は陽子質量）．specific gas constant R [erg/g/K] を用いて

書くと

$$P = R\rho T, \tag{6.5}$$

$$R \equiv \frac{k_B}{\mu m_H} \tag{6.6}$$

となる．以上のように R' を用いてモル数密度で考えているのか，k_B もしくは R を用いて通常の密度・数密度で考えているのか区別する必要がある．本章では宇宙分野の表記との一貫性を保つため，原則は通常の密度・数密度で考える．しかし，気象学の分野では数密度の mol 表記が一般的であり，比較の際や文献値を使用する際には表記の違いに注意が必要である．

分圧

多成分系の場合はどうだろうか？ 例として 2 成分 (A,B) 系を考える．それぞれの成分の分圧は

$$P_A = k_B n_A T = R_A \rho_A T, \tag{6.7}$$

$$P_B = k_B n_B T = R_B \rho_B T \tag{6.8}$$

である．ここに μ_A, μ_B は A, B の分子量である．

いま，密度と数密度の関係は

$$\rho = \rho_A + \rho_B = m_H(\mu_A n_A + \mu_B n_B) \tag{6.9}$$

$$= m_H \left(\frac{\mu_A n_A + \mu_B n_B}{n_A + n_B} \right) (n_A + n_B) = m_H \bar{\mu} n, \tag{6.10}$$

$$\bar{\mu} \equiv \eta_A \mu_A + \eta_B \mu_B \tag{6.11}$$

と表せる．ここに $\bar{\mu}$ は平均分子量であり，$\eta_A = n_A/n$，$\eta_B = n_B/n$，総数密度 $n = n_A + n_B$ である．密度表記の状態方程式は平均分子量 $\bar{\mu}$ を用いて

$$P = P_A + P_B = k_B n T = R \rho T, \tag{6.12}$$

$$R \equiv \frac{k_B}{\bar{\mu} m_H} \tag{6.13}$$

と 1 成分系のように扱える．今後，平均分子量を $\bar{\mu}$ を単に μ と表記する．

質量数密度

多成分系でエネルギー収支を考えるとき，単位質量当たりの熱量で考えることがある．このときのために単位質量当たりの数密度である質量数密度を定義しておこう．

$$\hat{n} \equiv \frac{n}{\rho} = \frac{1}{\mu m_{\mathrm{H}}}, \tag{6.14}$$

$$\hat{n}_{\mathrm{A}} \equiv \frac{n_{\mathrm{A}}}{\rho} = \frac{n_{\mathrm{A}}/n}{\mu m_{\mathrm{H}}}, \tag{6.15}$$

$$\hat{n}_{\mathrm{B}} \equiv \frac{n_{\mathrm{B}}}{\rho} = \frac{n_{\mathrm{B}}/n}{\mu m_{\mathrm{H}}} \tag{6.16}$$

式 (6.9) の両辺を ρ で割ると，

$$m_{\mathrm{H}}\mu_{\mathrm{A}}\hat{n}_{\mathrm{A}} + m_{\mathrm{H}}\mu_{\mathrm{B}}\hat{n}_{\mathrm{B}} = 1 \tag{6.17}$$

となる．つまり一般の多成分系で

$$\sum_i m_{\mathrm{H}}\mu_i\hat{n}_i = 1 \tag{6.18}$$

である．また，specific gas constant と質量数密度は，

$$R = k_{\mathrm{B}}\hat{n} \tag{6.19}$$

の関係となっていることにも注意．

等温音速

また等温音速 (isothermal speed of sound)

$$a_{\mathrm{s}} \equiv \sqrt{\left(\frac{\partial P}{\partial \rho}\right)_T} = \sqrt{\frac{k_{\mathrm{B}}T}{\mu m_{\mathrm{H}}}} \tag{6.20}$$

を用いると状態方程式は

$$P = a_{\mathrm{s}}^2\rho \tag{6.21}$$

とも書ける．この等温音速は，音の伝搬の際の圧縮膨張の際につねに冷却や加熱で等温が保たれるような極端な条件での音速であり，通常の断熱音速

$$c_\mathrm{s} \equiv \sqrt{\left(\frac{\partial P}{\partial \rho}\right)_S} = \sqrt{\frac{\gamma k_\mathrm{B} T}{\mu m_\mathrm{H}}} \tag{6.22}$$

とは

$$c_\mathrm{s}^2 = \gamma a_\mathrm{s}^2 \tag{6.23}$$

の関係にある（$\gamma = c_p/c_v$（c_p：定圧比熱，c_v：定積比熱）は比熱比）ことに注意.

6.1.2 等温・静水圧平衡モデル

惑星の地表にある薄い大気層においては重力加速度

$$g = -\frac{d\phi}{dr} = \frac{GM_p}{r^2} \tag{6.24}$$

（$\phi = GM_p/r$ は重力ポテンシャル）を惑星中心からの距離 r によらず一定と近似することができる．この条件下で静水圧平衡

$$\frac{dP(r)}{dr} = \rho\frac{d\phi}{dr} = -\rho g \tag{6.25}$$

に，状態方程式 (6.21) を用いると微分方程式

$$\frac{dP}{dr} = -\frac{P}{H} \tag{6.26}$$

の形となり解は

$$P(r) = P_0 \exp\left(-\frac{r - r_0}{H}\right) \equiv P_\mathrm{thin}(r) \tag{6.27}$$

となる．ここで r_0 での圧力を P_0 として境界条件とした．ここに

$$H \equiv \frac{k_\mathrm{B} T}{\mu m_\mathrm{H} g} = \frac{a_\mathrm{s}^2}{g} \approx 8.4\left(\frac{T}{300\,\mathrm{K}}\right)\left(\frac{\mu}{30}\right)^{-1}\left(\frac{g}{980\,\mathrm{cm/s^2}}\right)^{-1}\,\mathrm{km} \tag{6.28}$$

は（圧力）スケールハイトとよばれる．つまり，熱エネルギーと重力エネルギーの比で大気の典型的な高さが決まる単純な描像が得られる．式 (6.28) から，たとえば，温度の高い惑星のほうが大気の高さがあるため観測しやすいことなどがわかる．岩石惑星の場合，3.2.2 項で見たように密度がほとんど半径によらないため，H は半径に反比例する．すなわち半径が 2 倍地球半径のスーパーアースは，半径は 2 倍になるが大気の厚さは半分になるため，透過光分光による大気キャラクタリゼーションの難しさはあまり変わらない．また，式 (6.27) から，ある $r > r_0$ の

r_0 からの高さを圧力から求めるには，

$$\Delta r = (r - r_0) = H \log\left(\frac{P_0}{P(r)}\right) \tag{6.29}$$

となる．

上記では大気が薄いという仮定をおいたが，重力の r^{-2} の効果を考慮し，球対称モデルを考えた場合はどうなるだろうか？　静水圧平衡と状態方程式から

$$\frac{d \log P}{dr} = -\frac{r_0^2}{H_0}\frac{1}{r^2}, \tag{6.30}$$

$$H_0 \equiv \frac{k_B T}{\mu m_H g_0},\ g_0 \equiv \frac{GM_p}{r_0^2} \tag{6.31}$$

が得られる．この微分方程式をまた，$r = r_0$ で $P = P_0$ となるように解くと，

$$P(r) = P_0 \exp\left(-\frac{r - r_0}{H_0}\frac{r_0}{r}\right) \tag{6.32}$$

となる．この式は $r \sim r_0$ の薄い大気領域では，$P_{\rm thin}(r)$ と一致することに注意．

以上では静水圧平衡を仮定したが，静水圧平衡の代わりに定常流を満たす解はあるだろうか？　実際，球対称モデルで静水圧平衡の仮定をはずすと，定常流を満たす解が存在する．これは恒星風の理論から出てきたものでありパーカー (Parker) 解とよばれている．このような定常流は惑星大気でも X 線や UV 光で大気上層が加熱されると発生し，大気の流体力学的散逸を引き起こす．

6.2 放射平衡大気モデル

大気が成層構造をとっていて，大気中の鉛直方向のエネルギー輸送が平衡状態の放射のみによる大気を考える．このような大気を放射平衡大気とよぶ．放射によるエネルギー輸送，すなわち放射伝達を考えよう．まずは放射伝達を解くための近似法の 1 つである二流近似について説明したい．二流近似は太陽系内の地球型惑星の放射を考える際によく用いられている．ところで放射伝達といえば恒星の放射伝達理論が有名だが，恒星では通常，モーメントの微分方程式の形で放射伝達が解かれている．系外惑星の大気モデルの場合，境界領域らしく両者が使われている．モーメント微分方程式の形式，およびこれと二流近似の比較を付録 B に記述したので参照されたし．

6.2.1 二流近似

放射平衡大気では大気中の光の伝達を考えるので，平行平板の放射伝達の式 (5.47)

$$\mu \frac{d\mathcal{I}_\nu}{d\tau} = \mathcal{I}_\nu - \mathcal{J}_\nu \tag{6.33}$$

から始めよう．散乱がなく，局所的に熱力学平衡となっている場合，黒体輻射 B_ν を吸収したぶん，すなわち $\kappa_\nu B_\nu$ が射出放射輝度 η_ν と釣り合っているということだから，放射源関数 $\mathcal{J}_\nu = \eta_\nu/\kappa_\nu$ を黒体輻射 B_ν とすることができる．つまり放射伝達の式は

$$\mu \frac{d\mathcal{I}_\nu(\Omega)}{d\tau} = \mathcal{I}_\nu(\Omega) - B_\nu \tag{6.34}$$

となる．二流近似では，これを上流側のフラックスと下流側のフラックスに分けることを考える（たとえば [69, 102] などを参照）．

両辺に μ をかけ上半球 (US) と下半球 (LS) で積分する．いま，モーメント方程式を意識して，任意の関数 $\mathcal{F}$ に対する積分平均演算子を

$$\langle \mathcal{F} \rangle_{\rm US} \equiv \frac{1}{4\pi} \int_{\rm US} d\Omega \mathcal{F} = \frac{1}{4\pi} \int d\phi \int_0^1 d\mu \mathcal{F}, \tag{6.35}$$

$$\langle \mathcal{F} \rangle_{\rm LS} \equiv -\frac{1}{4\pi} \int_{\rm LS} d\Omega \mathcal{F} = \frac{1}{4\pi} \int d\phi \int_0^{-1} d\mu \mathcal{F} \tag{6.36}$$

と表記する．二流近似では下向きの量も正値になるように，後者には負号をつけて定義してあることに注意．すると放射伝達の式は

$$\frac{d}{d\tau} \langle \mu^2 \mathcal{I}_\nu(\Omega) \rangle_{\rm US} = \langle \mu \mathcal{I}_\nu(\Omega) \rangle_{\rm US} - \langle \mu B_\nu \rangle_{\rm US}, \tag{6.37}$$

$$\frac{d}{d\tau} \langle \mu^2 \mathcal{I}_\nu(\Omega) \rangle_{\rm LS} = \langle \mu \mathcal{I}_\nu(\Omega) \rangle_{\rm LS} - \langle \mu B_\nu \rangle_{\rm LS} \tag{6.38}$$

となる．

放射伝達では，μ の n 乗をかけて立体角積分をした量（モーメント）を用いて，specific intensity の立体角方向の分布を表現する．全球面上での積分平均を定義しておこう：

$$\langle \mathcal{F} \rangle \equiv \frac{1}{4\pi} \int d\Omega \mathcal{F} = \frac{1}{4\pi} \int d\phi \int_{-1}^{1} d\mu \mathcal{F} \tag{6.39}$$

$$= \langle \mathcal{F} \rangle_{\mathrm{US}} - \langle \mathcal{F} \rangle_{\mathrm{LS}} \tag{6.40}$$

とする．

0次のモーメントは平均強度

$$J_\nu \equiv \langle \mathcal{I}_\nu \rangle, \tag{6.41}$$

$$J_{\nu+} \equiv \langle \mathcal{I}_\nu \rangle_{\mathrm{US}}, \tag{6.42}$$

$$J_{\nu-} \equiv \langle \mathcal{I}_\nu \rangle_{\mathrm{LS}} \tag{6.43}$$

である．1次のモーメント，

$$H_\nu \equiv \langle \mu \mathcal{I}_\nu \rangle, \tag{6.44}$$

$$H_{\nu+} \equiv \langle \mu \mathcal{I}_\nu \rangle_{\mathrm{US}}, \tag{6.45}$$

$$H_{\nu-} \equiv \langle \mu \mathcal{I}_\nu \rangle_{\mathrm{LS}} \tag{6.46}$$

は $\mu = \cos\theta$ がかかっているので，上下方向のフラックスに対応している．ここに $F_{\mathrm{net}}(\tau)$ は上向きに伝達するネットフラックスを

$$F_{\mathrm{net}} \equiv 4\pi H_\nu = F_+ - F_- \tag{6.47}$$

で定義できる．ここに上向きフラックス F_+，下向きフラックス F_- と

$$F_+ = 4\pi H_{\nu+}, \tag{6.48}$$

$$F_- = 4\pi H_{\nu-} \tag{6.49}$$

で定義した．2次のモーメントは

$$K_\nu \equiv \langle \mu^2 \mathcal{I}_\nu \rangle, \tag{6.50}$$

$$K_{\nu+} \equiv \langle \mu^2 \mathcal{I}_\nu \rangle_{\mathrm{US}}, \tag{6.51}$$

$$K_{\nu-} \equiv \langle \mu^2 \mathcal{I}_\nu \rangle_{\mathrm{LS}} \tag{6.52}$$

のように略記する．

ここで $\mathcal{I}_\nu(\Omega)$ の立体角 Ω 依存性を仮定すると二流近似が得られる．まず $\mathcal{I}_\nu(\Omega)$ が上半球，下半球のなかではそれぞれ Ω によらないと仮定した場合を調べてみよう．式 (6.35), (6.36) の定義から

$$\langle \mathcal{I}_\nu \rangle_{\mathrm{US}} = 2\langle \mu \mathcal{I}_\nu \rangle_{\mathrm{US}} = 3\langle \mu^2 \mathcal{I}_\nu \rangle_{\mathrm{US}},$$
$$\langle \mathcal{I}_\nu \rangle_{\mathrm{LS}} = -2\langle \mu \mathcal{I}_\nu \rangle_{\mathrm{LS}} = 3\langle \mu^2 \mathcal{I}_\nu \rangle_{\mathrm{LS}} \tag{6.53}$$

が導かれる．これはモーメント間の関係 (closure relation)

$$J_{\nu+} = 2H_{\nu+} = 3K_{\nu+},$$
$$J_{\nu-} = -2H_{\nu-} = 3K_{\nu-} \tag{6.54}$$

を指定することと同義である．放射伝達の式 (6.37) は，B_ν は Ω によらないと考えると

$$\frac{2}{3}\frac{dF_+}{d\tau} = F_+ - \pi B_\nu, \tag{6.55}$$
$$\frac{2}{3}\frac{dF_-}{d\tau} = -F_- + \pi B_\nu \tag{6.56}$$

が得られる．

ところで以上の導出から式 (6.55), (6.56) の 2/3 の係数は，$\mathcal{I}_\nu$ の拡散の仕方の仮定に関係する係数，すなわち式 (6.53) のように closure relation によることがわかる．一応，放射伝達式 (6.37), (6.38) をモーメントで書いておくと

$$\dot{K}_{\nu+} = H_{\nu+} - \pi B_\nu, \tag{6.57}$$
$$\dot{K}_{\nu-} = H_{\nu-} - \pi B_\nu \tag{6.58}$$

となる．

そこで

（仮定 A）式 (6.54) のように $H_{\nu+}/K_{\nu+} = -H_{\nu-}/K_{\nu-} \equiv D$ で一定だと仮定

する．このような diffusive factor D をおくと，

$$\dot{F}_+(\tau) = D[F_+(\tau) - \pi B_\nu(\tau)], \tag{6.59}$$
$$\dot{F}_-(\tau) = D[-F_-(\tau) + \pi B_\nu(\tau)] \tag{6.60}$$

のように，二流近似を一般的に表記することができる．$D = 3/2$ の他に，$D = 1.66$ や $D = 2$ などが近似の違いにより用いられる．今後，$\dot{f} \equiv df/d\tau, \ddot{f} \equiv d^2 f/d\tau^2$ のような微分表記を併用する．

式 (6.59), (6.60) は 1 階微分方程式なので，それぞれ一般解が求まるが，ここではこの 2 つの式の差と和をとって方程式を解く．まず (6.59), (6.60) より

$$\frac{d}{d\tau}[F_+(\tau) - F_-(\tau)] = D[F_+(\tau) + F_-(\tau)] - 2\pi D B_\nu(\tau) \tag{6.61}$$

$$\frac{d}{d\tau}[F_+(\tau) + F_-(\tau)] = D[F_+(\tau) - F_-(\tau)] \tag{6.62}$$

となる．$F_{\rm net}(\tau) = F_+(\tau) - F_-(\tau)$，$F_{\rm sum}(\tau) = F_+(\tau) + F_-(\tau)$ を用いると，

$$\dot{F}_{\rm net}(\tau) = D[F_{\rm sum}(\tau) - 2\pi B_\nu(\tau)], \tag{6.63}$$

$$\dot{F}_{\rm sum}(\tau) = D F_{\rm net}(\tau) \tag{6.64}$$

より，2 階の微分方程式

$$\ddot{F}_{\rm net}(\tau) - D^2 F_{\rm net}(\tau) + 2\pi D \dot{B}_\nu(\tau) = 0 \tag{6.65}$$

が得られる．

いま考えている波長の光が大気上端から入ってこない場合，

（仮定 B）$\tau = 0$ にて下向きの放射は 0 になる ($F_-(0) = 0$)

となる境界条件が導入できる．この場合

$$F_{\rm net}(0) = F_{\rm sum}(0) \tag{6.66}$$

となることから，式 (6.63) より，微分方程式 (6.65) の境界条件は

$$\pi B_\nu(0) = \frac{F_{\rm net}(0)}{2} - \frac{\dot{F}_{\rm net}(0)}{2D} \tag{6.67}$$

となることがわかる．ところで，ここまでは各振動数 ν に対してフラックスや τ が定義されていることに注意しよう．

6.2.2 灰色近似・波長チャンネル

放射伝達から大気構造を計算するには，まず放射フラックスと温度が対応づかないとならない．そこで，大気とフラックスが

（仮定 C）光学的特性が考えている波長領域内で波長によらない

という近似を行う．考えている波長領域のことをチャンネルとよぶことにしよう．たとえば，地球のような状況では，地球大気・表面由来の赤外光を 1 つのチャンネルとして考えることに対応している．ところで地球のように恒星の温度と惑星の温度が大きく異なり，恒星光と惑星の輻射光が波長で明確にわけられる場合，前者

を短波，後者を長波とよんだりする．この後，適宜この表現を用いる．放射によるエネルギーバランスを考えるので，鉛直方向の変数としては，長波チャンネルの代表的な光学的深さ τ を使用するのが自然である．τ を長波の代表値を用いることで解析的な取扱いが可能になる．長波のみのチャンネルを用いるとき，灰色近似という．

灰色近似のとき，仮定 B は単に

（仮定 B′）大気上端（上側境界）から長波フラックスはやってこない

という意味になる．

灰色近似のものとでは，たとえば温度構造は τ の関数として $T(\tau)$ のように計算される．しかし，大気構造といった場合，温度-圧力関係に直したい．$d\tau = -\kappa\rho dr = -\sigma_l n dr$（$\sigma_l$ は断面積）と静水圧平衡 $dP = -\rho g dr$ から

$$\frac{d\tau}{dP} \propto \sigma_l(P) \tag{6.68}$$

となる．$\sigma_l(P)$ は支配的な line broadening の種類によって変わってくる．圧力が低く Doppler broadening が支配的な場合，σ_l は P によらないので

$$\tau \propto P \tag{6.69}$$

一般に

$$\tau \propto P^N \tag{6.70}$$

としておくと都合がよい．巨大ガス惑星の水素ガスのように衝突誘起吸収（5.2.3 項参照）が効く領域では，衝突誘起吸収が分子同士の衝突によっているため $N = 2$ となる．地球大気のように水蒸気存在下では，もっと大きい N となる．以下では，灰色近似を仮定して恒星光が大気で吸収されない場合の放射平衡大気と，長波・短波の 2 チャンネル近似を仮定して恒星光の大気吸収がある場合の放射平衡大気を考えていく．以降，散乱を無視した場合についてのみ考える．

恒星光が大気中で吸収されない場合

恒星光が大気中で吸収されない場合，主星由来の光成分（短波）は考えている大気には影響を与えず惑星表層まで届き，大気下端からのフラックス源としてのみ考慮される．つまり，本当は大気上端からフラックスはやってくるのだが，大気中を素通りして，結局，地表面で吸収され上向きの長波のフラックスとしてのみ寄与す

る，という意味である．また違う例では，恒星からの光が無視できるほど，惑星内部からのエネルギー供給が大きい場合が考えられる．

このモデルでは，下方からやってくる光が大気を伝達していく際に波長に寄らない吸収を受け（灰色近似；すなわち τ が波長によらない），かつその位置における温度の熱放射を射出する．最終的に大気上端から宇宙空間へと散逸する．エネルギー保存則から，伝達するネットフラックスは高度によらず一定であるので，

$$F_{\rm net}(\tau) = F_{+}(\tau) - F_{-}(\tau) = \text{定数} \equiv F_s \tag{6.71}$$

となる（放射平衡）．ここで F_s は地表面からの全フラックスで，恒星の入射フラックス $F_\star$（式 (2.11)）と惑星内部からのフラックス F_i の和

$$F_s = F_\star + F_i \tag{6.72}$$

となる．ここで $F_\star$ としては，たとえば，反射光を除いた惑星表面全体への実効的な平均入射フラックスの式 (2.11) を用いる．F_s は全フラックスであるので，灰色大気を二流近似で考える場合は，6.2.1 項で考えたフラックスを振動数方向に積分すればよい．式 (3.7) より，$\pi B_\nu(\tau)$ は $\sigma T^4(\tau)$ に置き換えられる．さて，$\dot{F}_{\rm net} = \dot{F}_s = 0$ に注意すると，式 (6.65) より，

$$\frac{d}{d\tau}\sigma T^4(\tau) = \frac{D}{2\pi}F_s \tag{6.73}$$

なので

$$\sigma T^4(\tau) = \frac{D}{2}F_s\tau + \sigma T^4(0) \tag{6.74}$$

となる．境界条件として，式 (6.67) を灰色近似により $\pi B_\nu(0)$ を $\sigma T^4(0)$ に置き換えたものを用いると，

$$\sigma T^4(\tau) = \frac{1}{2}F_s(D\tau + 1) \tag{6.75}$$

となる．このように二流近似・灰色近似に放射平衡仮定と仮定 (A)，境界条件 (B) をおくことで温度の鉛直分布が求まった．

式 (6.75) を二流近似の表式にもどそう．式 (6.64) を式 (6.66) の条件下で解くと，

$$F_{+} + F_{-} = F_{\rm sum} = F_s(D\tau + 1) \tag{6.76}$$

である．これと式 (6.71) より

$$F_+(\tau) = \frac{F_s}{2}(D\tau + 2), \tag{6.77}$$

$$F_-(\tau) = \frac{F_s}{2}D\tau \tag{6.78}$$

となる．

ここまでの導出では，大気の下端についての情報は何も仮定しなかった．単にある一定のネットフラックス F_s が大気中を通り $\tau = 0$ で上向きのみに射出されるという条件から，式 (6.75)，もしくは式 (6.77), (6.78) が導かれている．

いま，大気下端 ($\tau = \tau_s$) のすぐ下に，恒星光と惑星内部からのエネルギーで暖められた表面温度 $T = T_s$ で黒体輻射する面があるとしてみよう．式 (5.38) より

$$\sigma T_s^4 = F_+(\tau_s) = \frac{F_s}{2}(D\tau_s + 2) \tag{6.79}$$

となる．しかし，大気下端では式 (6.75) より

$$\sigma T^4(\tau_s) = \frac{F_s}{2}(D\tau_s + 1) \tag{6.80}$$

であるから，温度不連続面が生じ，大気下端より黒体輻射面（地表面）のほうが高温となることがわかる．この結果は地表面と放射平衡大気の間に対流が形成されることを示唆する（6.3 節）．

大気中で恒星光の吸収加熱がある場合

次に大気中で恒星光の吸収がある場合を考えよう．この場合，ある位置まで入り込んだ短波のフラックスを $F_{\mathrm{net},\star}(\tau')$ とすると，$\tau = \tau'$ より下方の大気，つまり $\tau \geq \tau'$ の部分でいずれ吸収され，これが上向きの輻射（長波）として戻ってくることを意味している．惑星内部由来，もしくは短波のうち吸収されない成分があるとして，それが表面で熱に変換された長波のフラックス F_i も考え合わせると，放射平衡は

$$F_{\mathrm{net}}(\tau) = F_{\mathrm{net},\star}(\tau) + F_i \tag{6.81}$$

となるだろう．この表記における τ とは長波の光学的深さなので，これをそのまま恒星光の吸収に用いることはできず，恒星光の吸収される波長チャンネルと長波チャンネルの間の何らかの関係を仮定しないとならない．

たとえば，[68] や [84] では大気による恒星光の減衰を

$$F_{\mathrm{net},\star}(\tau) = F_\star e^{-\tau_{\mathrm{VIS}}} = F_\star e^{-k\tau} \tag{6.82}$$

の形において放射平衡モデルを解いている（添字VISはvisible light，すなわち短波を意味する）．ここでkは恒星光の吸収波長チャンネルと長波チャンネルの光学的深さの比である．これは（平均）opacityの比とみてもよい．すなわち

$$k \equiv \frac{\tau_{\mathrm{VIS}}}{\tau} = \frac{\kappa_\star}{\kappa} \tag{6.83}$$

のように，kを一定とみなすことで解析的取扱が容易になる．ここに$\kappa_\star,\kappa$は短波と長波の（平均）opacityである．

微分方程式(6.65)の$\pi\dot{B}_\nu(\tau)$を例によって$\sigma T^4(\tau)$に書き換えて移項し，$\tau=0$から$\tau=\tau$まで積分することで

$$\sigma T^4(\tau) - \sigma T^4(0) = \int_0^\tau d\tau' \left(\frac{D}{2}F_{\mathrm{net}}(\tau') - \frac{1}{2D}\ddot{F}_{\mathrm{net}}(\tau')\right) \tag{6.84}$$

$$= \frac{F_\star}{2}\left(\frac{D}{k} - \frac{k}{D}\right)(1 - e^{-k\tau}) + \frac{D}{2}F_i\tau \tag{6.85}$$

となるが，式(6.67)より

$$\sigma T^4(0) = \frac{F_{\mathrm{net}}(0)}{2} - \frac{\dot{F}_{\mathrm{net}}(0)}{2D} = \frac{1}{2}F_i + \frac{1}{2}\left(1 + \frac{k}{D}\right)F_\star \tag{6.86}$$

であるので，

$$\sigma T^4(\tau) = \frac{F_\star}{2}\left[1 + \frac{D}{k} + \left(\frac{k}{D} - \frac{D}{k}\right)e^{-k\tau}\right] + \frac{1}{2}F_i(1 + D\tau) \tag{6.87}$$

となる．

kが小さい極限では，

$$\sigma T^4(\tau) \approx \frac{F_\star}{2}\left[1 + \frac{k}{D} + \left(1 - \frac{k^2}{D^2}\right)D\tau\right] + \frac{1}{2}F_i(1 + D\tau) \to \frac{1}{2}(F_i + F_\star)(1 + D\tau) \tag{6.88}$$

となり，$k \to 0$で前節と結果は一致する．

図6.2に，kを変えたときの$(F_\star/\sigma)^{0.25}$で規格化した温度とτの構造を示す．ただしここでは$F_i = 0$としている．$\tau_{\mathrm{VIS}} = k\tau = 1$付近で吸収加熱がおき温度構造が変化するが，$k > D$のとき，第5章の最後で説明した，高度が上がると温度が上がる温度逆転という現象がおきているのがわかる．

もう少し実際の大気と比較するために地球大気の場合を考えよう．地球大気で

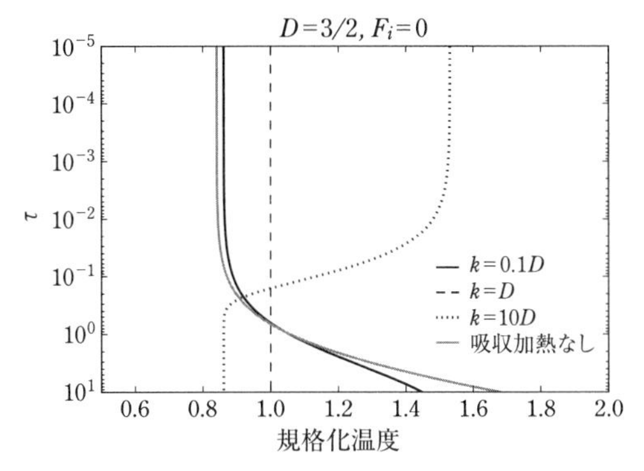

図 **6.2** 吸収加熱がある場合の大気構造（式 (6.87)）．$F_i = 0$ とした．灰色は吸収加熱のない場合（式 (6.75)）．

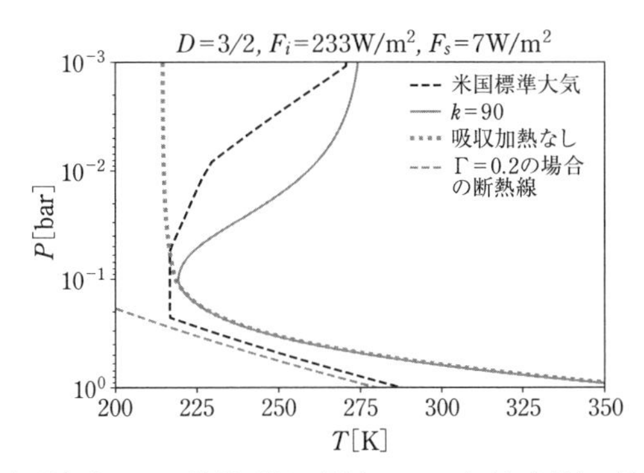

図 **6.3** 大気吸収を入れた放射平衡の解析モデル（灰色実線）．黒色破線は米国標準大気．灰色点線は吸収加熱のない場合（式 (6.75)）．灰色破線は $\Gamma = 0.2$ の場合の断熱線（6.3 節参照）．

はオゾンが短波の一部を吸収する．この効果を式 (6.87) で表現して比較してみたのが図 6.3 である．まずオゾン層で吸収される光は太陽入射の 3% であると仮定し $F_s = 7$ W/m^2 とおいた．残りの 97% は，地表面まで届き長波に変換されると考えると $F_i = 233$ W/m^2 とおける．地球内部からのフラックスは無視できる．オゾン層における k は [84] に従い $k = 90$ とおく．米国標準大気と比較するために τ からの P への変換を行わないとならないが，ここでは理解を重視し，簡単に $P = 0.1$ bar 以上なら $N = 2$，$P = 0.1$ bar 以下なら $N = 1$ とおいて対応をとった．また境界条件として $P = 0.1$ bar で $\tau = 0.05$ とした．結果を見ると，大気吸収の入っていないモデルでは温度は高度に従い下がるままであるが，大気吸収を入れたモデルは成層圏での温度逆転を定性的に説明できている．$P \sim 0.1$ bar より下の部分では，対流が存在するのでをこれを考えたほうがよい．放射対流平衡では，熱力学的関係から温度-圧力関係が導出される．対流層については 6.3 節で扱う．

6.3 節で対流層との接続の際に必要となるので，吸収のある場合も二流近似の表式にもどそう．吸収のある $F_{\rm net}$ の式は式 (6.81) と式 (6.82) を再掲すると

$$F_{\rm net}(\tau) = F_\star e^{-k\tau} + F_i \tag{6.89}$$

である．これを用いて，微分方程式 (6.64) を式 (6.66) の境界条件下で解くと，

$$F_+ + F_- = F_{\rm sum} = \left(1 + \frac{D}{k} - \frac{D}{k}e^{-k\tau}\right)F_\star + (D\tau + 1)F_i \tag{6.90}$$

である．これと式 (6.89) より

$$F_+(\tau) = \frac{F_\star}{2}\left[\left(1 - \frac{D}{k}\right)e^{-k\tau} + 1 + \frac{D}{k}\right] + \frac{F_i}{2}(D\tau + 2), \tag{6.91}$$

$$F_-(\tau) = \frac{F_\star}{2}\left[1 + \frac{D}{k} - \left(1 + \frac{D}{k}\right)e^{-k\tau}\right] + \frac{F_i}{2}D\tau \tag{6.92}$$

となる．

6.2.3 放射平衡大気の射出限界

ここで放射平衡モデルの応用例として，海洋を持つ惑星の成層圏における放射を考える [37, 52, 74]．成層圏の下端 = 対流圏の上端を考えよう．この接続部分を対流圏界面という．本書では放射層と対流層の境界という意味で，対流圏界面の量には rc = radiative − convective の添字を用いる．成層圏部分を吸収のない放射平衡大気だとすると，放射平衡大気下端（対流圏界面）での関係式 (6.75) から

$$\sigma T_{\rm rc}^4(\tau_{\rm rc}) = \frac{1}{2}F_s(D\tau_{\rm rc} + 1) \tag{6.93}$$

の式が成り立つ．ここに $\tau_{\rm rc}$，$T_{\rm rc}$ はそれぞれ対流圏界面における光学的深さと温度である．これは対流圏界面の光学的深さ $\tau_{\rm rc}$ と温度 $T_{\rm rc}$ の関係である．これとは別に，海洋を持つということは下端の境界条件として気液平衡を考えることが必要である．気液平衡が成り立つときには海洋直上の大気で水蒸気成分は蒸気圧が成り立つという，言い換えると，圧力が温度の関数として決まるという拘束条件がある．圧力は光学的深さの関数として書けるので，この条件と式 (6.93) を両方満たすには，大気が宇宙空間に捨てる全フラックスがある値以下でないとならないということが導かれる．これを示すために，まずは熱力学を使って蒸気圧曲線を求めることからはじめよう．

蒸気圧（昇華圧）曲線

熱力学第 1 法則

$$dU = \delta Q + \delta W \tag{6.94}$$

から始める．ここに U は内部エネルギー，δQ は周囲との交換された熱，δW は仕事である．可逆過程において，熱の変化はエントロピー S の全微分と温度 T で $dS = \delta Q/T$ と書ける．仕事は体積変化による仕事 $-P\,dV$ と K 種類の粒子数 $\boldsymbol{N} \equiv (N_1, N_2, \ldots, N_K)^T$ の変化による仕事を考えよう．後者は化学ポテンシャル $\tilde{\boldsymbol{\mu}} = (\tilde{\mu}_1, \tilde{\mu}_2, \ldots, \tilde{\mu}_K)^T$ を用いて*1，$\tilde{\boldsymbol{\mu}} \cdot d\boldsymbol{N} = \sum_{i=1}^{K} \tilde{\mu}_i\, dN_i$ と表される．式 (6.94) は，

$$dU = T\,dS - P\,dV + \tilde{\boldsymbol{\mu}} \cdot d\boldsymbol{N} \tag{6.95}$$

となる．さていま考えている系とまったく同じものを持ってきて結合することを考えよう．この場合，示量変数である $U, S, V, d\boldsymbol{N}$ はすべて 2 倍になるだろう．2 倍ではなく $(1+\epsilon)$ 倍した場合も同様に $U, S, V, d\boldsymbol{N}$ はすべて $(1+\epsilon)$ 倍になる．すなわち

$$U(S(1+\epsilon), V(1+\epsilon), \boldsymbol{N}(1+\epsilon)) = (1+\epsilon)U(S, V, \boldsymbol{N}) \tag{6.96}$$

となる．ϵ を微少量だと思うと

$$U(S(1+\epsilon), V(1+\epsilon), \boldsymbol{N}(1+\epsilon)) \approx U + \epsilon\frac{\partial U}{\partial S}S + \epsilon\frac{\partial U}{\partial V}V + \epsilon\frac{\partial U}{\partial \boldsymbol{N}} \cdot \boldsymbol{N} = U + \epsilon U \tag{6.97}$$

つまり，

$$\frac{\partial U}{\partial S}S + \frac{\partial U}{\partial V}V + \frac{\partial U}{\partial \boldsymbol{N}} \cdot \boldsymbol{N} = U \tag{6.98}$$

となる．ところで $U(S, V, \boldsymbol{N})$ のチェーンルール

$$dU(S, V, \boldsymbol{N}) = \left(\frac{\partial U}{\partial S}\right) dS + \left(\frac{\partial U}{\partial V}\right) dV + \left(\frac{\partial U}{\partial \boldsymbol{N}}\right) \cdot d\boldsymbol{N} \tag{6.99}$$

と式 (6.95) を比較すると，

*1　ここで化学ポテンシャルの表記を $\tilde{\mu}$ としているのは，分子量 μ と区別をつけるためである．

$$\left(\frac{\partial U}{\partial S}\right) = T, \tag{6.100}$$

$$\left(\frac{\partial U}{\partial V}\right) = -P, \tag{6.101}$$

$$\left(\frac{\partial U}{\partial \boldsymbol{N}}\right) = \tilde{\boldsymbol{\mu}} \tag{6.102}$$

であるが，これを式 (6.98) に入れると，

$$U = T\,S - P\,V + \tilde{\boldsymbol{\mu}} \cdot \boldsymbol{N} \tag{6.103}$$

となる．これをオイラーの式 (Euler's equation) という．オイラーの式の全微分

$$dU = d(T\,S) - d(P\,V) + d(\tilde{\boldsymbol{\mu}} \cdot \boldsymbol{N}) \tag{6.104}$$

$$= T\,dS - P\,dV + \tilde{\boldsymbol{\mu}} \cdot d\boldsymbol{N} + S\,dT - V\,dP + \boldsymbol{N} \cdot d\tilde{\boldsymbol{\mu}} \tag{6.105}$$

と式 (6.94) から得られる

$$S\,dT - V\,dP + \boldsymbol{N} \cdot d\tilde{\boldsymbol{\mu}} = 0 \tag{6.106}$$

をギブズ-デュエム関係 (Gibbs-Duhem relation) という．

いま1成分系で2つの系（たとえば，気相と液相など）が平衡状態（相平衡）にあるとしよう．この場合

$$T_1 = T_2 \text{（熱平衡）}, \tag{6.107}$$

$$P_1 = P_2 \text{（力学平衡）}, \tag{6.108}$$

$$\tilde{\mu}_1 = \tilde{\mu}_2 \text{（化学平衡）} \tag{6.109}$$

が成り立つ．圧力と温度を変化させることを考えよう．この場合，化学ポテンシャルの変化はギブズ-デュエム関係から

$$d\tilde{\mu}_1 = -\frac{S_1}{N_1}\,dT_1 + \frac{P_1}{N_1}\,dP_1, \tag{6.110}$$

$$d\tilde{\mu}_2 = -\frac{S_2}{N_2}\,dT_2 + \frac{P_2}{N_2}\,dP_2 \tag{6.111}$$

であるが，$\tilde{\mu}_1 = \tilde{\mu}_2$ を保つためには $d\tilde{\mu}_1 = d\tilde{\mu}_2$ とならねばならない．すなわち，

$$\frac{dP}{dT} = \frac{S_2/N_2 - S_1/N_1}{V_2/N_2 - V_1/N_1} \tag{6.112}$$

となる．平衡状態のときの温度-圧力の関係を表すこの微分方程式を Clausius-

Clapeyron equation という．ここで $S_1/N_1 - S_2/N_2 = L/T$ とおくと，L は 1 粒子を状態 2 から状態 1（たとえば液体から気体へ）に変化させるのに必要な熱量に対応する．この L を潜熱 (latent heat) という．また数密度 $n \equiv N/V$ を用いて，式 (6.112) は

$$\frac{dP}{dT} = \frac{L}{T(n_2^{-1} - n_1^{-1})} \tag{6.113}$$

と書き換えられる．ここでは状態間の分子種は同じなので，密度の表式にしておこう．潜熱を質量当たりの量，$l = L/\mu m_{\mathrm{H}}$ とおくと

$$\frac{dP}{dT} = \frac{l}{T(\rho_2^{-1} - \rho_1^{-1})} \tag{6.114}$$

となる．

Clausius-Clapeyron equation に基づいて，蒸気圧（液相と気相）もしくは昇華圧（固相と気相）が共存している状態での圧力と温度の関係を考えよう．1 を液相もしくは固相（c とおく），2 を気相 (v) とおくと，蒸気圧（昇華圧）P_{sat} と温度の関係は

$$\frac{dP_{\mathrm{sat}}}{dT} = \frac{l_{c\to v}}{T(\rho_v^{-1} - \rho_c^{-1})} \tag{6.115}$$

となる．ここに $l_{c\to v}$ は気相への質量当たりの潜熱である．気相は通常，固相もしくは液相に比べ密度がかなり低い．すなわち，$\rho_v^{-1} \gg \rho_c^{-1}$ である．つまり

$$\frac{dP_{\mathrm{sat}}}{dT} = \frac{l_{c\to v}\rho_v}{T} \tag{6.116}$$

となる．ここで理想気体の状態方程式を用いると

$$\frac{dP_{\mathrm{sat}}}{dT} = \frac{l_{c\to v}P_{\mathrm{sat}}}{RT^2} \tag{6.117}$$

となり，微分方程式が解けることになる．解は

$$P_{\mathrm{sat}}(T) = P_{\mathrm{sat,0}} \exp\left(-\frac{l_{c\to v}}{RT}\right) \tag{6.118}$$

となる．

成層圏下端温度

海洋直上の圧力は式 (6.118) の蒸気圧で与えられるとして，これと対流圏界面の圧力 P_{rc} を結びつけたい．ここでは簡単のため大気が水蒸気だけの場合を考える．$d\tau = -\kappa\rho dz$ と静水圧平衡 $dP = -\rho g dz$ より $d\tau = (\kappa/g)dP$ なので

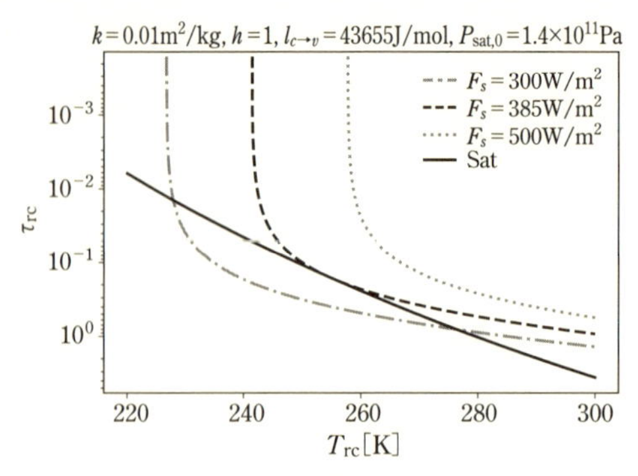

図 **6.4** Komabayashi-Ingersoll 限界の存在．実線は飽和蒸気圧から決まる式 (6.120) である．残り 3 線は，放射平衡モデルから決まる関係式 (6.93) を F_s を変えて表示したもの．$F_s = 385\ \mathrm{W/m^2}$ 以上では，両式を満たす解が存在しないことがわかる．

$$\tau = \frac{\kappa}{g} P \tag{6.119}$$

である．海面から対流圏界面の間が完全に水蒸気飽和しているとすると $P_{\rm rc} = P_{\rm sat}(T_{\rm rc})$ とおけるので

$$\tau_{\rm rc} = \frac{\kappa}{g} P_{\rm sat}(T_{\rm rc}) = \frac{\kappa P_{\rm sat,0}}{g} \exp\left(-\frac{l_{c\to v}}{RT_{\rm rc}}\right) \tag{6.120}$$

となる．6.3.3 項では，放射がコンシステントになるように成層圏と対流圏を接続させるが，式 (6.120) は簡易版の接続であるといえる．式 (6.120) も式 (6.93) と同様 $\tau_{\rm rc}$ と $T_{\rm rc}$ で書かれている．これら両式の F_s を変えてみるとある $F_s = F_{s,\max}$ で交点がなくなることがわかる．図 6.4 は [74] で採用されたパラメタを用い式 (6.120) と，$D = 3/2$ として F_s を変えて計算した式 (6.93) である．この場合，$F_{s,\max} \approx 385\ \mathrm{W/m^2}$ であることがわかる．

この放射の限界値（射出限界）を Komabayashi-Ingersoll 限界とよぶ．Komabayashi-Ingersoll 限界では対流圏界面での射出限界を考えているが，対流圏まで含めて計算した射出限界は Komabayashi-Ingersoll 限界より，さらに若干低い値となる [74]．射出限界は，これ以上の長波を放射できないということなので，$F_{s,\max}$ を超える恒星入射があった場合は，大気が安定できず，海洋がなくなるまで蒸発すると考えられる（暴走温室限界）．言い換えるとハビタブルゾーンの内側限

界を決める指針を与える[*2].

本書では，系外惑星を扱っているので，もう少し各パラメタ依存性を考えてみることにする．解くべき式は

$$\tau_{\rm rc} = \frac{\kappa h P_{\rm sat,0}}{g} \exp\left[-\frac{l_{c\to v}}{R}\left(\frac{2\sigma}{F_s}\right)^{1/4}(1+D\tau_{\rm rc})^{-1/4}\right] \tag{6.121}$$

である．ここでは式 (6.120) に完全飽和でない場合に相対湿度を表す nuisance parameter h も導入した．ここで，対流圏界面の $\tau_{\rm rc} \ll 1$ との近似をおく．前述の条件で射出限界時の $\tau_{\rm rc}$ は 0.1 程度なので，数 % 程度の誤差はでるが，この近似のもとでは，

$$\tau_{\rm rc} \approx A e^{-\alpha(1-D\tau_{\rm rc}/4)} \tag{6.122}$$

となる．ただし $A = \kappa h P_{\rm sat,0}/g, \alpha = l_{c\to v}/R\,(2\sigma/F_s)^{1/4}$ とする．これを以下のように変形する．

$$\frac{D}{4}\alpha A e^{-\alpha} = X e^{-X} \tag{6.123}$$

ここに $X \equiv -D\alpha\tau_{\rm rc}/4$ である．この式は X について解析的には解けないが，この解は $Y = Xe^{-X}$ の逆関数であるランバート W 関数 (Lambert W function)[*3]

$$X = W_i(Y) \tag{6.124}$$

で書き直せる．すなわち

$$\tau_{\rm rc} = -\frac{4}{D\alpha} W_i\left(-\alpha\frac{D}{4}Ae^{-\alpha}\right) \tag{6.125}$$

ここに $i = 0, -1$ の分岐がある．射出限界 $F_{s,\rm max}$ は，$W(Y)$ の解の分岐点でおこるが，これは $Y = -1/e, W(Y) = -1$ の点に対応している．すなわち

$$-\alpha e^{-\alpha} = -\frac{4}{eDA} \tag{6.126}$$

が満たされ

*2　暴走温室限界よりも厳しい条件として，湿潤温室限界とよばれる成層圏の水蒸気が恒星光により散逸してしまう効果もある．

*3　ランバート W 関数は特殊関数であるが，Python/scipy の lambertw や mathematica の ProductLog などさまざまなパッケージで容易に計算可能である．

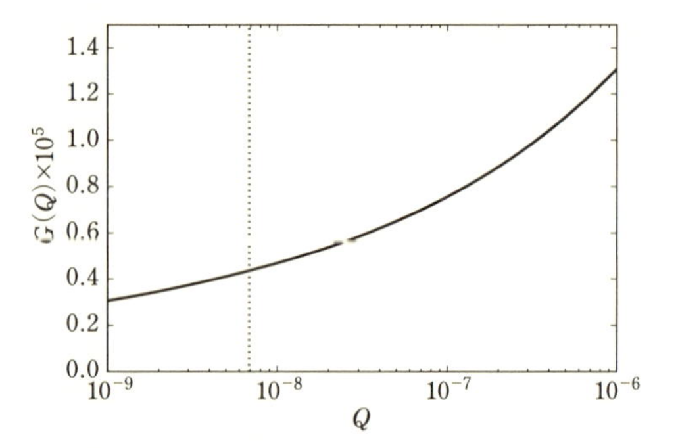

図 6.5 射出限界値に比例するファクター $G(Q)$:式 (6.131) の関数形．ここに $Q = 4g/eDP_{\rm sat,0}\kappa h$ である．式 (6.122) の近似について $0.1 < \tau_{\rm rc} < 0.2$ 程度の領域である．破線は本文中の採用値．

$$\tau_{\rm rc} = \frac{4}{D\alpha} = \frac{4R}{Dl}\left(\frac{F_{s,\max}}{2\sigma}\right)^{1/4} \tag{6.127}$$

のときが，射出限界時の $\tau_{\rm rc}$ である．式 (6.126) は再びランバート W 関数を用いて，

$$\alpha = -W_{-1}\left(-\frac{4}{eDA}\right) \tag{6.128}$$

と書ける．A,α をもとに戻すと

$$F_{s,\max} = 2\sigma\left(\frac{l_{c\to v}}{R}\right)^4 G(Q), \tag{6.129}$$

$$Q \equiv \frac{4}{eDP_{\rm sat,0}}\frac{g}{\kappa h}, \tag{6.130}$$

$$G(Q) \equiv [-W_{-1}(-Q)]^{-4} \approx [-\log Q + \log(-\log Q)]^{-4} \tag{6.131}$$

と求まる．[74] での採用値 ($D = 1.5, \kappa = 0.01\ {\rm m^2/kg}, h = 1, P_{\rm sat,0} = 1.4\times 10^{11}$ Pa, $g = 9.8\ {\rm m/s^2}$) に対しては，$Q \approx 7\times 10^{-9}$ となる．図 6.5 に $G(Q)$ の挙動を示す．この近似式から g，h，κ などの $F_{s,\max}$ に対する依存性が評価できる．

6.3 放射対流平衡大気モデル

6.3.1 対流の発生条件

地球のように固体表面を持つ惑星の大気構造の場合，放射平衡大気では，下端

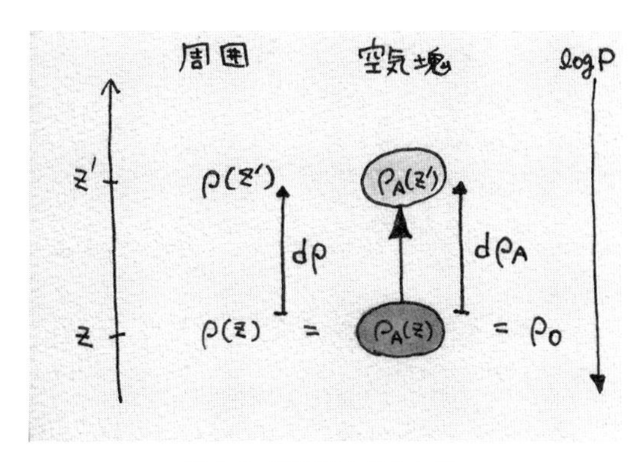

図 **6.6**　空気塊の持ち上げ.

(6.80) より地表面 (6.79) のほうが高温となり不連続となってしまっていた．実際にはこの不連続を埋める形で対流層が存在する．対流層では，対流と放射の 2 つの形態でエネルギーの輸送を担う．対流層は，通常 0.1 bar 付近より圧力が高い下層で発生する．まず対流がおきる状況とはどんな状況か考える．ある空気塊 A の密度 $\rho_A(z')$ が周囲の密度 $\rho(z')$ より小さくなっているとき，すなわち

$$D_\rho = \rho_A(z') - \rho(z') < 0 \tag{6.132}$$

となっているときには，空気塊は上向きの浮力

$$F = -gD_\rho \tag{6.133}$$

を受け，さらに上に押し上げられる．このような不安定性を力学的不安定といい，対流が発生する条件となる．次に層構造での不安定性を考えるために，周囲と同じ圧力・密度（ρ_0 とする）を持つ空気塊を高さ z から $z' = z + dz$ に持ち上げる状況を考える（図 6.6）．空気塊の密度変化を $d\rho_A$ とすると，$\rho_A(z') = \rho_0 + d\rho_A$，$\rho(z') = \rho_0 + d\rho$ であるから，式 (6.132) は

$$d\rho_A - d\rho < 0 \tag{6.134}$$

と同じであることがわかる．$d\rho < 0$，$d\rho_A < 0$ に注意．密度を自然対数で書いても符号は同じなので，不安定条件は

$$d\log\rho_A(z') < d\log\rho(z') \tag{6.135}$$

となる．ここで空気塊が押し上げられるタイムスケールが，熱伝導のタイムスケールより十分短く，音速よりは十分遅いとすると，空気塊はつねに周囲と圧力平衡を

保ちつつ，かつ熱の出入りがない持ち上げを仮定することになる．密度条件は使いにくいので，両辺を対数密度のチェーンルール

$$d\log\rho = \left(\frac{\partial\log\rho}{\partial\log T}\right) d\log T + \left(\frac{\partial\log\rho}{\partial\log P}\right) d\log P, \tag{6.136}$$

$$d\log\rho_A = \left(\frac{\partial\log\rho}{\partial\log T}\right) d\log T_A + \left(\frac{\partial\log\rho}{\partial\log P}\right) d\log P_A \tag{6.137}$$

を用いて温度と圧力に書き換える．準静的過程では持ち上げた空気塊と周囲の圧力は等しくなるから $d\log P_A = d\log P$ とするべきである．不安定条件 (6.135) は，$\left(\frac{\partial\log\rho}{\partial\log T}\right) < 0$ を加味すると

$$d\log T_A > d\log T \tag{6.138}$$

が条件となる．ここまでは正の高さ $dz > 0$ を与えるという状況を考えていた．これを圧力座標で考えなおすと符号が逆になるので，条件は

$$\frac{d\log T_A}{d\log P} < \frac{d\log T}{d\log P} \tag{6.139}$$

となる．左辺は空気塊の温度-圧力関係に相当するので，これが断熱過程であるべきである．空気塊を表す A を断熱過程を表す s で書き換えて

$$\left(\frac{\partial\log T}{\partial\log P}\right)_s < \left(\frac{\partial\log T}{\partial\log P}\right) \tag{6.140}$$

となる．この条件を Schwarzschild criterion とよぶ．右辺は考えている大気の温度-圧力対数勾配を表し，断熱過程のときの温度-圧力関係の対数変化率を表す左辺を adiabat という．固体地表がある場合．6.2.2 項で考えたように放射平衡大気の下端は地表面の温度より低いので，地表面で $\partial\log T/\partial\log P \to \infty$ となることから，少なくとも放射平衡大気下端と地表の間には対流層が生まれることがわかる．

放射平衡大気中に Schwartzschild criterion を適用してみよう．式 (6.75) と式 (6.70) から放射平衡大気の温度勾配は

$$\left(\frac{\partial\log T}{\partial\log P}\right) = \frac{1}{4}\frac{d\log(D\tau+1)}{d\tau}\frac{d\tau}{d\log P} = \frac{ND\tau}{4(D\tau+1)} \tag{6.141}$$

となる．次項に見るように乾燥理想大気の adiabat は定数 $\Gamma = \Gamma_d$ であり，この値は 0.2-0.3 程度である．乾燥大気でなくとも近似的に Γ を定数とみなせる．$N > 4\Gamma$ の条件下の大気では，放射平衡大気は

$$\tau > \frac{4\Gamma}{D(N - 4\Gamma)} \equiv \tau_{\rm rc}^{s} \tag{6.142}$$

を満たす τ の大気下層が対流不安定となる．

いったん対流不安定となり，対流が発生すると，鉛直方向の混合がおき，結局，大気構造は等エントロピーとなる．つまり対流層の大気構造は adiabat に従った温度–圧力関係をとるようになる．近似的には，放射平衡大気に対する Schwarzschild criterion を適用した $\tau_{\rm rc}^{s}$ を対流圏界面とみなすこともできる [89, 106]．たとえば，地球大気の場合，$\Gamma = 0.2$ とし（6.3.2 項参照），また $D = 3/2$，たとえば $N = 2$ から 5 とし，境界条件として地表面の τ と圧力を $\tau_0 = 1.9$，$P_0 = 1$ bar を採用すると対応する対流圏界面の圧力は 0.5–0.6 bar となる．これらの見積もりは実際の対流圏界面 0.1 bar より若干深い．Schwarzschild criterion は，単に対流不安定の発生条件なので，実際，対流が発生したときの対流圏界面の位置には必ずしも一致しないという考えもある．ひとたび対流圏が形成されたとして，対流層と放射層を実際に接続しようと思うと，放射層のほうも変化を受けるはずで，放射エネルギーや温度の接続条件を考えて接続するほうが自然である．その場合，対流圏界面は $\tau_{\rm rc}^{s}$ よりも小さい τ に位置する．この接続の問題は 6.3.3 項でもう少しくわしく考える．

6.3.2 adiabat

対流圏の温度構造を決定する adiabat は，熱力学的議論のみから求まる．以下にいくつかの場合の adiabat を具体的に見てみよう．

理想気体の dry adiabat

一般的な乾燥大気の adiabat，すなわち dry adiabat は，単位質量あたりの熱を q，内部エネルギーを u としたときの熱力学第一法則に断熱条件を課した

$$\delta q = du + Pd\frac{1}{\rho} = 0 \tag{6.143}$$

から

$$\Gamma_d \equiv \left(\frac{\partial \log T}{\partial \log P}\right)_s = \frac{P}{\rho}\frac{\alpha}{c_p} \tag{6.144}$$

が導出される．α は thermal expansion coefficient とよばれる量である．この式の導出は付録 C に詳解したので参照のこと．一般に乾燥大気では Γ_d をほぼ定数とみなすことができ，

$$T = T_0 \left(\frac{P}{P_0} \right)^{\Gamma_d} \tag{6.145}$$

のように基準点 (P_0, T_0) を用いて「べき」で対流圏大気の温度-圧力関係を表せる.

さて式 (6.144) を用いて，理想気体の dry adiabat を具体的に求めよう．理想気体の状態方程式 (6.12) より，理想気体の thermal expansion coefficient は，

$$\alpha \equiv -\left(\frac{\partial \log \rho}{\partial T} \right)_P = \frac{1}{T} \tag{6.146}$$

となることがわかる．理想気体の dry adiabat は

$$\Gamma_d = \left(\frac{\partial \log T}{\partial \log P} \right)_s = \frac{R}{c_p} \tag{6.147}$$

となる．これにマイヤーの関係式（式 (C.37) 参照）

$$c_p = c_v + R \tag{6.148}$$

と比熱比 $\gamma \equiv c_p/c_v$ を用い

$$\Gamma_d = \frac{\gamma - 1}{\gamma} \tag{6.149}$$

とも書ける．分子運動論によると，p 自由度の分子の単位質量あたりの内部エネルギーは

$$u = p \frac{1}{2} \frac{k_{\mathrm{B}} T}{\mu m_{\mathrm{H}}} = \frac{p}{2} RT \tag{6.150}$$

であった．すなわち $c_v = pR/2$，$c_p = R(p/2 + 1)$ であり

$$\gamma = \frac{p + 2}{p} \tag{6.151}$$

である．たとえば，水素大気（巨大ガス惑星・巨大氷惑星），窒素大気や窒素酸素大気（地球）のような2原子分子では自由度は $p = 5$ であるので $\gamma = 7/5 = 1.4$ となり $\Gamma_d = 0.29$ となる．金星や火星のように二酸化炭素が主体であるような大気では自由度が $p \sim 7$ であり $\gamma = 9/7 \sim 1.3$，$\Gamma_d = 0.23$ に対応する．しかし実際の惑星の大気では完全に乾燥しているというわけではなく，凝結成分の潜熱による変更をうけ，一定の Γ で近似する場合は，乾燥理想気体の $\Gamma = \Gamma_d$ よりも 0.6-0.9 倍程度小さい値が妥当な値となる [89]．次に潜熱が adiabat に与える影響を考えよう．

水蒸気を含む大気の adiabat

ハビタブルゾーンの内側限界を考えるときのように，水蒸気が飽和している状況の大気を考える際は，水の潜熱も考慮した adiabat を考えないとならない．いま，乾燥大気 (d)，水蒸気 (v)，水滴成分 (c) の 3 成分系からなる大気の adiabat を考える．ここでは凝結成分として水を想定しているが，他の凝結成分でも同じ議論が成り立つ．まず水蒸気が飽和している大気を考えたい．いま δq は単位質量当たりの熱なので，3 成分の単位質量当たりの数密度（質量数密度）を $\hat{n}_d, \hat{n}_v, \hat{n}_c$ とする．全質量数密度は $\hat{n} = \hat{n}_d + \hat{n}_v + \hat{n}_c$ である．蒸気飽和大気の場合，混合がおこると，水蒸気の一部が凝結し潜熱が開放される．つまり断熱条件は，単位質量当たりの潜熱 $l_{c\to v}$（式 (6.115)）を用いて書くと

$$\delta q = c_p dT - \frac{1}{\rho_g} dP + l_{c\to v} d\hat{n}_v = 0 \tag{6.152}$$

となる．ds の形式に直すと

$$ds = \frac{c_p}{T} dT - \frac{R_g}{P} dP + \frac{l_{c\to v}}{T} d\hat{n}_v = 0 \tag{6.153}$$

である．添字 g は気体成分であることを明示している．つまり ρ_g は気体成分の密度であり，R_g は気体成分全体の気体定数であることを明示している ($P = R_g \rho_g T$)．式 (6.19) より

$$R_g = k_\mathrm{B}(\hat{n}_v + \hat{n}_d) = k_\mathrm{B} \hat{n}_g \tag{6.154}$$

が成り立っている．ここに $\hat{n}_g = \hat{n}_v + \hat{n}_d$ は，気体成分の質量数密度である．

水の液相と気相の化学ポテンシャルの差分を定義する．

$$\Delta g \equiv \tilde{\mu}_c(T, P) - \tilde{\mu}_v(T, P) \tag{6.155}$$

混合気体の一気体成分 v の化学ポテンシャルは，ある圧力下における純粋な状態の化学ポテンシャルを $\tilde{\mu}_v^0(T, P_0)$ として

$$\tilde{\mu}_v(T, P) = \tilde{\mu}_v^0(T, P_0) + R_g T \log \frac{\hat{n}_v P}{\hat{n}_g P_0} \tag{6.156}$$

と表される*4．また気液平衡のときの液相の化学ポテンシャルは

$$\tilde{\mu}_c(T, P) = \tilde{\mu}_v^0(T, P_0) + R_g T \log \frac{P_\mathrm{sat}(T)}{P_0} \tag{6.157}$$

---

*4　このように表されるものを理想混合気体とよぶ．

となる．

さて，液相と気相が相平衡であると仮定すると

$$\Delta g = 0 \tag{6.158}$$

であるが，相平衡のまま混合することを考えると $d\Delta g$ も 0 に保たないとならない．すなわち

$$d\Delta g = \left(\frac{\partial \Delta g}{\partial T}\right) dT + \left(\frac{\partial \Delta g}{\partial P}\right) dP + \left(\frac{\partial \Delta g}{\partial \hat{n}_v}\right) d\hat{n}_v = 0 \tag{6.159}$$

である．

式 (6.156) と式 (6.157) から，$\Delta g = 0$（式 (6.158)）は

$$R_g T \log\left(\frac{\hat{n}_g P_{\mathrm{sat}}(T)}{\hat{n}_v P}\right) = 0 \tag{6.160}$$

となる．これとやはり式 (6.156) と式 (6.157) を用いて，$d\Delta g$ つまり式 (6.159) 右辺の各係数は以下のように計算される．

$$\left(\frac{\partial \Delta g}{\partial T}\right) = \frac{\partial}{\partial T}\left[R_g T \log\left(\frac{\hat{n}_g P_{\mathrm{sat}}(T)}{\hat{n}_v P}\right)\right] \tag{6.161}$$

$$= R_g \log\left(\frac{\hat{n}_g P_{\mathrm{sat}}(T)}{\hat{n}_v P}\right) + \frac{R_g T}{P_{\mathrm{sat}}(T)} \frac{dP_{\mathrm{sat}}(T)}{dT} \tag{6.162}$$

$$= \frac{l_{c\to v}}{T} \tag{6.163}$$

最後に，式 (6.117) を用いた．

$$\left(\frac{\partial \Delta g}{\partial P}\right) = \frac{\partial}{\partial P}\left[R_g T \log\left(\frac{\hat{n}_g P_{\mathrm{sat}}(T)}{\hat{n}_v P}\right)\right] \tag{6.164}$$

$$= -\frac{R_g T}{P} \tag{6.165}$$

そして，

$$\left(\frac{\partial \Delta g}{\partial \hat{n}_v}\right) = \frac{\partial}{\partial \hat{n}_v}\left\{R_g T \log\left[\frac{(\hat{n}_d + \hat{n}_v) P_{\mathrm{sat}}(T)}{\hat{n}_v P}\right]\right\} \tag{6.166}$$

$$= -\frac{R_g T \hat{n}_d}{(\hat{n}_d + \hat{n}_v)\hat{n}_v} = -\frac{R_g T \hat{n}_d}{\hat{n}_g \hat{n}_v} \tag{6.167}$$

となる．まとめると

$$d\Delta g = \frac{l_{c\to v}}{T} dT - \frac{R_g T}{P} dP - \frac{R_g T \hat{n}_d}{\hat{n}_g \hat{n}_v} d\hat{n}_v = 0 \tag{6.168}$$

となる．式 (6.168) を用いて，断熱条件 (6.153) から $d\hat{n}_v$ を消去して式 (6.154) を使うと，adiabat が求まる．すなわち

$$\left(\frac{\partial \log T}{\partial \log P}\right)_s = \Gamma_{\rm pd}\left(\frac{\hat{n}_g}{\hat{n}_d}\right)\frac{1+\frac{\hat{n}_v}{\hat{n}_d}\frac{l_{c\to v}}{k_{\rm B}T}}{\frac{\hat{n}_g c_p}{\hat{n}_d c_{p,d}}+\frac{\hat{n}_v\hat{n}_g}{\hat{n}_d^2 c_{p,d}}\frac{l_{c\to v}^2}{k_{\rm B}T^2}} \tag{6.169}$$

ここに乾燥大気 (pure dry atmosphere) のみの adiabat として

$$\Gamma_{\rm pd} = \frac{R_g}{c_{p,d}} \tag{6.170}$$

を用いた．

さてここまでの計算では，凝結成分は，潜熱と相平衡による $\hat{n}_v$ の変化という間接的効果でしか使われていない．凝結成分の効果が直接現れるのは比熱である．ここで 2 つ考えるべき状況があろう．1 つ目は凝結成分が完全に気体中に残っていて，気体の比熱として寄与する場合である．この場合，気体成分の質量当たりの比熱は

$$c_p = \frac{1}{\hat{n}_g}(\hat{n}_d c_{p,d} + \hat{n}_v c_{p,v} + \hat{n}_c c_{p,c}) \tag{6.171}$$

で置き換えられる．このような状況の adiabat を moist adiabat とよび，式 (6.169) から，

$$\left(\frac{\partial \log T}{\partial \log P}\right)_s = \Gamma_{\rm pd}\left(\frac{\hat{n}_g}{\hat{n}_d}\right)\frac{1+\frac{\hat{n}_v}{\hat{n}_d}\frac{l_{c\to v}}{k_{\rm B}T}}{1+\frac{\hat{n}_v c_{p,v}+\hat{n}_c c_{p,c}}{\hat{n}_d c_{p,d}}+\frac{\hat{n}_v\hat{n}_g}{\hat{n}_d^2 c_{p,d}}\frac{l_{c\to v}^2}{k_{\rm B}T^2}} \tag{6.172}$$

$$= \Gamma_{\rm pd}\frac{1+\frac{x_v^*}{x_d}\frac{l_{c\to v}}{k_{\rm B}T}}{x_d + x_v^*\frac{c_{p,v}}{c_{p,d}}+x_c\frac{c_{p,c}}{c_{p,d}}+\frac{x_v^*}{x_d}\frac{1}{c_{p,d}}\frac{l_{c\to v}^2}{k_{\rm B}T^2}} \equiv \Gamma_{\rm m} \tag{6.173}$$

となることがわかる．最後の式では（モル）分率 $x_d = \hat{n}_d/\hat{n}_g$, $x_c = \hat{n}_c/\hat{n}_g$, $x_v^* = \hat{n}_v/\hat{n}_g$ を用いて表記した．

もう 1 つの極端な状況は，水蒸気が凝結すると同時に雨として瞬時に落下して，系から除去されてしまうという状況である．この凝結成分の除去，すなわち雨が降ることを気取ってコールドトラップという．この場合，比熱に凝結成分は寄与しないので，

$$c_p = \frac{1}{\hat{n}_g}(\hat{n}_d c_{p,d} + \hat{n}_v c_{p,v}) \tag{6.174}$$

を用いることになる．このような状況の adiabat を pseudo moist adiabat とよび，式 (6.169) から，

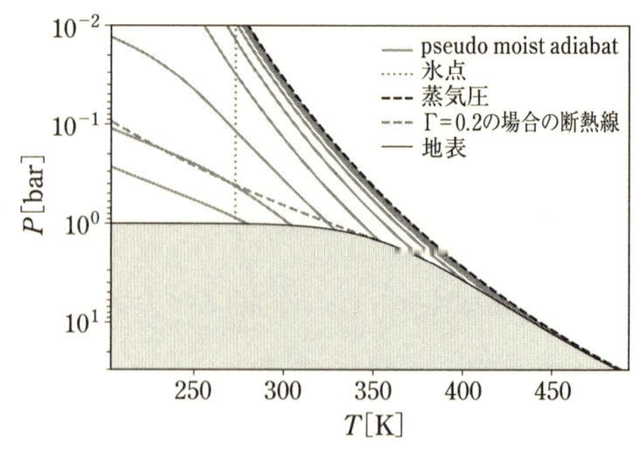

図 **6.7** pseudo moist adiabat から計算された温度圧力構造.

$$\left(\frac{\partial \log T}{\partial \log P}\right)_s = \Gamma_{\rm pd}\left(\frac{\hat{n}_g}{\hat{n}_d}\right)\frac{1+\frac{\hat{n}_v}{\hat{n}_d}\frac{l_{c\to v}}{k_{\rm B}T}}{1+\frac{\hat{n}_v c_{p,v}}{\hat{n}_d c_{p,d}}+\frac{\hat{n}_v \hat{n}_g}{\hat{n}_d^2 c_{p,d}}\frac{l_{c\to v}^2}{k_{\rm B}T^2}} \tag{6.175}$$

$$= \Gamma_{\rm pd}\frac{1+\frac{x_v^*}{x_d}\frac{l_{c\to v}}{k_{\rm B}T}}{x_d + x_v^*\frac{c_{p,v}}{c_{p,d}}+\frac{x_v^*}{x_d}\frac{1}{c_{p,d}}\frac{l_{c\to v}^2}{k_{\rm B}T^2}} \equiv \Gamma_{\rm pm} \tag{6.176}$$

となる. $\Gamma_{\rm pm} < \Gamma_{\rm pd}$ となるため, 湿潤大気の高さに対する温度変化は乾燥大気より小さい. 式 (6.175) は直接積分できないため, 乾燥大気のときのように温度-圧力関係を使って表すことはできない. 適当に境界条件を定め数値積分を実行する. 図 6.7 は, 積分を実行した結果の例を表している. ここでは境界条件として地表が気液平衡にあり (つまり海洋のことである), 非凝結成分の地表での分圧を $P_n = 1$ bar とした. 地表では水蒸気成分の分圧は式 (6.118)

$$P_{\rm sat}(T) = P_{\rm sat,0}\exp\left(-\frac{l_{c\to v}}{RT}\right) \tag{6.177}$$

に従うので, 惑星表面での圧力は,

$$P_s \equiv P(T_s) = P_n + P_{\rm sat}(T) \tag{6.178}$$

となる. 境界条件 $T(P_s) = T_s$ のもとで常微分方程式

$$\frac{dT}{dP} = \frac{T}{P}\Gamma_{\rm pm}(T,P) \tag{6.179}$$

を解くことで $T(P)$ を求めることができる. また $\Gamma_{\rm pm}$ の関数内の分率は

$$x_v^* = \frac{\hat{n}_v}{\hat{n}_g} = \frac{P_{\rm sat}(T)}{P}, \tag{6.180}$$

$$x_d = \frac{\hat{n}_d}{\hat{n}_g} = 1 - x_v^* \tag{6.181}$$

となることから，T, P を与えれば，それぞれ計算できる．

図 6.7 からわかるように，表面温度が高くなってくると，非凝結成分の影響が少なくなっていき，pseudo moist adiabat は水の蒸気圧曲線に漸近する．また，$\Gamma = 0.2$ の場合の dry adiabat と比較すると，高さに対する温度差が小さいこともわかる．

また水蒸気が飽和していない場合 (no saturation) は単に dry adiabat の式 (6.147) の c_p に

$$c_p = \frac{1}{\hat{n}_g}(\hat{n}_d c_{p,d} + \hat{n}_v c_{p,v}) \tag{6.182}$$

を代入するだけなので，

$$\left(\frac{\partial \log T}{\partial \log P}\right)_s = \Gamma_{\rm pd}\left(\frac{\hat{n}_g}{\hat{n}_d}\right)\frac{1}{1 + \frac{\hat{n}_v c_{p,v}}{\hat{n}_d c_{p,d}}} \equiv \Gamma_{\rm ns} \tag{6.183}$$

となる．

6.3.3 対流層と放射層の接続

対流層が形成されたときに上部の放射層（放射平衡の成り立つ層）とどのように接続すればいいだろうか？　対流層では対流と放射の両方がエネルギーを輸送しているが，放射層では放射のみがエネルギーを輸送している．物理的にセルフコンシステントな接続をするには，対流圏界面で考えている物理量が連続，すなわち放射モーメントと温度を一致させることが必要であろう．残念ながら一般には Schwarzschild criterion はこの接続条件を満たさない．

二流近似では，F_+ と F_- のみ，もしくは F_+ と $F_{\rm net} = F_+ - F_-$ のみで放射モーメントを記述できるので，$\tau_{\rm rc}$ を対流圏界面での τ とすると，対流圏界面での接続条件は

(I) $\tau = \tau_{\rm rc}$ の前後で F_+ が一致する．

(II) $\tau = \tau_{\rm rc}$ の前後で F_- もしくは $F_{\rm net}$ が一致する．

(III) $\tau = \tau_{\rm rc}$ の前後で T が一致する．

と書き下せる．このようにして対流層と放射層を接続したモデルを放射対流平衡モデルとよぼう．さらに通常は対流圏下部と地表の接続も考えねばならない．この接続条件は

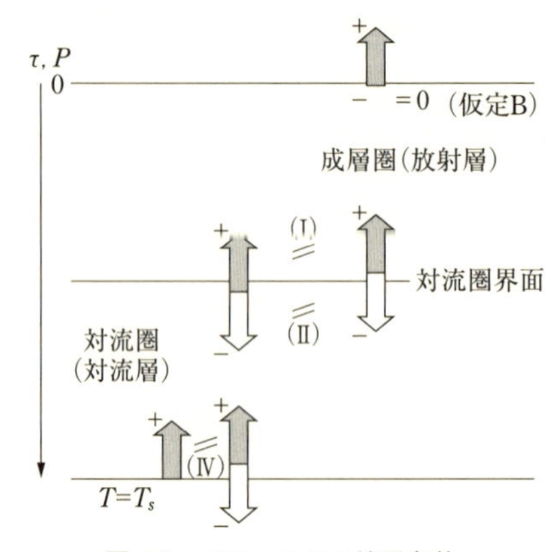

図 **6.8**　フラックスの境界条件.

(IV) 地表で F_+ が σT_s^4 と一致する.

と書ける. もう 1 つの F_- の境界条件は放射層側の $\tau = 0$ で制約されている（$F_-(0) = 0$; 仮定 B）のは見たとおりである. さてこの系では, まず 2 つの境界条件 (I) と (IV) で制約されている F_+ から考えるのがよい. 境界条件についてまとめたのが図 6.8 である.

灰色大気を仮定して対流層 (c) での放射伝達を考えよう. ある温度構造が与えられたときの二流近似での上向きのフラックスの式を求める. 灰色大気なので, 式 (6.59) の $\pi B_\nu(\tau)$ を $\sigma T^{(c)4}(\tau)$ で置き換えることができる. すなわち微分方程式

$$\dot{F}_+^{(c)}(\tau) = D[F_+^{(c)}(\tau) - \sigma T^{(c)4}(\tau)] \tag{6.184}$$

が解くべき方程式である. 式 (6.184) を τ から P に関する微分に直す.

$$\frac{d}{dP}F_+^{(c)}(P) = Df(P)[F_+^{(c)}(P) - \sigma T^{(c)4}(P)], \tag{6.185}$$

$$f(P) \equiv \frac{d\tau}{dP} \tag{6.186}$$

を境界条件 (IV) の元で解くことで対流圏だとした場合の $F_+^{(c)}(P)$ が求まる. どこかに対流圏界面があるはずだが, ひとまずその位置がわかったものとし, $P_{\rm rc}$ を境界面での圧力とおくことで, 境界面の無限小下の上向き放射フラックス $F_+^{(c)}(P_{\rm rc})$ を求められたとしよう.

次に境界面の無限小上で放射層 (r) の上向き放射フラックス $F_+^{(r)}$ を考えよう. 大

気中の恒星光の吸収がない場合，式 (6.77) と式 (6.75) より

$$F_+^{(r)}(P_{\rm rc}) = \frac{F_s}{2}(D\tau_{\rm rc} + 2) = \frac{D\tau_{\rm rc} + 2}{D\tau_{\rm rc} + 1}\sigma T^4(P_{\rm rc}) \tag{6.187}$$

となる．ここに $\tau_{\rm rc} = \tau(P_{\rm rc})$ と表される．もし放射層に吸収がある場合は，代わりに式 (6.91) と式 (6.87) を用いればよい．温度 $T(P_{\rm rc})$ を共通の表記を用いれば条件 (III) は自動的に満たされる．接続条件 (I) は単に

$$F_+^{(r)}(P_{\rm rc}) = F_+^{(c)}(P_{\rm rc}) \tag{6.188}$$

と書ける．接続条件 (II) は，対流圏界面上側の式 (6.78) を利用すると

$$F_-^{(c)}(P_{\rm rc}) = F_-^{(r)}(P_{\rm rc}) = \frac{F_s}{2}D\tau_{\rm rc} = \sigma T^4(P_{\rm rc}) \tag{6.189}$$

であるが，これを境界条件として対流圏側の微分方程式，すなわち式 (6.60) の $\pi B_\nu(\tau)$ を $\sigma T^{(c)4}(\tau)$ で置き換えた

$$\frac{d}{dP}F_-^{(c)}(P) = Df(P)[-F_-^{(c)}(P) + \sigma T^{(c)4}(P)] \tag{6.190}$$

を解けば，対流圏側での $F_-^{(c)}$ が求まる．F_+ と異なる点は，F_- は地表での境界条件がないことである．

6.3.4 放射対流平衡大気の射出限界

例として放射対流平衡モデルの射出限界（Nakajima 限界; Simpson-Nakajima 限界とも）を考える [74]．これは，Komabayashi-Ingersol 限界（6.2.3 項）の際には考えなかった，対流層も含めた場合の射出限界である．惑星表面は海洋に覆われ気液平衡が成り立っている．対流層は水蒸気の大気であり，adiabat としては pseudo moist adiabat が成り立つとする．また恒星光の大気中での吸収や散乱は考えない．以上の条件で対流層と放射層を接続する．[74] で行っているように大気層のグリッドを設定して接続条件が満たされるように解いてもよいが，本書では陽に常微分方程式を解く問題に帰着させてみよう．

式 (6.119) のときと同様の議論により

$$d\tau = (\kappa_v x_v^* + \kappa_n x_n)\frac{dP}{g} \tag{6.191}$$

であることと，式 (6.180) を用い，また非凝結成分の吸収はない ($\kappa_n = 0$) とすると，

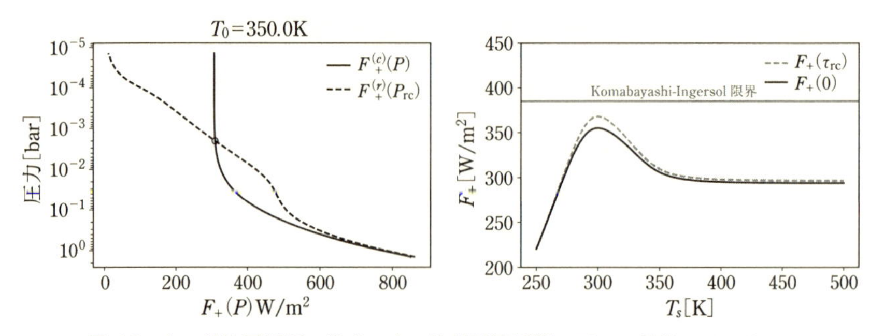

図 6.9 左：対流圏界面の決定．右：放射対流平衡モデルの射出フラックス．横軸は表面温度．

$$f(P) = \frac{\kappa_v P_{\rm sat}(T^{(c)}(P))}{Pg} \tag{6.192}$$

となる．$T^{(c)}(P)$ の部分は式 (6.179) のところで説明したように数値的に解ける．地表温度を $T = T_s$ で与えれば，接続条件 (IV) は，

$$F_+^{(c)}(P_s) = \sigma T_s^4, \tag{6.193}$$

$$P_s = P_n + P_{\rm sat}(T_s) \tag{6.194}$$

で与えられる．これにより微分方程式 (6.185) を数値的に解くことができることがわかる．

さて放射層が対流圏界面でとるべき上向きフラックスは式 (6.187) から求めるが，ここで成層圏では分率が一定としよう．この場合，式 (6.191) は

$$\tau = f(P)P \tag{6.195}$$

となる．これを利用して接続条件 (I) を求める．すなわち対流圏界面での圧力を $P_{\rm rc}$ としたときの放射層の上向きフラックスは，式 (6.187) から

$$F_+^{(r)}(P_{\rm rc}) = \frac{Df(P_{\rm rc})P_{\rm rc} + 2}{Df(P_{\rm rc})P_{\rm rc} + 1}\sigma T^{(c)4}(P_{\rm rc}) \tag{6.196}$$

となる．すなわちこれと $F_+^{(c)}(P)$ の交点の P が接続条件 (I) を満たす $P_{\rm rc}$ となる．接続条件 (III) のほうは式 (6.196) 内の T に $T^{(c)4}(P_{\rm rc})$ を代入していることにより自動的に満たされる．図 6.9 の左はこの 2 つの関数の交点から対流圏界面が決まる様子を示している．対流圏界面の圧力 $P_{\rm rc}$ が決定すると，対流圏界面の上向きフラックスは式 (6.77) より

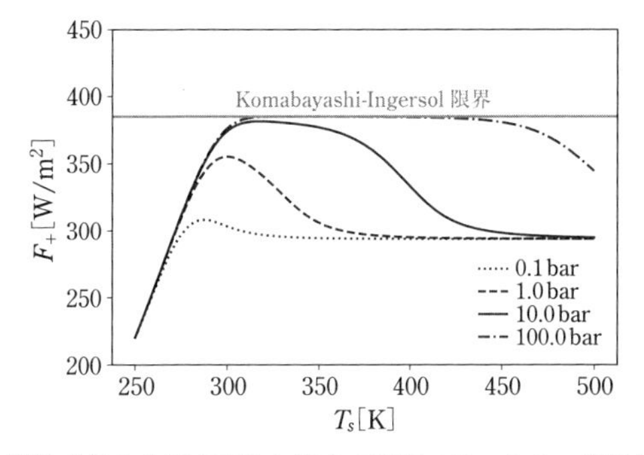

図 6.10 非凝結成分の分圧を変えた場合の射出フラックス．横軸は表面温度．

$$F_+(P_{\rm rc}) = \frac{F_s}{2}(Df(P_{\rm rc})P_{\rm rc} + 2) \tag{6.197}$$

となるから，大気上端での上向きフラックス*5はやはり式 (6.77) より

$$F_+(0) = F_s = \frac{2F_+(P_{\rm rc})}{Df(P_{\rm rc})P_{\rm rc} + 2} \tag{6.198}$$

となり決定する．この計算を地表温度 T_s を変えて示したものが，図 6.9 右である．このように放射対流平衡モデルでも射出フラックスの上限が存在し，この上限は Komabayashi-Ingersol 限界よりも低い．つまり言い換えると，放射対流平衡大気の射出限界値がハビタブルゾーンの内側限界を決定するといえる．

図 6.9 右の突起部分 ($T_s \sim 300$ K) は，水蒸気が飽和しておらず地表面の黒体輻射がまだ宇宙空間に逃げられることを示している．この突起は非凝結気体の量を増やすと，図 6.10 のように Komabayashi-Ingersol 限界に漸近する．

射出限界値を突起上部で定義するか，あるいは高温側の対流圏で水蒸気が飽和している状態での値を採用するかは微妙なところである．前者を採用すると図 6.9 右の突起になっているところの 350 W/m^2 程度である．これが平均の放射フラックス密度 (2.11) に一致するときがハビタブルゾーン内側限界とみなせる．太陽定数 S で規格化すると

$$S_{\rm in} = \frac{350{\rm W/m^2} \times 4}{1 - A} \sim 1.5\, S \tag{6.199}$$

となり ($A = 0.3$)，現在の太陽定数から 5 割程度増加すると射出限界を超え，ハビ

*5　大気上端から宇宙に向かって捨てる長波フラックスのことなので，これが 2.2 節の OLR である．

タブルゾーンの外側に出ることとなる．ところでこの突起は，$\tau \approx 1$ の面が地表を離れる表面温度に対応する．CO_2 のような光を吸収する非凝結気体があるとこの突起は消える場合もある（図 2.5）．そこで，高温側の漸近値 300 W/m^2 程度を採用することも多い．この場合，

$$S_{\rm in} = \frac{300\ {\rm W/m^2} \times 4}{1 - A} \sim 1.2\, S \tag{6.200}$$

となる．現在のところ，この値が広く使われているようである．図 6.10 と系外惑星の一般性を考慮すると Komabayashi-Ingersol 限界のほうを内側限界と考えてもいいような気もする．この場合，

$$S_{\rm in} = \frac{388\ {\rm W/m^2} \times 4}{1 - A} \sim 1.6\, S \tag{6.201}$$

となり，より楽観的となる．このように詳細な計算を行ったとしても，ハビタブルゾーンの内側限界は，太陽定数にして数十 % 程度，軌道長半径にして 10% 程度の不定性があるということである．

6.3.5 断熱大気と吸収のある放射層の接続

次に断熱大気と吸収のある放射層の接続を考えよう．式 (6.70) のように光学的深さと圧力の関係をべきで仮定し，かつ adiabat を式 (6.145) の形で書けると仮定すると，接続条件 (I–IV) で対流層と放射層を接続できる．乾燥大気のべき Γ をパラメタとして調整できるようにしておくと，このモデルは多くの惑星の対流圏 + 成層圏を近似できるモデルとなる．前節とは反対に，表面温度 T_s を固定せず，代わりに恒星フラックス $F_\star$, F_i が決まっている条件で解いてみよう．まず接続条件 (I) を考える．式 (6.70) から

$$\tau = \tau_s \left(\frac{P}{P_s} \right)^N \tag{6.202}$$

とおき式 (6.145) を用いると，式 (6.185) は

$$\frac{d}{dP} F_+^{(c)}(P) = \frac{DN\tau_s}{P_s^N} P^{N-1} \left[F_+^{(c)}(P) - \sigma T_s^4 \left(\frac{P}{P_s} \right)^{4\Gamma_d} \right] \tag{6.203}$$

となる．これは頑張って計算するか mathematica*6で整理すると指数積分関数を用いて半解析的に書けるが，だからといって何がおこるわけでもないので，

*6 筆者は怠惰にも後者を用いたことをここに告白せねばならない．

$\hat{F}_+^{(c)}(p) \equiv F_+^{(c)}/\sigma T_s^4, p \equiv P/P_s, A \equiv DN\tau_s$ のように無次元化して数値微分方程式の計算回数を減らそう．式 (6.203) は

$$\frac{d}{dp}\hat{F}_+^{(c)}(p) = Ap^{N-1}\left[\hat{F}_+^{(c)}(p) - p^{4\Gamma_d}\right] \tag{6.204}$$

となる．境界条件は $p = 1$ で $\hat{F}_+^{(c)}(p) = 1$ である（接続条件 IV）．この微分方程式を解くと $\hat{F}_+^{(c)}(p)$ が得られるが，これは

$$F_+^{(c)}(p) = \sigma T_s^4 \hat{F}_+^{(c)}(p) \tag{6.205}$$

と戻せ，表面温度の項をくくり出すことができることに注意．

また，放射層のフラックスは式 (6.91) より

$$F_+^{(r)}(p_{\rm rc}) = \frac{F_\star}{2}\left[\left(1 - \frac{D}{k}\right)e^{-k\tau_s p_{\rm rc}^N} + 1 + \frac{D}{k}\right] + \frac{F_i}{2}(D\tau_s p_{\rm rc}^N + 2) \tag{6.206}$$

であり ($p_{\rm rc} \equiv P_{\rm rc}/P$)，接続条件 (I) より

$$\sigma T_s^4 = \frac{F_+^{(r)}(p_{\rm rc})}{\hat{F}_+^{(c)}(p_{\rm rc})} \tag{6.207}$$

となる．接続条件 (III) は，式 (6.145) と式 (6.87) より

$$\sigma T_s^4 p_{\rm rc}^{4\Gamma_d} = \frac{F_\star}{2}\left[1 + \frac{D}{k} + \left(\frac{k}{D} - \frac{D}{k}\right)e^{-k\tau_s p_{\rm rc}^N}\right] + \frac{1}{2}F_i(1 + D\tau_s p_{\rm rc}^N) \tag{6.208}$$

となる．これに式 (6.207) で σT_s^4 を消し，式 (6.206) を代入し，整理すると，

$$\hat{F}_+^{(c)}(p_{\rm rc}) = p_{\rm rc}^{4\Gamma_d}\frac{F_\star\left[\left(1 - \frac{D}{k}\right)e^{-k\tau_s p_{\rm rc}^N} + 1 + \frac{D}{k}\right] + F_i(2 + D\tau_s p_{\rm rc}^N)}{F_\star\left[1 + \frac{D}{k} + \left(\frac{k}{D} - \frac{D}{k}\right)e^{-k\tau_s p_{\rm rc}^N}\right] + F_i(1 + D\tau_s p_{\rm rc}^N)} \equiv \hat{F}_+^{(r)}(p_{\rm rc}) \tag{6.209}$$

となる．図 6.9 左のように数値微分方程式を解いて求まっている左辺と，右辺の交点を探せば $p_{\rm rc}$ が決定する．

対流圏界面の圧力 $p_{\rm rc}$ および式 (6.202) より光学的深さが算出されれば，温度構造は成層圏（放射層）では式 (6.87) により温度が決まるので対流圏界面での温度 $T_{\rm rc}$ が決定する．この境界条件を用いて，対流圏では

$$T(P) = T_{\rm rc}\left(\frac{P}{P_{\rm rc}}\right)^\Gamma \tag{6.210}$$

と温度が決定することがわかる．さて地球の場合で試しに計算してみよう．[85] に従い，太陽の可視光フラックス $F_i = 233\ {\rm W/m^2}$，オゾンで吸収される紫外フラックス $F_\star = 7\ {\rm W/m^2}$, $k = 90$, $P_s = 1$ bar として，また $\Gamma = 0.2$ を用いて

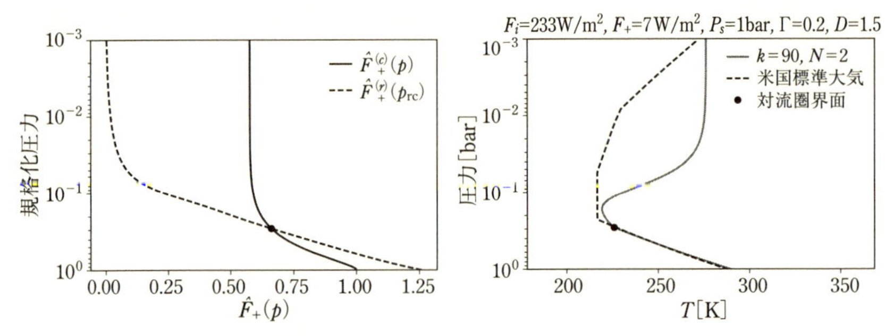

図 6.11 左：対流圏界面の決定．地球を模した場合の放射対流平衡大気モデルと米国標準大気の比較．

計算した（図 6.11）．成層圏のところはモデルの単純さからいま一歩だが，温度構造の折れ曲がりや，最終的な表面温度はよく再現されている．平均フラックス $F_s = 240\,\mathrm{W/m^2}$（式 (2.11)）を用いて計算した放射平衡温度が 255 K だったこと（表 2.1）を思い出すと，今回計算した表面温度が 290 K と室温まで上昇している．このように放射対流平衡モデルでは，大気による温室効果を直接計算できることもわかる．

本章では，大気構造が物理的にどのように決まるのか説明した．地球や海洋を持つ惑星を例として大気構造の計算を行ったが，一般の系外惑星であっても同様の考え方で大気構造を考えることができる．大気構造そのものを系外惑星で観測することはできないが，第 5 章に示したように輻射スペクトルが大気構造に依存することから，たとえば二次食を用いた輻射スペクトル（4.3.4 項）を用いて大気構造の推定を行うことが行われている．この場合，大気中の分子を仮定し平均化を行うことで opacity を計算する．そしてたとえば放射平衡大気を仮定し，放射伝達を解いて大気構造を決定すると，二次食の輻射光が計算できることになる．この理論スペクトルを観測データと比較し修正していくことで大気構造が決定できる．将来的に地球型惑星のスペクトルが観測可能になった場合は対流層も含めたモデリングが必要となるだろう．

第7章

観測装置の原理

図 7.1　本章で説明する装置のイメージ図．それにしてもこの図は投げやりである．コロナグラフはサングラスとは随分と違うし，虹は分光器ではなく，空気中の水滴が分光器である．

系外惑星の観測装置は，天文観測汎用のものから系外惑星に特化しているものまである．本章では生命探査を目指した観測にとくに有効なコロナグラフ直接撮像装置，干渉計，分光器の原理を説明する．これらの観測装置を理解するための基礎となる物理は光学である．そのため光学の準備から解説をはじめたい．

7.1 光学の準備

本節ではフーリエ変換と畳み込みをよく用いるので最初に定義しておこう．2 次元フーリエ変換は，

$$\mathrm{FT}_{(x,y)}[f(\xi,\eta)] \equiv \tilde{f}(x,y) = \int d\xi \int d\eta f(\xi,\eta) e^{-2\pi i(x\xi+y\eta)}, \tag{7.1}$$

$$\mathrm{FT}^{-1}_{(\xi,\eta)}[f(x,y)] \equiv f(\xi,\eta) = \int dx \int dy \tilde{f}(x,y) e^{2\pi i(x\xi+y\eta)} \tag{7.2}$$

であり，畳み込みは

$$f * g(\xi,\eta) \equiv \int dx \int dy f(x,y) g(\xi-x,\eta-y) \tag{7.3}$$

と定義される．

7.1.1 回折

図 7.2 のような開口を通り，距離 L 離れた平面への光の伝搬を考える．開口 (x,y) 平面 1 上での点 P_1 での場を $A(P_1)$ とし，開口に平行な (ξ,η) 平面 0 上の点 P_0 での場 $A(P_0)$ を求める回折の公式がホイヘンス-フレネル公式であり

$$A(P_0) = \frac{1}{i\lambda}\int_\Sigma dS\ A(P_1)\frac{e^{(2\pi r/\lambda)i}}{r}\cos\theta \tag{7.4}$$

と表される[*1]．ここに r，θ はそれぞれ直線 $P_1 - P_0$ の距離と，この直線が開口法線となす角度である．Σ は開口部分の範囲を表し，式 (7.4) は開口面内で積分を行うことを示している．

平面 1 と平面 0 の距離を L とし，いま θ が小さい領域のみを考えると $\cos\theta = L/r \approx 1$ である．指数の r を

*1 この公式自体はレイリー-ゾンマーフェルトの回折理論から求まる．

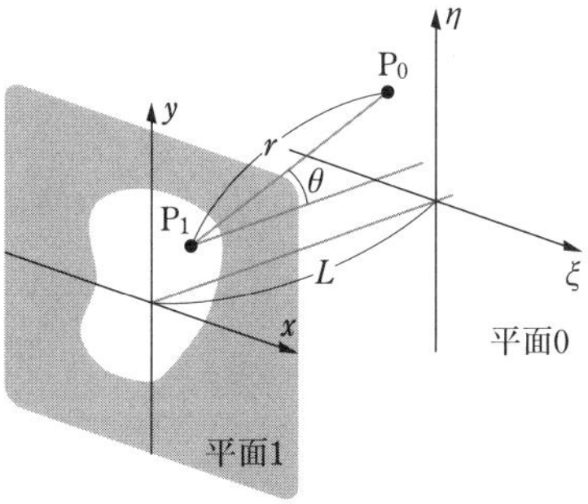

図 **7.2** 座標系.

$$r = \sqrt{L^2 + (x-\xi)^2 + (y-\eta)^2} \tag{7.5}$$

$$\approx L\left[1 + \frac{1}{2}\left(\frac{x-\xi}{L}\right)^2 + \frac{1}{2}\left(\frac{y-\eta}{L}\right)^2\right] \tag{7.6}$$

と近似し，分母の r は $r \approx L$ とおくことで，

$$A(\xi,\eta) = \frac{e^{i(2\pi L/\lambda)}}{i\lambda L} A(x,y) * g_L(x,y) \tag{7.7}$$

となる．ここに 2 次の位相因子を

$$g_L(x,y) \equiv \exp\left[i\frac{2\pi}{\lambda L}\left(\frac{x^2+y^2}{2}\right)\right] \tag{7.8}$$

と定義する．式 (7.7) をフレネル回折積分という．

ところでフレネル回折積分は畳み込みの中の ξ^2, η^2 のみに関係する項をくくり出すことで

$$A(\xi,\eta) = \frac{1}{i\lambda L}\exp\left[i\frac{2\pi}{\lambda}\left(L + \frac{\xi^2+\eta^2}{2L}\right)\right]\int dxdy\, A(x,y)\exp\left[i\frac{2\pi}{\lambda L}\left(\frac{x^2+y^2}{2}\right)\right]e^{-2\pi i\frac{x\xi+y\eta}{\lambda L}} \tag{7.9}$$

$$= \frac{e^{i(2\pi L/\lambda)}}{i\lambda L} g_L(\xi,\eta)\,\mathrm{FT}_{(\xi/\lambda L,\eta/\lambda L)}[g_L(x,y)A(x,y)] \tag{7.10}$$

とも書ける．

平面 1 の開口の空間スケールより 2 平面間の距離 L が十分長いとき，すなわち

$$L \gg \frac{\pi}{\lambda}(x^2+y^2) \tag{7.11}$$

のとき，フーリエ変換の中の位相因子 $g_L(x,y)$ は 1 となるので，式 (7.9) は，

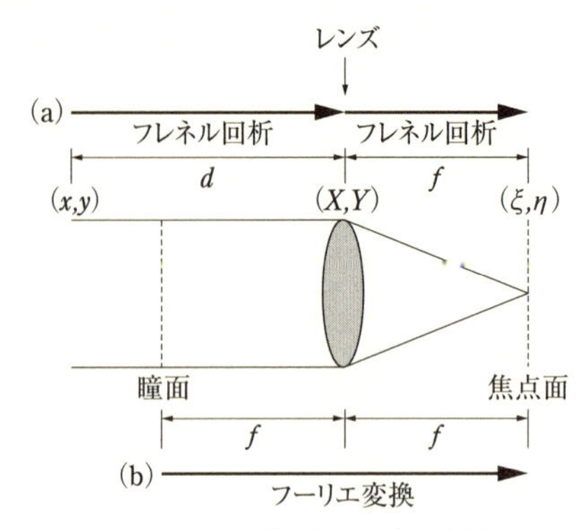

図 **7.3** レンズを通した光の伝搬.

$$A(\xi,\eta) = \frac{e^{i(2\pi L/\lambda)}}{i\lambda L} g_L(\xi,\eta) \mathrm{FT}_{(\xi/\lambda L, \eta/\lambda L)}[A(x,y)] \tag{7.12}$$

と位相項に $A(x,y)$ のフーリエ変換をかけた関係となる．式 (7.12) をフラウンホーファー回折公式という．強度分布 ($I(\xi,\eta) = |A(\xi,\eta)|^2$) を求めると位相項が 1 になるので，$A(x,y)$ のフーリエ変換の 2 乗となる．遠くのある一点からやってくる光は平面波となり A を定数とみなせる．フラウンホーファー回折後は，強度が定数のフーリエ変換の 2 乗，すなわちデルタ関数となり，一点に収束するということだから，これは結像である．このようにピンホールカメラの仕組みを説明できる．

7.1.2 レンズ

フラウンホーファー回折と同様の操作を，L を大きくすることなく行うデバイスがレンズである．レンズは入射してきた場に位相をつけて，平面波を球面波にするような装置のことをいう．レンズ前の場を $A(x,y)$ とすると，レンズ直後の場は

$$A'(x,y) = T_{\mathrm{lens}} A(x,y), \tag{7.13}$$

$$T_{\mathrm{lens}} = \exp\left[-i\frac{\pi}{f\lambda}(x^2+y^2)\right] = \frac{1}{g_f(x,y)} \tag{7.14}$$

のようにすれば，入射平面波が球面波に変換される．ここに，T_{lens} はレンズ伝達関数，f は焦点距離とよばれ，焦点距離 f の場所にある面を焦点面 (focal plane) とよぶ．

図 7.3(a) のようにレンズ前距離 d の場 $A(x,y)$ がフレネル回折し，レンズまで到達し，そこから焦点距離 f の場所にある焦点面に，再度フレネル回折して伝搬し

たときの場 $A(\xi,\eta)$ を計算してみよう．レンズに入る直前の場を $A(X,Y)$ とすると，焦点面の場は式 (7.10) に $T_{\rm lens}A(X,Y)$ を代入すればよいので

$$A(\xi,\eta) = \frac{e^{i(2\pi f/\lambda)}}{i\lambda f} g_f(\xi,\eta)\,\mathrm{FT}_{(\xi/\lambda f,\eta/\lambda f)}[g_f(X,Y)T_{\rm lens}A(X,Y)] \tag{7.15}$$

$$= \frac{e^{i(2\pi f/\lambda)}}{i\lambda f} g_f(\xi,\eta)\,\mathrm{FT}_{(\xi/\lambda f,\eta/\lambda f)}[A(X,Y)] \tag{7.16}$$

となる．レンズ直前の場 $A(X,Y)$ と入力面の場 $A(x,y)$ の関係は，フレネル回折 (7.7) で表されるが，式 (7.7) の両辺をフーリエ変換*2することで，

$$\mathrm{FT}_{(\xi/\lambda f,\eta/\lambda f)}[A(X,Y)] = \frac{e^{i(2\pi d/\lambda)}}{i\lambda d}\mathrm{FT}_{(\xi/\lambda f,\eta/\lambda f)}[A(x,y)]\,\mathrm{FT}_{(\xi/\lambda f,\eta/\lambda f)}[g_d(x,y)] \tag{7.17}$$

となる．また

$$\mathrm{FT}_{(\xi/\lambda L,\eta/\lambda L)}[g_d(x,y)] = \frac{\lambda d}{(\lambda f)^2} i \exp\left[-i\frac{2\pi}{\lambda f}\frac{(\xi^2+\eta^2)}{2}\frac{d}{f}\right] \tag{7.18}$$

より，これを式 (7.16) に代入することで

$$A(\xi,\eta) = \frac{e^{2\pi i(d+f)/\lambda}}{i\lambda^2 df}\exp\left[i\frac{2\pi}{\lambda f}\left(1-\frac{d}{f}\right)\frac{(\xi^2+\eta^2)}{2}\right]\mathrm{FT}_{(\xi/\lambda f,\eta/\lambda f)}[A(x,y)] \tag{7.19}$$

が得られた．位相項が残っているので厳密なフーリエ変換ではないが，強度をとればレンズ後焦点面は，レンズ前の任意の場所の場のフーリエ変換の 2 乗となることがわかる．また $d=f$ の場合は，完全なフーリエ共役の関係

$$A(\xi,\eta) = A_{\rm pupil}(\xi,\eta) = \frac{e^{4\pi i f/\lambda}}{i\lambda^2 f^2}\mathrm{FT}_{(\xi/\lambda f,\eta/\lambda f)}[A(x,y)] \tag{7.20}$$

が成り立つ．

ところで望遠鏡の開口やカメラの絞りのように光を制限する穴を一般に瞳という．たとえば人間の瞳は瞳孔で丸い形をしているし，猫は縦に，羊は横に伸びた瞳をしている．瞳の結像する面を瞳面 (pupil plane) という．上記の $d=f$ の面に望遠鏡開口が結像されれば*3，この位置に瞳面が定義される．この場合，式 (7.20) が示すように，焦点面と瞳面は完全にフーリエ共役になるので，焦点面の場のフーリエ逆変換が瞳面での場となる．したがって，図 7.3(b) のような光学系では，瞳面と焦点面はフーリエ変換のみで記述できる．コロナグラフ系ではこのような配置を考えることが多い．たとえば図 7.4 のような光学系の場合を考えよう．面同士

*2 $\mathrm{FT}[f*g]=\mathrm{FT}[f]\mathrm{FT}[g]$.

*3 望遠鏡はレンズ面にマスクを課したものと考えることができるが，適当な光学系をはさむことで，望遠鏡面を瞳面とした系をつくることができる．

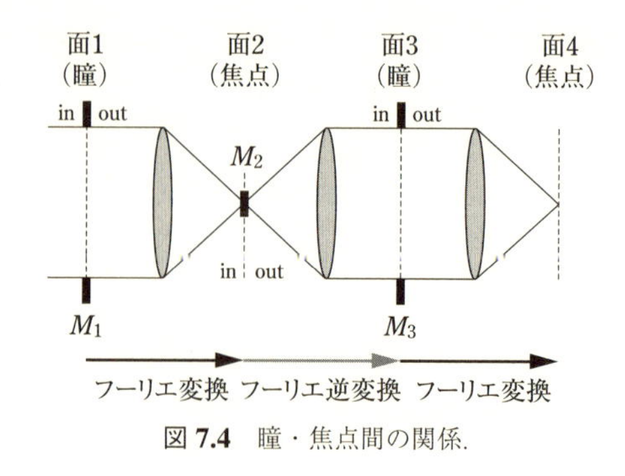

図 7.4 瞳・焦点間の関係.

の間隔はいずれも $2f$ で間にレンズが入っているとする. 以下では係数は省略し, それぞれの面でマスク M_1, M_2, M_3 を通過するとする. すると瞳, 焦点の前 (in) 後 (out) の場は

$$A_1^{\mathrm{in}} = A_1, \tag{7.21}$$

$$A_1^{\mathrm{out}} = A_1 \cdot M_1, \tag{7.22}$$

$$A_2^{\mathrm{in}} = \mathrm{FT}[A_1 \cdot M_1] = \tilde{A}_1 * \tilde{M}_1, \tag{7.23}$$

$$A_2^{\mathrm{out}} = M_2 \cdot (\tilde{A}_1 * \tilde{M}_1), \tag{7.24}$$

$$A_3^{\mathrm{in}} = \mathrm{FT}^{-1}[M_2 \cdot (\tilde{A}_1 * \tilde{M}_1)] = \mathrm{FT}^{-1}(M_2) * (A_1 \cdot M_1), \tag{7.25}$$

$$A_3^{\mathrm{out}} = M_3 \cdot [\mathrm{FT}^{-1}(M_2) * (A_1 \cdot M_1)], \tag{7.26}$$

$$A_4 = \tilde{M}_3 * \{M_2 \cdot \mathrm{FT}[(A_1 \cdot M_1)]\} \tag{7.27}$$

となる.

7.1.3 回折限界

直径が D の理想的な望遠鏡で点光源を見たときの像を, 回折限界像という. 望遠鏡を通じた結像は, 一般にレンズの前に絞りがあるものと考えることができる. 式 (7.19) の変数部分を少し変形して

$$A(\xi', \eta') \propto \int dx' dy' \, M(x', y') A(x', y') e^{2\pi i (x' \xi' + y' \eta')} \tag{7.28}$$

となる. ここに $x' \equiv x/\lambda, y' \equiv y/\lambda$ であり波長で規格化した座標である. 強度を考えると, 位相項は 2 乗ノルムをとって 1 になるのでここでは無視した. また $\xi' \equiv \xi/f, \eta' \equiv \eta/f$ であり, 焦点面上の座標を天球面上の角度で表した座標系となっている. 直交座標 $(x', y') \leftrightarrow (\xi', \eta')$ を, 極座標系 $(r, \Theta) \leftrightarrow (\theta, \Phi)$ に変換する.

$$x' = r\cos\Theta, \tag{7.29}$$

$$y' = r\sin\Theta, \tag{7.30}$$

$$\xi' = \theta\cos\Phi, \tag{7.31}$$

$$\eta' = \theta\sin\Phi \tag{7.32}$$

ここにθは焦点面に写った像の天球面上での離角である．$M(x',y')A(x',y') = M(r)A(r)$と書ける場合，

$$\tilde{A}(\theta) = \int dr \int d\Theta M(r)A(r)e^{-2\pi i\theta r\cos(\Theta-\Phi)} \tag{7.33}$$

$$= 2\pi \int dr\, r\, M(r)A(r)J_0(2\pi r\theta) \tag{7.34}$$

となる．この変換をフーリエ-ベッセル変換という．ここに$J_n(x)$は第1種ベッセル関数である．

直径Dの望遠鏡，すなわち直径Dの瞳面マスクをMに入れた場合は，$M(r)$がステップ関数（$D/2 \geq r$で1, $D/2 < r$で0）となるので，

$$\tilde{A}(\theta) = 2\pi \int_0^{D/2} dr\, r\, A(r)J_0(2\pi r\theta) \propto \frac{J_1(\pi\chi)}{\chi}, \tag{7.35}$$

$$\chi \equiv \frac{\theta}{\lambda/D} \tag{7.36}$$

となり，強度分布$I_{\rm Airy}(\theta) = |\tilde{A}(\theta)|^2$は

$$I_{\rm Airy}(\theta) \propto \left|\frac{J_1(\pi\chi)}{\chi}\right|^2 \tag{7.37}$$

となる．この強度分布をエアリーパターンといい，図7.5のような分布となる．

このように理想的な場合であっても，点光源は焦点面で，半値全幅 (Full Width at Half Maximum; FWHM) にして約

$$\frac{\lambda}{D} = 20.6\left(\frac{\lambda}{1\mu{\rm m}}\right)\left(\frac{D}{10{\rm m}}\right)^{-1} {\rm mas} \tag{7.38}$$

の広がりを持つことになる．さらに図7.5右のように，同じFWHMのガウシアンより，外側ではるかに高い強度を持つ（ハローという）ため，たとえ理想的な場合であっても，この回折光ハローが恒星の周りの惑星の検出の邪魔となる．このハローは焦点面で外側領域にあることから，瞳面での高周波な構造が原因である．具

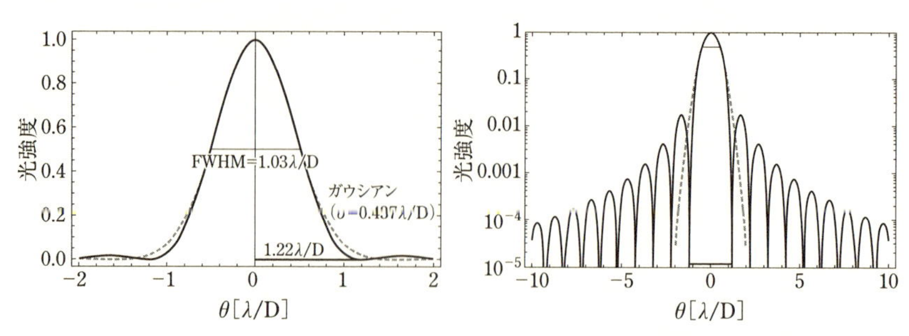

図 7.5 エアリーパターン．点線は FWHM の等しいガウス分布で近似した場合を示している ($\sigma = 0.437\lambda/D$)．左図と右図は表示範囲が異なっている．右図は縦軸が対数表示であることにも注意．

体的にはマスクのエッジの部分がフーリエ変換されてハローとなっている．

7.2 コロナグラフ型の直接撮像装置

主星からの光をさまざまな方法で遮蔽し，惑星光の検出を行うための装置をコロナグラフという．コロナグラフは，もともとは太陽の周りを覆う高温ガス，コロナを観測するために，太陽光球をマスクする装置のことを指した．系外惑星観測では，コロナではなく惑星を検出するために主星をマスクしようとする．コロナグラフを用いた方法は，主に可視・近赤外域での直接撮像法として考えられている．コロナグラフを用いても，大気ゆらぎ（地上望遠鏡の場合）や望遠鏡の鏡面精度などによっては，漏れ込み光が残る．このような漏れ込みはその形状からスペックル (speckle) ともよばれ，コロナグラフによる惑星検出の最大のノイズ源となっている．宇宙望遠鏡では大気ゆらぎがないため，スペックルの寄与は地上観測よりは小さいが，鏡面精度によるスッペクルは問題になりうる．地上観測では大気ゆらぎによるスペックルがとくに問題である．スペックルを抑えるためには，補償光学 (AO) により波面の計測と補償を行わなくてはならない．検出器で計測した光から，さらに後処理をしてコントラストを向上させる操作を一般的にポストプロセスという．

コロナグラフ型の直接撮像装置の構成を一般的に分類すると，以下のように書けるかもしれない．

- 補償光学 → コロナグラフ → ポストプロセス

これは，それぞれ

- 波面の計測と測定 → 恒星光の抑制 → PSF（焦点面での点光源の拡がり；Point Spread Function, 7.2.3 項）あるいはスペックルの測定と除去

の役割に対応している．とくにコロナグラフが有効に働くぐらい波面を補正できる補償光学を極限補償光学ということがある．またこれら一連の装置群を合わせて高コントラスト装置 (high contrast instrument) とよぶ．

また，スペックルが抑えられても，惑星系空間に存在するダストによる反射光，系外黄道光もノイズ源となる．数十メートル級の大型望遠鏡の場合，惑星周りの空間分解能が高いため系外黄道光の寄与は少ないが，宇宙望遠鏡のように大口径が難しい場合，大きなノイズ源となる．ハビタブルゾーンの惑星検出という意味では，地上では口径の大型化が可能だがスペックルが明るいので，離角は小さいが要求コントラストが厳しくない晩期型周りのハビタブル惑星が適している．逆に，宇宙衛星計画では小口径になってしまうがスペックルは暗いので，要求コントラストがより厳しいが離角は大きい G 型星周りのハビタブル惑星が検出に適している．

7.2.1 波面計測と補正

スペックル

コロナグラフは中心点源（恒星）の回折光を抑える装置であり，最初の瞳から入ってくる光は理想的な平面波であることを仮定して設計されている．しかし，実際には望遠鏡の鏡面精度やその他装置内の問題，地上観測の場合は大気により，光が擾乱をうける．具体的には主に光の位相が乱され，波面が歪む．このような波面誤差の影響で焦点面に現れてくる像をスペックルといい，惑星の直接検出における最大の障害となっている．

第 1 瞳面での波面誤差の空間分布を以下のように表そう．

$$A_1(x_1) = e^{-i\phi_1(x_1)} \tag{7.39}$$

ここで，ある空間成分 X の $\phi_1(x_1)$ を考える．

$$\phi_1(x_1) = a\cos\left(\frac{2\pi x_1}{X} + \alpha\right) + ib\cos\left(\frac{2\pi x_1}{X} + \beta\right) \tag{7.40}$$

ここで，右辺第 1 項は位相エラー，第 2 項は式 (7.39) に代入すると振幅となるので，振幅エラーを表す．

位相エラーだけを考えると波面が空間スケール X の周期で

$$h_0 = \frac{\lambda}{2\pi}a \tag{7.41}$$

の幅で進行方向にゆらいでいることに対応する．このような波面のゆらぎをリップル (ripple) という．

さて，ϕ_1 が小さいとして，式 (7.40) のエラーを持った光を焦点面で結像させると，

$$A_2(\theta) = \mathrm{FT}[M_1(x_1)e^{-i\phi_1(x_1)}] \tag{7.42}$$

$$\sim \mathrm{FT}[M_1(x_1)(1 - i\phi_1(x_1))] \tag{7.43}$$

$$= \mathrm{FT}\left[M_1(x_1) - iM_1(x_1)a\cos\left(\frac{2\pi x_1}{X} + \alpha\right) + bM_1(x_1)\cos\left(\frac{2\pi x_1}{X} + \beta\right)\right] \tag{7.44}$$

となる．$\cos(2\pi x_1/X + \alpha) = \{\exp[i(2\pi x_1/X + \alpha)] + \exp[-i(2\pi x_1/X + \alpha)]\}/2$ を利用して

$$A_2(\theta) = H(\theta) + S_+(\theta) + S_-(\theta), \tag{7.45}$$

$$H(\theta) = \mathrm{FT}[M_1(x_1)] = \frac{\sin(\pi\theta D/\lambda)}{\pi\theta D/\lambda}D,$$

$$S_\pm(\theta) \equiv \frac{1}{2}(iae^{\pm i\alpha} - be^{\pm i\beta})H(\theta \pm \lambda/X)$$

となる．このとき，強度は

$$I_2 = |A_2(\theta)|^2 = |H(\theta) + S_+(\theta) + S_-(\theta)|^2 \tag{7.46}$$

$$= |H|^2 + |S_+|^2 + |S_-|^2 + \mathrm{Re}(HS_+) + \mathrm{Re}(HS_-) + \mathrm{Re}(S_+S_-) \tag{7.47}$$

となる．ここで $|S_+|^2 + |S_-|^2$ はスペックル，$\mathrm{Re}(HS_+) + \mathrm{Re}(HS_-)$ を pinned speckle という．式 (7.45) よりこれらスペックルは $\theta = \pm\lambda/X$ の位置にできることがわかる．すなわち大きい空間スケールのリップルは焦点面では内側のスペックルに，小さい空間スケールのリップルは焦点面の外側のスペックルとなる．また pinned speckle は回折光ハローのパターン上に形成されることがわかる．

波面の計測

シャク-ハルトマンセンサー (Shack-Hartmann sensor) は波面を計測する古典的でわかりやすいセンサーである．これはレンズレット (lenslet) とよばれる小さいレンズをたくさん 2 次元に並べたアレイと検出器で構成される．図 7.6 に模式図を示したように，平面波が入射すると各レンズの焦点は格子状に均等に並ぶが，波面が歪んでいると，個々のレンズに入射する波面の入射角が変わるため，焦点がこの

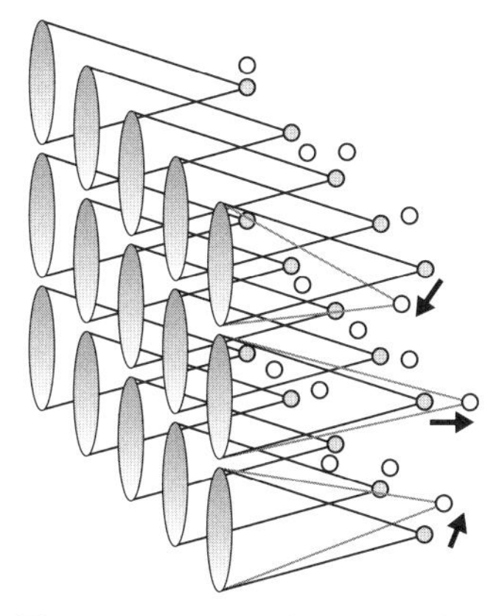

図 **7.6** シャク-ハルトマンセンサー.

格子からずれて検出される．このずれを測定することで入射波面の形状を測定することができる．他にもピラミッドセンサーや曲率センサーなど複数の波面計測センサーが提案され，開発されている．

波面の補正

波面の補正は，小さい鏡を多数アレイ状に並べた可変形鏡 (deformable mirror) を用いて補正する．これも仕組みは簡単で，計測した波面のずれに応じて個々の鏡を動かすことで反射波面を平面波に近づける．波面は瞳面で補正するため，可変形鏡素子数が多いと広い視野での補正が可能になる．また，大きな位相エラーを補正するには大きな可変形鏡のストロークが必要であり，早い時間スケールの変動を補正する場合には計測から補正までのループを高い時間周波数で行う必要がある．さらに通常の補償光学では波面計測（計測光）の波長バンドと取得画像（サイエンス光）の波長バンドが異なるが，この波長差に起因したエラー，色収差が問題になることもある．

7.2.2 コロナグラフ

コロナグラフは，光軸中心においた恒星光を抑制し，光軸から離れた位置にある惑星光は透過するデバイスである．コロナグラフの性能の評価基準には，入射してくる光の波面誤差をどの程度補正したものを想定するか，さらに製作の難しさや安定性なども勘案しないとならないが，ここでは以下の理論的な性能の評価基準に注意しながら評価を進める．

波面誤差ゼロの光を入手したとき，理論的に次の2点を評価するとよい．

- どれだけ光軸中心の光を抑制できるか．
- 抑制しない領域（惑星をおく領域）をどれだけ近くにおけるか．

前者を特徴づける量として，入射光の焦点面での分布 $I_\star(\boldsymbol{\theta})$ に対し，ある焦点面の位置で抑制の度合い $I_\star(\boldsymbol{\theta})/I_\star(0)$ をコントラスト $c(\boldsymbol{\theta})$ を用いて表現する．ここで用いている c は極めて限定的な条件（波面誤差ゼロの入射に対し，ある波長でどの程度抑制できるか，かつ，理論的な値）の意味で用いているため，厳密に $c(\boldsymbol{\theta} = \mathbf{0}) = 0$ のコロナグラフもある*4．後者を特徴づける量として Inner Working Angle (IWA) がある．これは恒星にどれだけ近くても惑星を検出できるか，という量なので，本来は恒星惑星コントラスト c_{sp} によるのだが，コロナグラフの性能を表す文脈での使い方は，どのくらい光軸中心に近づけても抑制されないかという意味で用いられる．典型的には，光の透過率が50%となる離角を便宜的にコロナグラフのIWAとすることが多いようだ．装置計画全体のIWAといったときには，IWAは主星-惑星コントラストの関数になることもある．

焦点面コロナグラフ

ここでは，Lyotマスクコロナグラフを例に焦点面を利用したコロナグラフを説明する．図7.7のように，焦点面に角半径 θ_r のマスクをおくことを考える．

$$M_2 = 1 - \mathrm{rect}_2 \tag{7.48}$$

ここに関数 rect_i は，原点周りにある領域で1，他の領域で0の値をとる凸型の矩形関数である（図7.7a）．式(7.25)より焦点面後の第2瞳では，

*4 コントラストと一言で表したときには何の量をそうよんでいるかよく確認したほうがよい．コロナグラフの評価で用いるコントラスト c は波面誤差ゼロの理論的な値であるため，多くのコロナグラフは $c = 0$ である．（たとえ理論的には $c = 0$ でも）製作してみて，ある波面誤差の光（もしくは波面誤差ゼロのレーザー）を入射したとき達成されたコントラストという意味で用いることもある．さらにややこしいことに，コロナグラフ後にポストプロセスやスペックルナリング（7.2.4項参照）をかけて達成されたコントラストをコントラストということもある．装置計画や装置全体のコントラストという意味では，望遠鏡後に補償光学によって補正された光がコロナグラフを通ってきた後に，惑星の位置でどれくらい抑制されているかという意味のコントラストがあり，これには raw contrast という場合がある．さらにこれにスペックルナリングやポストプロセスをかけて，残った残差のゆらぎがどれくらいかまで考慮して，実際の式(4.94)で表される主星-惑星コントラストを検出できるという基準で達成コントラストという場合がある．

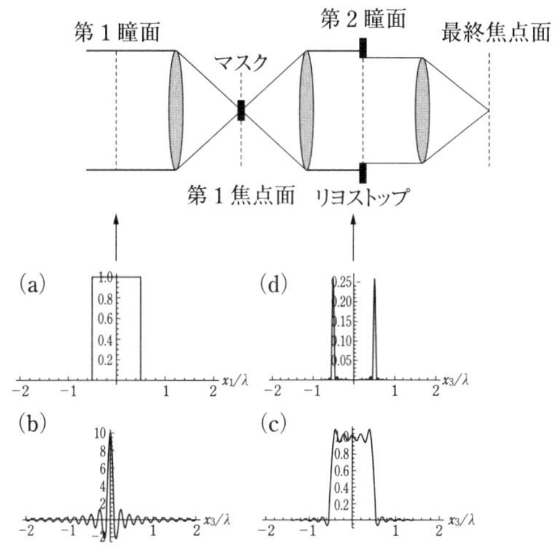

図 **7.7** Lyot マスクコロナグラフの概念図. (a) 矩形窓の第 1 瞳面, (b) 焦点面マスクのフーリエ変換による高周波成分 (7.53), (c) 式 (7.52) の右辺第 2 項, (d) 第 2 瞳面での強度分布. 式 (7.52) の 2 乗, すなわち (a)-(c) の 2 乗である. この 2 つの引き残りのピークをリヨストップで除去する. $\theta_r = 10\lambda/D$ としている.

$$A_3^{\mathrm{in}} = \mathrm{FT}^{-1}(M_2) * (A_1 \cdot M_1) \tag{7.49}$$

であり, $A_1 = 1$, $M_1 = \mathrm{rect}_1$ とすると

$$A_3^{\mathrm{in}} = \mathrm{FT}^{-1}(1 - \mathrm{rect}_2) * (A_1 \cdot \mathrm{rect}_1), \tag{7.50}$$

$$= [\delta_D - \mathrm{FT}^{-1}(\mathrm{rect}_2)] * \mathrm{rect}_1, \tag{7.51}$$

$$= \mathrm{rect}_1 - \mathrm{FT}^{-1}(\mathrm{rect}_2) * \mathrm{rect}_1 \tag{7.52}$$

となる. これは第 1 瞳から「第 1 瞳と焦点面マスク FT の畳み込み (右辺第 2 項)」を引いたものとなる. ここで焦点面マスクのフーリエ変換の項は

$$\mathrm{FT}^{-1}(\mathrm{rect}_2) = \frac{\sin(\pi\theta_r x_3/\lambda)}{\pi x_3/\lambda} \tag{7.53}$$

の形になる (図 7.7b).

θ_r を λ/D の数倍以上大きくとれば, 式 (7.52) の第 2 項は矩形関数に細かい波が入ったものとなり (図 7.7c) 第 1 項の rect_1 の大部分は除去され, 細いエッジが第 2 瞳面の D 付近に残る (図 7.7d). これを第 1 瞳よりも少し小さな絞りで除去してからもう一度最終焦点に結像することで光軸上の光はかなり抑制される. しかし 0 にはならない. この絞りのことをリヨストップ (Lyot stop) という. 焦点面マスク

の半径 θ_r を外れた光については，ほぼそのまま最終焦点に結像するので，コロナグラフの IWA としては θ_r となる．このタイプのコロナグラフを Lyot マスクコロナグラフという．

その他にもさまざまな焦点面コロナグラフがある．焦点面マスクとして周期関数をおいたものが band-limited mask coronagraph である．この場合は，第 2 瞳面の中心領域にわたって，値がゼロとなる．瞳エッジ付近では有限の振幅が残るが，リヨストップで除去できるので，結果として高いコントラストが達成できる．一方で，位相を変調するマスクを用いたものが，phase mask coronagraph であり，光渦マスク [24] や 4 分割 [88]，8 分割位相マスク [72] などが提案されている．マスクが透明なので，比較的小さな IWA が期待できることが利点である．

瞳面コロナグラフ

焦点面におけるハローは瞳面での高周波成分，すなわち，瞳のエッジの部分からくるので，瞳のエッジを apodize すればよい（apodization=removing the foot; 関数の形状を変形すること）．これが pupil-edge apodization である．たとえば図 7.8 下のようにガウシアンで apodization すれば，そのフーリエ変換はガウシアンなので，イメージ面でもガウシアンとなる*5．

瞳面でガウシアンのような滑らかに透過率が変わるような apodization をつくるのは難しいので，透過率 0, 1 のマスクで同じようなことをやろうとするのが pupil masking apodization である．左右方向にいくに従い透過率が下がり，焦点面での左右方向に暗い部分ができるようになる．しかし瞳マスクの上下方向にはエッジがたくさんあるため，焦点面での上下方向には回折光がかなりでてしまう．入射光そのものをガウシアン強度分布にしようとするのが pupil mapping apodization である [34]．もしくは Phase Induced Amplitude Apodization (PIAA) ともよばれる．2 枚の非球面鏡を用いて prolate spheroid function を実現する．光の損失がなく小さな IWA であるのが利点である．

ヌル干渉計

光の干渉を用いて恒星光を打ち消すタイプの装置をヌル干渉計 (nulling interferometer) もしくは nuller という．赤外光領域でのヌル干渉計は複数の望遠鏡の光を

---

*5　ガウシアンは本来は無限遠まで定義されているので，開口の大きさで制限される成分による回折光がでてしまう．代わりにたとえば有限範囲で定義されている prolate spheroid function などが使われることもある．

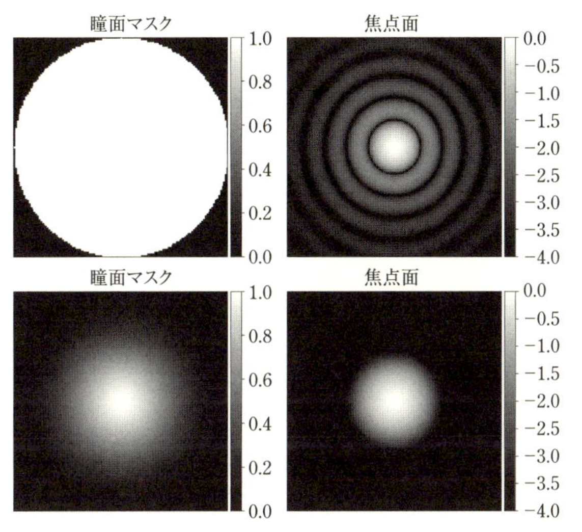

図 7.8 pupil masking apodization の例．左が瞳面でのマスク．右が焦点面での対数光数強度 ($\log_{10} I$)．上は円形開口のまま焦点を結んだもので，エアリーパターンが見えている．下はガウシアンでマスクすることでエッジを滑らかにしたもの．

干渉させて中心の恒星を打ち消す．単一の可視望遠鏡でも，入射光束を 2 つ以上にわけ望遠鏡瞳をずらして干渉させることで同様の効果を得る (visible nuller)．ヌル干渉計の原理は単純である．基線長が B 離れた 2 光束の干渉を考えよう．まず天球上の θ からくる光の瞳での 2 光束の複素振幅は

$$A_{\pm,1}(x,\theta) = \frac{|A_0|}{2} e^{2\pi i(x \pm B/2)\theta} \tag{7.54}$$

となる（$|A_0|$ は入射光強度を示す）．ここで 2 つの光束の位相を π ずらし，干渉させると

$$A_1(\theta) = A_{+,1}(x,\theta) - A_{-,1}(x,\theta) \tag{7.55}$$

となる（$e^{i\pi} = -1$ だから $A_\pm$ の符号が逆になって足される）．この干渉光の強度は瞳の位置 x によらず

$$I_1(\theta) = |A_1(\theta)|^2 = |A_0|^2 \sin^2(\pi\theta B) \tag{7.56}$$

となる．すなわち恒星を軸上の $\theta = 0$ におけば，恒星光は完全に打ち消される．惑星は打ち消されては困るので，惑星の天球面上での位置を θ_p として，$\theta_p B \sim 0.5$ になるように基線長 B（visible nuller では瞳同士の相対的なずれを示すシアー量）

を適宜選ぶ必要がある．実際には，波面ゆらぎの他に，恒星実サイズも nuller のコントラスト性能に影響することに注意が必要であるが，これは nuller に限らず高いコントラストを達成できるコロナグラフでは，一般にコロナグラフ中心位置からのずれに敏感な場合が多い．方解石を用いてコンパクトかつ共通光路を実現する visible nuller である SPLINE 方式 [71] も参照のこと．

7.2.3 ポストプロセス

補償光学とコロナグラフで得られた焦点面での恒星光の強度分布を考えよう．このとき，検出したい惑星の位置での恒星光強度と光軸上での恒星光強度の比を raw contrast $C_{\rm raw}$ という．惑星の検出という意味では，主星–惑星コントラスト $c_{\rm sp}$ が少なくとも raw contrast 程度あれば検出できる．これを式にすると検出 SN 比を

$$\frac{\rm S}{\rm N} = \frac{c_{\rm sp} N_\star}{\sigma} = \frac{c_{\rm sp}}{C_{\rm raw}}, \tag{7.57}$$

$$\sigma \approx C_{\rm raw} N_\star \tag{7.58}$$

と見積もっていることに対応する．ここに $N_\star$ は Point Spread Function (PSF) サイズ，つまり焦点面での恒星像内の平均恒星光子数であり，σ は惑星検出に対するノイズである．しかし，よく考えると，式 (7.58) は過大評価である．なぜなら惑星をスペックルと見分ければ十分なので，たとえば，PSF 内の平均スペックル光子数 $C_{\rm raw} N_\star$ の2乗平均平方根 (Root-Mean Square; RMS) 程度が σ であると考えることもできる．つまりスペックル画像の平均化ができれば，検出限界コントラストは raw contrast より 1–2 桁はよくすることが可能である．このような処理をポストプロセスと称することが多い．代表的なポストプロセスに Angular Differential Imaging (ADI)[63] がある．これは静的なスペックル（スパイダーや装置由来のスペックル）を平均化するために，検出面上での惑星の位置を回転させて，観測後にその回転分を補正し，スペックルの RMS を小さくする．

ポストプロセス後の画像から平均値やスペックルの分散を求めて，ノイズを評価する際には，注意が必要であることが Mawet ら [66] によって指摘されている．ある離角 θ での分散や平均値の推定には，たかだか $2\pi\theta/(\lambda/D)$ 個程度の独立なモードしか用いることができないため，たとえ本来の分布関数がガウシアンだとしても，平均値や不偏分散がガウシアンの真の平均と σ から誤差がある．このため不偏分散をガウシアンに適用して 5 σ 検出などを見積もるとノイズの過小評価となる．この場合は，代わりにスチューデント t 分布を用いて評価することができる．

7.2.4 スペックルナリング

もっと能動的に raw contrast を下げる技術としてスペックルナリング (speckle nulling) という技術がある [11, 30, 60]. スペックルナリングは, 宇宙望遠鏡の鏡面精度や光学系から発生する位相誤差によるスペックルを打ち消し, 10^{-10} レベルのコントラストを達成する目的で開発された. 近年は, 地上の高コントラスト装置での応用も始まっている. 補償光学では, 通常はサイエンスに用いる波長と別の波長を用いて波面を計測し, 可変形鏡を用いて波面をフラットにする. これに対しスペックルナリングでは, サイエンスに用いる光そのものの情報を用いて, 焦点面の片側のスペックルを打ち消すように可変形鏡で位相を制御する. 片側しかできない理由は, ゆらぎは位相ゆらぎと強度ゆらぎがあるが, 可変形鏡では位相ゆらぎしか制御できないからである. このようにして能動的にスペックルを抑えた検出面上の暗い領域をダークホール (dark hole) という.

少し数式で表してみよう. スペックルナリングは電場計測と可変形鏡による位相の修正の 2 つの操作を繰り返していくことで行う. 可変形鏡の物理座標 (x, y) における j 回目の可変形鏡による位相修正量を $\Delta\phi_j(x, y)$ とする. $k-1$ 回目までの全修正量は

$$\phi_{k-1}(x, y) = \sum_{j=1}^{k-1} \Delta\phi_j(x, y) \tag{7.59}$$

となっている. 位相修正は可変形鏡の後ろについている N_{act} 個のアクチュエータを動かすことで行う. このアクチュエータのインデックスを $q = 1, \ldots, N_{\mathrm{act}}$ とする. k 回目の位相修正量はアクチュエータの移動量 $\Delta u_{k,q}$ に対し, 既知の影響関数 $f(x, y)$ を通じて

$$\Delta\phi_k(x, y) = \frac{2\pi}{\lambda} \sum_{q=1}^{N_{\mathrm{act}}} \Delta u_{k,q} f(x - x_q, y - y_q) \tag{7.60}$$

のように表される. ここに x_q, y_q はアクチュエータの中心座標である. k 回目の修正量が微小となっているとき, 瞳面でのコロナグラフ前の電場は

$$\tilde{E}_k(x, y) \sim \tilde{E}_0(x, y) e^{i\phi_{k-1}(x,y)} [1 + i\Delta\phi_k(x, y)] \tag{7.61}$$

のようになるだろう. コロナグラフ後の電場は, コロナグラフによる写像 C (焦点面へのフーリエ変換も含む) が線形の場合, 式 (7.60), (7.61) より

$$E_k(\xi,\eta) = C[\tilde{E}_k(x,y)] = E_{k-1}(\xi,\eta) + G_{k-1}\Delta u_k \tag{7.62}$$

のように書ける．(ξ,η) はコロナグラフ写像後の焦点面座標である．ただし，

$$G_{k-1}\Delta u_k = \sum_{q=1}^{N_{\rm act}} \Delta u_{k,q} C[i\tilde{E}_0(x,y)e^{i\phi_{k-1}(x,y)}\frac{2\pi}{\lambda}f(x-x_q, y-y_q)] \tag{7.63}$$

である．電場測定に用いる検出器のピクセル数を $N_{\rm pix}$ とすると，G_{k-1} は $N_{\rm pix} \times N_{\rm act}$ のヤコビ行列であるといえる．

可変形鏡を動かして焦点面での電場を消すということは式 (7.62) を 0 にすることなので，（複素）線形逆問題

$$E_{k-1}(\xi,\eta) = -G_{k-1}\Delta u_k \tag{7.64}$$

を解くことに相当する．Electric Field Conjugation (EFC) 法 [30] では，この複素線形問題を Tikhonov regularization で解く．解は正則化パラメタを α として

$$\Delta u_k = -(G_{k-1}^* G_{k-1} + \alpha I)^{-1}\mathrm{Re}(G_{k-1}^* E_{k-1}) \tag{7.65}$$

となる．線形逆問題と Tikhonov regularization については 8.3.2 項を参照のこと．ただし，ここでの正則化はノイズによるモデル分散の抑制というよりは，可変形鏡のアクチュエータが動き過ぎないようにするためである．

式 (7.65) を解くためには，電場 E_{k-1} の計測が必要である．これは意図的に可変形鏡に変調を与えて応答をみることで求める．正負を反転させた変調ペアを異なる形状で複数回変えて，応答をみることで電場を推定する．i 番目の可変形鏡形状の変調ペアを $\pm u_i = \pm u_i(x,y)$ とすると，電場変調量は

$$p_{i,\pm} = \pm G u_i \equiv \pm p_{k,i} \tag{7.66}$$

と表せる．変調後の光の強度は

$$I_{k,i,\pm} = |E_k \pm p_{k,i}|^2 + n_{i,\pm} = |E_k|^2 + |p_{k,i}|^2 \pm 2\mathrm{Re}(E_k^* p_{k,i}) + n_{i,\pm} \tag{7.67}$$

なので（$n_{i,\pm}$ はノイズ），ペア同士の差分をとると

$$\Delta I_{k,i} = I_{k,i,+} - I_{k,i,-} = 4\mathrm{Re}(E_k^* p_{k,i}) + n_i \tag{7.68}$$

となる．このようなペアを $i = 1, \ldots, N_{pp}$ 回計測すると，線形逆問題

$$\begin{pmatrix} \Delta I_{k,1} \\ \vdots \\ \Delta I_{k,N_{pp}} \end{pmatrix} = 4 \begin{pmatrix} \mathrm{Re}(p_{k,1}) & \mathrm{Im}(p_{k,1}) \\ \vdots & \vdots \\ \mathrm{Re}(p_{k,N_{pp}}) & \mathrm{Im}(p_{k,N_{pp}}) \end{pmatrix} \begin{pmatrix} \mathrm{Re}(E_k) \\ \mathrm{Im}(E_k) \end{pmatrix} + \begin{pmatrix} n_{k,1} \\ \vdots \\ n_{k,N_{pp}} \end{pmatrix} \tag{7.69}$$

となり，電場 E_k を推定することができる．EFC では，この式をノイズで重み付けした最小 2 乗法で解いている．またこの式をカルマンフィルターで解いていくという制御方法も提案されている [32]．

7.3 赤外干渉計

可視・近赤外光に対し中間赤外光は 10 倍以上波長が長いため，同じ口径を仮定すると分解能は 10 倍以上悪くなってしまう．単一望遠鏡で大きな口径をつくる代わりに複数の望遠鏡を配置して干渉させることで，実効的に大きな口径を実現する方式が赤外干渉計である．複数の望遠鏡からやってきた光を位相を揃えて干渉させる必要があるため波長が短いとより難しくなるが，中間赤外領域では現在の技術でも可能である．7.2.2 項で述べたヌル干渉計もこの赤外干渉計の応用である．宇宙に複数の赤外望遠鏡を打ち上げることで惑星の直接撮像を行うという計画が，宇宙でのコロナグラフ撮像計画と肩を並べるほど盛んに研究された時期もあったが，現在ではさまざまな問題からかつての勢いはなくなった感がある．しかし，光赤外干渉計は夢の技術であり，原理も面白いので，将来への期待を込めて本章で少し紹介したい．

まずは干渉と天体の空間情報を結びつける基本原理を述べたい．干渉計による撮像の基本原理は，遠方にある天体と光の干渉の間を結ぶ基本定理である van Cittert-Zernike 定理に基づいている．ここで考えている光は本来，準単色光とよばれる，ある波長の周りに少し波長幅のある光であるべきである．しかし基本的には単色光のように複素数で表される場（複素振幅）V を考えればよい．

7.3.1 van Cittert-Zernike 定理*6

点 P_1, P_2 における複素振幅 $V(P_1,t), V(P_2,t)$ を用いて相互コヒーレンス関数 (mutual coherence function)

*6 本項の議論は [117] を参考にした．

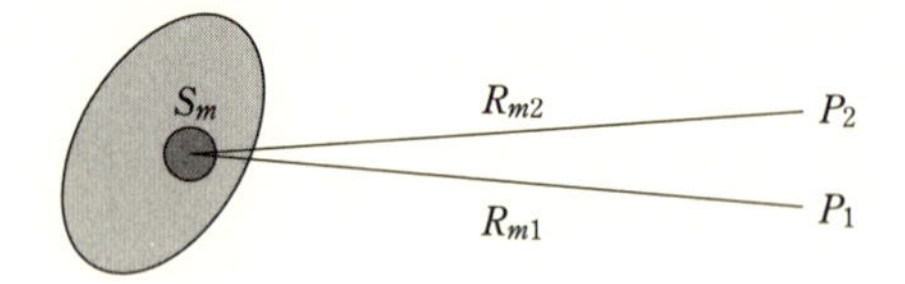

図 7.9 有限な光源上の素片 S_m から 2 つの点 P_1, P_2 への光線.

$$\Gamma(P_1, P_2, \tau) \equiv \langle V^*(P_1, t)V(P_2, t+\tau)\rangle \tag{7.70}$$

とこれを規格化した複素コヒーレンス度 (complex degree of coherence)

$$\gamma(P_1, P_2, \tau) \equiv \frac{\langle V^*(P_1, t)V(P_2, t+\tau)\rangle}{\sqrt{I(P_1)I(P_2)}} \tag{7.71}$$

を定義する．この複素コヒーレンス度が後に説明するように観測量である．ここに $I(P_j) = \langle V^*(P_j, t)V(P_j, t)\rangle$ で点 P_j における強度である.

図 7.9 のような有限の光源中の素片 S_m から出た光 A_m を用いて，点 P_1, P_2 への場は

$$V(P_1, t) = A_m(t - R_{m1}/c)\frac{e^{-i\omega(t-R_{m1}/c)}}{R_{m1}}, \tag{7.72}$$

$$V(P_2, t) = A_m(t - R_{m2}/c)\frac{e^{-i\omega(t-R_{m2}/c)}}{R_{m2}} \tag{7.73}$$

となる．すると全有限領域から P_1, P_2 への場の $\tau = 0$ のときの相互コヒーレンス関数は

$$\Gamma(P_1, P_2, 0) \equiv \langle V^*(P_1, t)V(P_2, t)\rangle \tag{7.74}$$

$$= \sum_m \langle A_m^*(t - R_{m1}/c)A_m(t - R_{m2}/c)\rangle \frac{e^{-i\omega(R_{m2}-R_{m1})/c}}{R_{m1}R_{m2}} \tag{7.75}$$

である．ここで光路差 $R_{m1} - R_{m2}$ がコヒーレンス長 $\Delta \sim 2\pi c/\Delta\omega$ より小さい領域では A_m は変化しないから,

$$\Gamma(P_1, P_2, 0) = \sum_m \langle A_m^*(t)A_m(t)\rangle \frac{e^{-i\omega(R_{m2}-R_{m1})/c}}{R_{m1}R_{m2}} \tag{7.76}$$

$$\approx \int \Sigma(S)\frac{e^{-i\omega(R_2-R_1)/c}}{R_1R_2}dS \tag{7.77}$$

のように光源の単位面積当たりから放出される強度分布 $\Sigma(S)$ を用いて書ける．最後の近似は $R_{m1} \approx R_1, R_{m2} \approx R_2$ を用いている．$\tau = 0$ のときの複素コヒーレンス度

を用いて書くと

$$\gamma(P_1, P_2, 0) = \frac{1}{\sqrt{I(P_1)I(P_2)}} \int \sum(S) \frac{e^{-i\omega(R_2-R_1)/c}}{R_1 R_2} dS, \tag{7.78}$$

$$I(P_j) = \Gamma(P_j, P_j, 0) = \int \frac{\sum(S)}{R_j^2} dS \tag{7.79}$$

となる．これが複素コヒーレンス度 (7.71) と天体の輝度分布 $\sum(S)$ の関係を表す van Cittert-Zernike 定理である．

点 P_1, P_2 のある観測者平面に物理座標 (X_1, Y_1), (X_2, Y_2) を貼る．観測者平面と天体の平面が平行だとする．天体中心と観測者平面にそれぞれ原点を取り，その距離を R とすると，天体の平面に角度座標 $(\alpha, \beta) = ((X_2 - X_1)/R, (Y_2 - Y_1)/R)$ を取ることができる．この座標系の元で R が十分に大きいとすると式 (7.78) は，

$$\gamma(P_1, P_2, 0) = \frac{e^{i\psi} \int d\alpha d\beta \sum(\alpha, \beta) e^{-ik(\alpha x + \beta y)}}{\int d\alpha d\beta \sum(\alpha, \beta)}, \tag{7.80}$$

$$\psi \equiv \frac{k[(X_2^2 + Y_2^2) - (X_1^2 + Y_1^2)]}{2R} \tag{7.81}$$

の 2 次元フーリエ変換の形に近似できる．ここに $x \equiv X_2 - X_1$, $y \equiv Y_2 - Y_1$ である．

van Cittert-Zernike 定理からわかるのは，2 点 P_1, P_2 を結ぶ線（この線を基線という）を 2 次元上でさまざまな長さをとって，何らかの方法で複素コヒーレンス度 (7.71) を測れれば，フーリエ変換で天体の像が得られるということである．電波干渉計では P_1, P_2 での波情報を記録し，あとで相関器にかけて相関をとることができるので，原理的には 2 次元フーリエ変換により像再生をすることができる．

しかし，光赤外干渉計では，現在のところ波の位相情報を直接取得することができないため，2 点からの光を干渉させ，情報を取り出す必要がある．たとえば干渉縞の山と谷の高さの比，visibility が複素コヒーレンスと

$$|\gamma(P_1, P_2, 0)| = \frac{I_{\max} - I_{\min}}{I_{\max} + I_{\min}} \tag{7.82}$$

の関係にあり，これと干渉縞の位相のずれから，複素コヒーレンス度を知ることができる．複素コヒーレンス度から輝度分布の復元は，一般には逆問題となる．

7.3.2 一様円盤の複素コヒーレンス度

複素コヒーレンス度が天体のイメージ情報を持っている例として，一般の逆問題を扱うのは少々骨が折れるので，代わりに恒星の視直径測定を考えてみよう．星

の視直径測定では一般の像再生は必要なく，一様の円盤を仮定すればよい．この場合，複素コヒーレンス度の絶対値と半径の関係を導出することができる．

式 (7.80) において，強度分布が見込み角 ρ，基線長 b のとき，

$$\gamma(P_1, P_2, 0) = \frac{2J_1(\nu)}{\nu} e^{i\psi}, \tag{7.83}$$

$$\nu \equiv k\rho b \tag{7.84}$$

となるので，

$$|\gamma(P_1, P_2, 0)| = \frac{2J_1(\nu)}{\nu} \tag{7.85}$$

となり，複素コヒーレンス度の絶対値を知ることができれば，見込み角を知ることができる．最初のインコヒーレント，すなわち干渉縞がなくなる基線長は

$$b = 0.61 \frac{\lambda}{\rho} \tag{7.86}$$

のときである．ここでシリウスの視直径を 6.3 mas として，H バンドの中心波長 1.65 μm の場合にこの基線長を見積もってみよう．

$$0.61 \times \frac{1.65 \times 10^{-6}}{0.0063\pi/(3600 \times 180)} \sim 33\ \mathrm{m} \tag{7.87}$$

である．つまり数十 m 程度離した 2 点での観測があればよい．

たとえば P_1 と P_2 にきた光を適当な割合 k_1 と k_2 で点 Q にて干渉させることを考えると，場は

$$V(Q, t) = k_1 V(P_1, t - t_1) + k_2 V(P_2, t - t_2) \tag{7.88}$$

であるから，強度そのものは

$$I(Q) = \langle V^*(Q, t) V(Q, t) \rangle \tag{7.89}$$

$$= |k_1|^2 \langle V^*(P_1, t - t_1) V(P_1, t - t_1) \rangle + |k_2|^2 \langle V^*(P_2, t - t_2) V(P_2, t - t_2) \rangle$$
$$+ 2\mathrm{Re}[|k_1||k_2| \langle V^*(P_1, t - t_1) V(P_2, t - t_2) \rangle] \tag{7.90}$$

$$= |k_1|^2 I(P_1) + |k_2|^2 I(P_2) + 2|k_1||k_2| \mathrm{Re}[\Gamma(P_1, P_2, t_1 - t_2)] \tag{7.91}$$

$$= I^{(1)}(Q) + I^{(2)}(Q) + 2\sqrt{I^{(1)}(Q) I^{(2)}(Q)} \mathrm{Re}[\gamma(P_1, P_2, t_1 - t_2)] \tag{7.92}$$

となる（$I^{(j)}(Q)$ は片方の経路のみの場合の強度）．$I^{(1)} = I^{(2)}$ を仮定すると，スクリーン上でコヒーレント長の中では

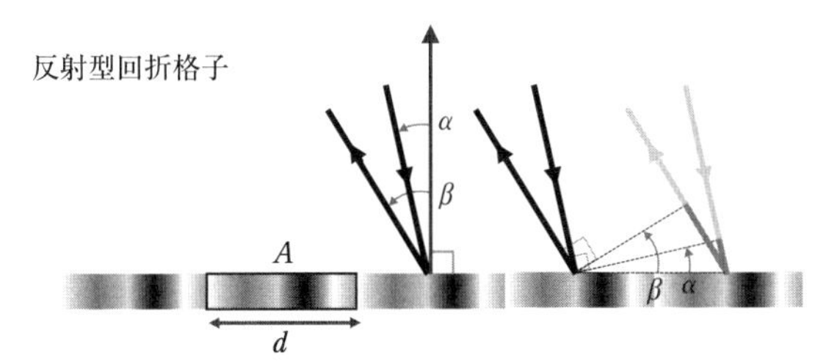

図 7.10　一般的な反射型回折格子の模式図.

$$2I^{(1)}(Q)(1 \pm |\gamma(P_1, P_2, t_1 - t_2)|) \tag{7.93}$$

間を振動する．マイケルソン干渉計では光路長を同じにして $\tau = 0$ にしておいてあるので，フリンジから式 (7.82) を用いて求めた visibility より，$\tau = 0$ の複素コヒーレンス度の絶対値 $|\gamma(P_1, P_2, 0)|$ がわかる．

7.4　高分散分光器

高分散分光器（ここではだいたい $R \equiv \lambda/\Delta\lambda > 10000$ の波長分解能を有する分光器）は，視線速度の測定のみならず惑星大気のキャラクタリゼーションなどにも用いられ，系外惑星の観測になくてはならない装置である．

7.4.1　回折格子

高分散分光器にはさまざまなタイプのものがあるが，最も普及しているのが回折格子 (diffraction grating) を用いたものである．回折格子には，大きくわけて透過型 (transmission grating) と反射型 (reflection grating) がある．天文分野では反射型でかつ反射面の角度を傾けたブレーズド回折格子 (blazed grating) がよく用いられる．

反射型回折格子を一般的に示したのが図 7.10 である．反射面には周期的に振幅・位相を変更する回折体 A が並んでいる．1 つの回折体は複素振幅 $V_0(x)$ を

$$V(x) = M(x)V_0(x) \tag{7.94}$$

のように変更するとしよう．x は反射面方向の座標である．この $M(x)$ を反射関数とよぶ．入射平面波 V_0 を N 個の回折体からなる回折格子で反射させたとき，出射光をフラウンホーファー近似が成り立つ遠方で検出する，もしくはコリメータ光を

回折格子にあてレンズを通して焦点で検出することを考える．このとき検出面での複素振幅は式 (7.12) や (7.13) を用いて，周期ごとの和に分割した

$$\tilde{A}(\xi) \propto V_0 \sum_{n=0}^{N-1} \int_A dx\, M(x) e^{-2\pi i(nd+x)\xi/L\lambda} \tag{7.95}$$

$$= V_0 \int_A dx\, M(x) e^{-2\pi i x\xi/L\lambda} \sum_{n=0}^{N-1} e^{-2\pi i n d\xi/L\lambda} \tag{7.96}$$

$$= \frac{1 - e^{-2\pi i N d\xi/L\lambda}}{1 - e^{-2\pi i d\xi/L\lambda}} \tilde{M} V_0 \tag{7.97}$$

のようになる．強度は

$$|\tilde{A}(\xi)|^2 \propto \frac{1 - \cos(2\pi N d\xi/L\lambda)}{1 - \cos(2\pi d\xi/L\lambda)} |\tilde{M}|^2 V_0^2 \tag{7.98}$$

$$= H_N(d\xi/L\lambda) |\tilde{M}|^2 V_0^2, \tag{7.99}$$

$$H_N(X) \equiv \left(\frac{\sin \pi N X}{\sin \pi X} \right)^2 \tag{7.100}$$

となる．図 7.11 上に $H_N(X)$ の挙動を示した．$H_N(X)$ は X が整数となる場所を中心としたピークが櫛状に並ぶ．N が大きくなるほどピークがシャープになることがわかる．式 (7.99) が意味するところは，この $H_N(X)$ の櫛に，各回折物体による反射関数のフーリエ変換の 2 乗がかかるということである．回折体が，たとえば $s = d/5$ の幅の一様鏡だとすると，$|\tilde{M}(\xi)|$ は sinc 関数となる．この場合の強度分布を図 7.11 下に図示した．

この結果を幾何光学的にも理解しておこう．式 (7.95) を見ると，隣り合った光線は $\Delta\phi = 2\pi d\xi/L\lambda$ の位相差で重ね合わさっていることがわかる．入射角度 α と出射角度 β，段の幅 d を用いて，隣り合う 2 光線の光路差は

$$d \sin\alpha + d \sin\beta \tag{7.101}$$

となるから，この位相差は

$$\Delta\phi = \frac{2\pi}{\lambda} d(\sin\alpha + \sin\beta) \tag{7.102}$$

とも書ける．検出面での角度座標 $\xi' = \xi/L$ を用いると，

$$\xi' = \sin\alpha + \sin\beta \tag{7.103}$$

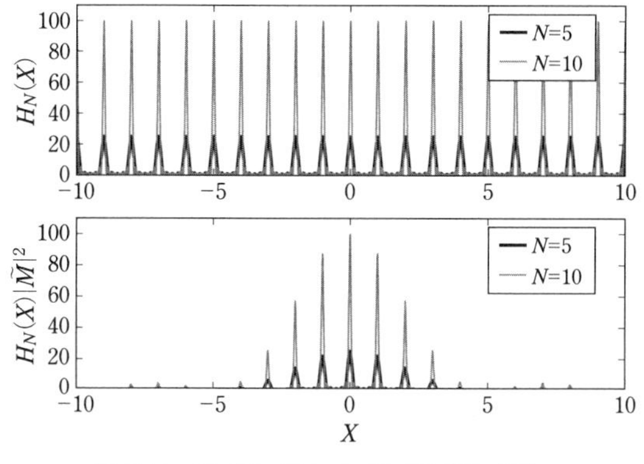

図 **7.11**　$H_N(X)$（上）と $H_N(X)|\tilde{M}|^2$（下）.

の関係にある．櫛のピークが出るのは，X が整数 m のときであるから

$$m = \frac{d}{\lambda}(\sin\alpha + \sin\beta) \tag{7.104}$$

の位置で光は強め合う．この m を回折格子の次数という．さてこの原理でなぜ分光ができるかというと，式 (7.98) より $H_N(X)$ の変数 X が λ に反比例しているからである．この依存性のおかげで，異なる波長は異なる位置に櫛のピークを持つことになる．ただし $m = 0$ のピークでは波長依存性がでない．

各ピークの極大から極小への幅は $H_N(X)$ の式 (7.100) より

$$\delta\xi' = \frac{\lambda}{Nd} \tag{7.105}$$

である．$\Delta\lambda$ だけ異なる波長のピークが，λ のときの極小にきたときの $\Delta\lambda$ を波長分解能と定義しよう．この場合，波長が $\Delta\lambda$ だけ変化したとき

$$\Delta\xi' = \frac{|m|}{d}\Delta\lambda \tag{7.106}$$

だけ変化するので，これが $\delta\xi'$ と一致したときの $\Delta\lambda$ が波長分解能である．すなわち回折格子の波長分解能として

$$R = \frac{\lambda}{\Delta\lambda} = |m|N \tag{7.107}$$

が得られる．

天文分野では光量が少ないため，なるべく光のロスを少なくするのが望ましい．そのために開発されたのが以下のブレーズド回折格子やエシェル回折格子 (echelle grating) である．ブレーズド回折格子は，図 7.12 のようにノコギリ形の回折格子

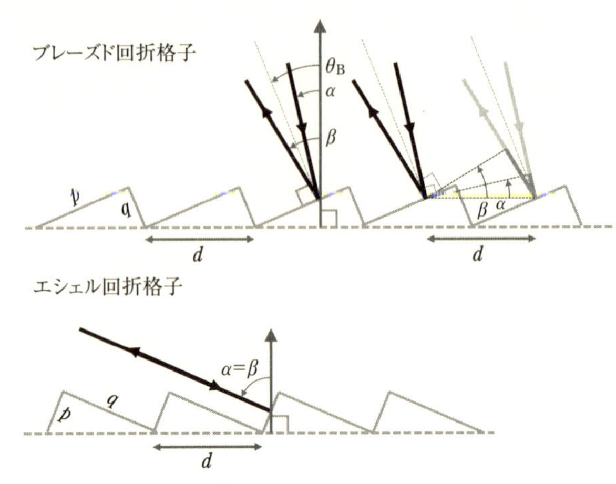

図 7.12 ブレーズド回折格子（上）とエシェル回折格子（下）の模式図.

に平行光を入射することで，段ごとに位相差をつけて干渉させる．隣の段との光路差は，回折格子法線 (grating normal) からの入射角度 α と出射角度 β，段の幅 d を用いて，やはり

$$d\sin\alpha + d\sin\beta \tag{7.108}$$

と表される．つまり m をオーダーとして，$m \neq 0$ の場合，出射方向 β の関数として

$$\lambda(\beta) = \frac{d}{m}(\sin\alpha + \sin\beta) \tag{7.109}$$

の波長の光が強めあう．回折格子の法線と反射面の法線の角度をブレーズ角 (blaze angle) とよび，θ_B で表す．ブレーズド回折格子では，光線が鏡面反射のとき，すなわち，

$$\theta_B = \frac{\alpha+\beta}{2} \tag{7.110}$$

のとき，最もスループットがよい．このときの波長はブレーズ波長 (blaze wavelength) とよばれる．ここで出入射間の角度 $\gamma \equiv |\beta-\alpha|$ を定義するとブレーズ波長は

$$\lambda_B = \frac{d}{m}(\sin\alpha + \sin\beta) = \frac{2d}{m}\left[\sin\left(\frac{\alpha+\beta}{2}\right)\cos\left(\frac{\beta-\alpha}{2}\right)\right] = \frac{2d}{m}\sin\theta_B\cos\frac{\gamma}{2} \tag{7.111}$$

となることがわかる．ブレーズ角は，上式からもわかるように γ によって異なり，

一意に表せないので，通常 $\gamma = 0$（リトロー (Littrow) 条件ともいう）のときの値で表す場合が多い．

7.4.2 高精度視線速度測定と波長較正

分光器で分光したものに対し，なんらかの波長の目盛りをつけることが必要である．通常の高分散分光観測では，観測前後にトリウムアルゴンランプなど多数の輝線を出す光源を見ることで，これを基準として波長較正を行う．しかし，視線速度測定の場合，より安定な波長較正が重要となる．さまざまな要因により観測中に微妙に波長較正がずれてしまうからである．このために光路に吸収線の入るガスセルを入れておいて，つねに基準吸収線込みで解析するガスセル法や，非線形光学に基づいた波長方向の櫛のような目盛りを同時に測定しておく周波数コム法などが存在する．高精度視線速度分光の手法については [115] にくわしいので参照のこと．

7.4.3 高コントラスト装置と高分散分光器との結合

近年，高コントラスト装置と高分散分光器を組み合わせる方法が研究されている．1 つは，4.6 節のように，惑星光を高分散分光によりキャラクタリゼーションするためである．この場合，高コントラスト装置により恒星光由来の光子ノイズが抑制されることが期待されている．もう 1 つは，恒星光を極限補償光学を通し回折限界像にしたものを，シングルモードファイバに通して，高分散分光器に送るという方法である．これにより波長方向の安定化や分光器自体の小型化が見込まれる．

第8章

データ解析の情報科学的アプローチ

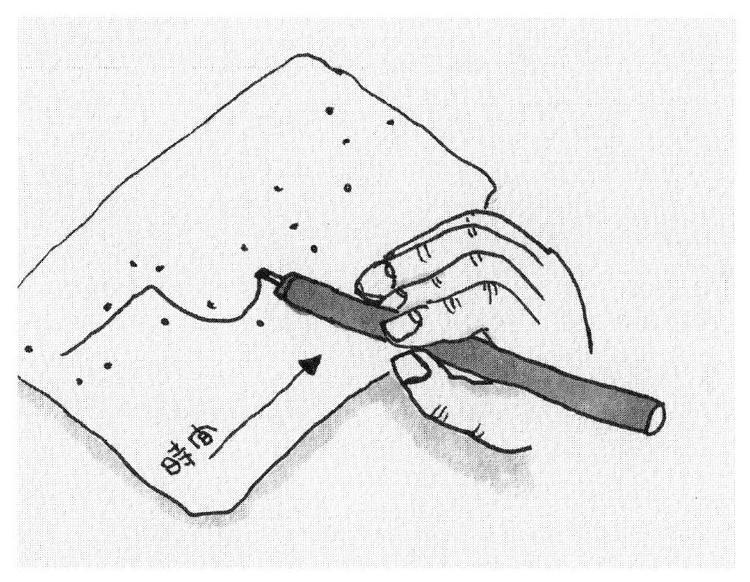

図 8.1 標高 4000 m の山頂で高山病と闘いながらとったデータでも，家でネットサーフィンの合間にダウンロードした人工衛星のデータであっても，それをどのようにモデルと比較するかが問題だ．

ケプラー衛星のような大規模高精度データの存在もあって，系外惑星分野では情報科学や信号処理，機械学習といった分野の手法が積極的に取り入れられてきた．本章では，これまでと少し視点を変えて系外惑星観測で用いられているデータ科学的な手法を解説したい．光度曲線や視線速度データにおける軌道の推定などで用いられるベイズ統計によるパラメタ推定，スペクトルを用いた大気構造の復元，惑星表面マップの再構成，またスペックルナリング（7.2.4 項）などの装置的技術などで用いられる逆問題の手法，さらに惑星検出やその他のキャラクタリゼーションに用いられる周期解析についても紹介したい．最後に古典的手法である目視調査，すなわち目で見て探す方法についても言及する．本章は，他の章にもまして雑然としていると感じるかもしれない．系外惑星分野で進んでいる情報科学化の一端でも紹介できればと思い*1，というのはたてまえで，単に筆者が好きだという理由で選んだ上記の手法を紹介する（最後の章なので許してください）．また本章の例では，直接撮像の反射光度曲線解析や光度曲線のトランジット解析，視線速度曲線のフィットなど，系外惑星観測の時系列データ解析を用いた．すなわち本章は第 4 章の発展となる内容でもある．

8.1 最尤推定と χ^2 フィット

たとえば視線速度曲線からのパラメタ推定を考える．視線速度曲線は 4.1.2 項で見たように $e, \omega, V_{\rm sys}, K_\star$ や時刻のオフセット，公転周期などのパラメタを与えると決定する．これら視線速度のパラメタをまとめて $\boldsymbol{p}$ とおこう．次に手持ちのノイズを含んだ光度曲線データを $\boldsymbol{d}$ とおく．ノイズの原因となる確率分布がわかっていれば，$\boldsymbol{p}$ を与えたときに $\boldsymbol{d}$ が実現される確率を計算できるだろう．この確率を $\boldsymbol{p}$ の関数として考えたものを尤度関数という．

$$L(\boldsymbol{p}) = p(\boldsymbol{d}|\boldsymbol{p}) \tag{8.1}$$

ここに $p(A|B)$ は B という条件下での A の確率（条件付き確率）を意味している．最尤推定とは，尤度関数を最大にする $\boldsymbol{p}$ を尤もらしい推定値として選ぶ方法であ

---

*1　情報化と同時に進んでいることとして，オープン科学化があげられる．つまり研究で開発したコードやデータを積極的に公開していくことで，追試を容易にしたり，資源を公開することでより効率的に分野の開拓ができるといったメリットがある．有名なコードレポジトリとして github があるので，検索してみるとよいかもしれない．また，この章の参考文献としては，[31] などをおすすめしたい．

る．

以下では，最尤推定の考え方を導く 1 つの論理として，カルバック-ライブラー情報量の近似としての尤度関数を説明する．その前に，まず確率分布の記述法を少し説明したい．x が確率変数のとき，確率分布関数 $F(x)$ とは，$x \leq x'$ である事象を A とおいたときの確率

$$F(x') \equiv P(A), \tag{8.2}$$

$$A : x \leq x' \tag{8.3}$$

で定義される．よって，ある範囲 $B : x_1 < x \leq x_2$ が実現する確率は，確率分布関数を用いて

$$P(B) = F(x_2) - F(x_1) \tag{8.4}$$

と計算できる．x が連続分布（連続モデル）なら，確率密度関数

$$f(x) = \frac{d}{dx} F(x) \tag{8.5}$$

が定義できる．これは頻度分布と直接比較できるものであり，より直感的に理解できよう．確率分布が離散的なときは，確率密度関数の代わりに確率質量関数

$$f(x_i) = P(x = x_i) \tag{8.6}$$

を用いればよい．ここに確率変数 x のとりうる値が $\{x_1, x_2, \ldots\}$ だとする．

いま，真の分布が G であるとして，モデルの確率分布の集合から G に最も「近い」確率分布 F を選び出せれば，その最も「近い」確率分布 F は G の 1 つの推定を与えるだろう．問題は，2 つの確率分布関数の間の近さ（距離のようなもの）をどうやって測定するかである．いくつかの有用な条件を満たすそのような関数として，カルバック-ライブラー (Kullback-Leibler; KL) 情報量

$$I = \left\langle \log \frac{g(x)}{f(x)} \right\rangle \tag{8.7}$$

が知られている．$\langle \ \rangle$ は期待値をとることを示し，

$$I = \int g(x) \log \frac{g(x)}{f(x)} dx \quad : \text{連続モデル} \tag{8.8}$$

$$I = \sum_i g(x_i) \log \frac{g(x_i)}{f(x_i)} \quad : \text{離散モデル} \tag{8.9}$$

である．ここに $f(x), g(x)$ は F, G の確率密度関数または確率質量関数である．KL

情報量は一般に $I \geq 0$ であり，$f = g$ のとき，$I = 0$ となるので，KL 情報量が小さいほうが f と g が近いとみなすことができる．KL 情報量は

$$I = \langle \log g(x) \rangle - \langle \log f(x) \rangle \tag{8.10}$$

のように分解でき，右辺第 1 項は f によらないので，f と g の近さを知るには第 2 項のみでよい．つまり

$$l_a \equiv \langle \log f(x) \rangle \tag{8.11}$$

を最大化すれば，$g(x)$ に最も近い $f(x)$ が見つかることとなる．この l_a を平均対数尤度という．

式 (8.1) との関係を見るために，モデルの確率分布集合内の 1 つ 1 つをパラメタ $\boldsymbol{p}$ で指定できるとし，パラメタ $\boldsymbol{p}$ を採用したときの確率密度（質量）関数を f_p としてみよう．平均対数尤度は，$\langle\ \rangle$ の部分に真の分布 $g(x)$ が入っているため，もちろん直接計算することはできないが，これをデータ $\boldsymbol{d} = \{d_1, d_2, \ldots, d_N\}$ を用いて，平均対数尤度の近似をすることでモデル中の確率分布の集合から KL 情報量の最も少ない分布の推定をすることができよう．d_i はそれぞれ真の確率分布 G からサンプリングされた x の実現値であるはずである．ということは平均対数尤度を

$$l_a = \langle \log f_p(x) \rangle \approx \frac{1}{N} \sum_{i=1}^{N} \log f_p(d_i) \equiv l \tag{8.12}$$

と近似するのは，妥当に思われる．すなわち真の分布 G の推定に実現値の列を用いるのである．この計算可能な右辺は，

$$l = \frac{1}{N} \sum_{i=1}^{N} \log f_p(d_i) = \frac{1}{N} \log \left[\prod_{i=1}^{N} f_p(d_i) \right] \tag{8.13}$$

である．この $f_p(d_i)$ というのは，パラメタ $\boldsymbol{p}$ を採用したときに d_i が実現する確率（密度），すなわち $p(d_i|\boldsymbol{p})$ であるから，その積は

$$\prod_{i=1}^{N} f_p(d_i) = p(\boldsymbol{d}|\boldsymbol{p}) \tag{8.14}$$

と $\boldsymbol{p}$ を採用したときの $\boldsymbol{d}$ が実現する確率，すなわち尤度関数そのものである．すなわち，

$$l = \frac{1}{N} \log L(\boldsymbol{p}) \tag{8.15}$$

となる．この $\log L(\boldsymbol{p})$ を対数尤度とよぶ．対数尤度の最大化，すなわち尤度の最大化は KL 情報量をデータで近似評価して最小化する手続きと同値であることが示され，なぜパラメタ推定で尤度を最大化するのか腑に落ちたのではないだろうか．

例として，光度曲線の観測値列 $d_1(t_1), d_2(t_2), \ldots$ があり，ノイズは標準偏差 $\sigma(t)$ のガウシアンであり，データ間のノイズは独立であるということがわかっており，光度曲線のモデル $m(t, \boldsymbol{p})$ を用いて，最尤法でパラメタ $\boldsymbol{p}$ を推定する問題を考えよう．データ点 1 個に対しての条件付き確率は，ガウシアンの仮定から

$$p(d_i|\boldsymbol{p}) = \frac{1}{\sqrt{2\pi\sigma_i^2}} \exp\left\{-\frac{[d_i - m(t_i, \boldsymbol{p})]^2}{2\sigma_i^2}\right\} \tag{8.16}$$

とおける．ここに $d_i = d(t_i), \sigma_i = \sigma(t_i)$ と略記した．尤度関数は，

$$L(\boldsymbol{p}) = \prod_{i=1}^{N} p(d_i|\boldsymbol{p}) \propto \exp\left\{-\sum_{i=1}^{N} \frac{[d_i - m(t_i, \boldsymbol{p})]^2}{2\sigma_i^2}\right\} \tag{8.17}$$

となるから，対数尤度は

$$\log L(\boldsymbol{p}) \propto -\sum_{i=1}^{N} \frac{[d_i - m(t_i, \boldsymbol{p})]^2}{2\sigma_i^2} = -\frac{\chi^2(\boldsymbol{p})}{2} \tag{8.18}$$

となる．最後の

$$\chi^2(\boldsymbol{p}) \equiv \sum_{i=1}^{N} \left[\frac{d_i - m(t_i, \boldsymbol{p})}{\sigma_i}\right]^2 \tag{8.19}$$

はカイ 2 乗 (chi-squared) とよばれる．ここでわかるのは尤度最大は χ^2 最小と同値であるということである．この χ^2 を最小化する $\boldsymbol{p}$ を求めることを χ^2 フィットといったりする．また σ_i が同じ値のとき（もしくは規格化すると），χ^2 最小は L^2 ノルム

$$L^2 = \sum_{i=1}^{N} [d_i - m(t_i, \boldsymbol{p})]^2 \tag{8.20}$$

が最小となり，最小 2 乗法となる．このように最尤推定は，独立なガウシアンノイズのときに最終的には最小 2 乗法と一致する．最小 2 乗法を一般の非線形関数

について数値的に解くには，Levenberg-Marquardt 法などを用いればよい．scipy.optimize や mpfit などを利用する場合が多い．χ^2 フィットは数値計算的にも軽く簡便である．求まったパラメタのエラー評価は共分散行列を用いるが，パラメタ間の相関が強かったりするとうまくいかないので注意が必要である．また，未知のノイズがあり σ_i を完全に決定できない場合なども扱いが難しい．次節で紹介するマルコフ鎖モンテカルロ (Markov Chain Monte Carlo; MCMC) 法はこれら推定パラメタの誤差をうまく記述できるので併用されたい．

8.2 ベイズ推定

8.2.1 ベイズの定理

ニュートン力学が確立してしばらく後，1740 年代に牧師兼アマチュア数学者であったトーマス・ベイズの発見した法則，ベイズの定理

$$p(B|A) = \frac{p(A|B)p(B)}{p(A)} \tag{8.21}$$

こそが，パラメタ推定の手法として広く使われているベイズ統計の指導原理である．ベイズの定理は発見から 200 年の間ベイズの定理という名前さえなかったが，21 世紀前後には機械学習分野での活躍を筆頭に復活し，現在では最も使われる定理の 1 つとなったといってもよい．この式は，原因 B があったときに結果 A を生じさせる確率 $p(A|B)$（尤度）を用いて，結果 A から原因が B である確率 $p(B|A)$ を推定するにはどうしたらよいかという，まさに逆転の発想を表している．発見を公表する気のなかったベイズにかわり，リチャード・プライスがベイズの死後，この考え方を世に出したのは，デイビット・ヒュームの経験主義に刺激を受けてのことだったらしいというところがまた面白い．

ベイズの定理をどのようにパラメタ推定に用いるのだろうか？　再びトランジット光度曲線からのパラメタ推定を考えよう．トランジット光度曲線のパラメタをまとめて $\boldsymbol{p}$ とおく．次に手持ちのノイズを含んだ光度曲線データを $\boldsymbol{d}$ とおく．トランジットのモデルとそのパラメタ $\boldsymbol{p}$，そして統計誤差の原因が与えられれば*2，つまり，理想的な光度曲線と統計誤差の原因が与えられれば，$p(\boldsymbol{d}|\boldsymbol{p})$ は尤度関数 $L(\boldsymbol{p})$ であるから計算できる．もし $p(\boldsymbol{p})$ を仮定すれば，ベイズの定理より

*2　これらをセットでモデルということもある．

$$p(\boldsymbol{p}|\boldsymbol{d}) \propto L(\boldsymbol{p})p(\boldsymbol{p}) \tag{8.22}$$

が計算できる．この確率を事後確率 (posterior) という．つまり，ある $\boldsymbol{d}$ が与えられたときのパラメタ $\boldsymbol{p}$ の確率が直接計算できるというわけであり，この事後確率を求めることがベイズ推定である．考えている領域内での $\boldsymbol{p}$ に対し，事後確率 $p(\boldsymbol{p}|\boldsymbol{d})$ を計算できるとすると，たとえば $p(\boldsymbol{p}|\boldsymbol{d})$ を最大にするような $\boldsymbol{p}$，最大事後確率 (Maximum A Posterior; MAP) を計算できる．これをパラメタ $\boldsymbol{p}$ の推定値として採用してもよいし，67% の確率が入る $\boldsymbol{p}$ の領域をパラメタ推定値の信頼区間として使ってもよい．これがベイズ統計を用いたパラメタ推定の考え方である．

ベイズ推定においては，$p(\boldsymbol{p})$ をでっちあげなければならない．これを事前分布 (prior) とよぶ．ベイズ推定における確率とは，個々人が持つ確からしさの信念を評価しているとされる．すなわち事前分布は，好きなようにでっちあげてよい．もう少し実用的なことをいうと，これまでの観測結果や部分的な情報を事前分布と組み込んでいくこともできる．$\boldsymbol{d}$ の質が十分よければ，事前分布の違いは結果に影響しなくなってくる．実際上は，たとえば何も情報がなければ，一様な事前分布などを用いる．この事前分布に対する違和感，具体的には恣意性が，ベイズ推定に対する忌避感の原因の 1 つになっているのは確かだろう．慣れとは怖いもので，使っているうちにこのような大事な問題，すなわち推定とはそもそも何であるかなど，とうに忘れてしまい，日常の作業に埋没してしまうのが常である．たまには最初に抱いた違和感を思い出そう．

まとめると，データ $\boldsymbol{d}$ から，ベイズの定理を用いて，ベイズ推定を行う，すなわち事後確率を求めるには，

- 尤度関数
- 事前分布

を与えればよい．式 (8.21) の分母は，規格化定数として働くのでここでは考える必要はない．

8.2.2 マルコフ鎖モンテカルロ (MCMC)

尤度関数と事前分布が与えられても，解析的にベイズの定理を適用して事後確率を求めることは困難である．ここで登場するのが，推定という深遠な問題をルーチンワークに変えてしまう薬（毒）ともいえるマルコフ鎖モンテカルロ (MCMC) で

ある．MCMC は，尤度関数・事前分布が与えられたときに，そこから計算される事後確率分布から抽出したサンプリングをモンテカルロ法的に得るアルゴリズムである．

代表的な MCMC のアルゴリズムであるメトロポリス–ヘイスティングス (Metropolis Hasting; MH) アルゴリズムでは，まず初期値として $\boldsymbol{p}_0$ をセットした後に，以下の手続きを繰り返すことで，事後確率 $p(\boldsymbol{p}|\boldsymbol{d})$ の定常過程に収束させる．そして事後確率の実現値として，この定常過程から $\{\boldsymbol{p}_N, \boldsymbol{p}_{N+1}, \ldots, \boldsymbol{p}_M\}$ がサンプリングされる．

(1) i-番目の値を $\boldsymbol{p}_i$ とする．$\boldsymbol{p}_i$ から，次のサンプリングの候補 $\hat{\boldsymbol{p}}_{i+1}$（まだ候補なのでハットをつけている）をある確率分布 $q(\hat{\boldsymbol{p}}_{i+1}|\boldsymbol{p}_i)$（提案分布）に従うようにランダムに生成する．ここに q は $q(\hat{\boldsymbol{p}}_{i+1}|\boldsymbol{p}_i) = q(\boldsymbol{p}_i|\hat{\boldsymbol{p}}_{i+1})$ を満たすような分布ならばどんな分布でもよい．

(2) 確率 r で $\hat{\boldsymbol{p}}_{i+1}$ を受け入れる．その場合，$\boldsymbol{p}_{i+1} = \hat{\boldsymbol{p}}_{i+1}$ となる．

ここに

$$r(\boldsymbol{p}_i, \hat{\boldsymbol{p}}_{i+1}) = \min\left[1, \frac{p(\hat{\boldsymbol{p}}_{i+1}|\boldsymbol{d})q(\boldsymbol{p}_i|\hat{\boldsymbol{p}}_{i+1})}{p(\boldsymbol{p}_i|\boldsymbol{d})q(\hat{\boldsymbol{p}}_{i+1}|\boldsymbol{p}_i)}\right] \tag{8.23}$$

であり，この値をメトロポリス比 (Metropolis ratio) とよぶ．このように次の確率が 1 つ前の結果だけに依存する離散的な確率過程をマルコフ鎖 (Markov chain) とよぶため，これらの手法はマルコフ鎖モンテカルロ (MCMC) とよばれる．

さて，式 (8.23) の右辺の中を計算するときにベイズの定理 (8.22) を用いる．すなわち

$$r(\boldsymbol{p}_i, \hat{\boldsymbol{p}}_{i+1}) = \min\left[1, \frac{L(\hat{\boldsymbol{p}}_{i+1})p(\hat{\boldsymbol{p}}_{i+1})}{L(\boldsymbol{p}_i)p(\boldsymbol{p}_i)}\right] \tag{8.24}$$

のように尤度と事前分布を与えれば $r(\boldsymbol{p}_i, \hat{\boldsymbol{p}}_{i+1})$ を計算できることがわかる．

さて上の手続きで定常分布が成り立っていることを示そう．i 番目で $p(\boldsymbol{p}_i|\boldsymbol{d})$ に従っている確率分布が，手続きにより確率 $p(\boldsymbol{p}_{i+1}|\boldsymbol{p}_i)$ で $\boldsymbol{p}_{i+1}$ を生成するとき，$i+1$ 番目で $\boldsymbol{p}_{i+1}$ は

$$P(\boldsymbol{p}_{i+1}) = \int p(\boldsymbol{p}_{i+1}|\boldsymbol{p}_i)p(\boldsymbol{p}_i|\boldsymbol{d})d\boldsymbol{p}_i \tag{8.25}$$

の確率に従うであろう．定常分布であるためにはこの $P(\boldsymbol{p}_{i+1})$ が再び $p(\boldsymbol{p}_{i+1}|\boldsymbol{d})$ と一致すればよい．このために必要な条件が詳細釣り合い条件

$$p(\boldsymbol{p}_{i+1}|\boldsymbol{p}_i)p(\boldsymbol{p}_i|\boldsymbol{d}) = p(\boldsymbol{p}_i|\boldsymbol{p}_{i+1})p(\boldsymbol{p}_{i+1}|\boldsymbol{d}) \tag{8.26}$$

である．詳細釣り合い条件が成り立てば，

$$\begin{aligned} P(\boldsymbol{p}_{i+1}) &= \int p(\boldsymbol{p}_{i+1}|\boldsymbol{p}_i)p(\boldsymbol{p}_i|\boldsymbol{d})d\boldsymbol{p}_i \\ &= \int p(\boldsymbol{p}_i|\boldsymbol{p}_{i+1})p(\boldsymbol{p}_{i+1}|\boldsymbol{d})d\boldsymbol{p}_i = p(\boldsymbol{p}_{i+1}|\boldsymbol{d}) \end{aligned} \tag{8.27}$$

となる．

さて，MH アルゴリズムでは $\boldsymbol{p}_i$ から $\boldsymbol{p}_{i+1}$ が生成される確率は

$$p(\boldsymbol{p}_{i+1}|\boldsymbol{p}_i) = r(\boldsymbol{p}_i, \boldsymbol{p}_{i+1})\, q(\boldsymbol{p}_{i+1}|\boldsymbol{p}_i) \tag{8.28}$$

であるため，

$$\begin{aligned} p(\boldsymbol{p}_{i+1}|\boldsymbol{p}_i)p(\boldsymbol{p}_i|\boldsymbol{d}) &= r\, q(\boldsymbol{p}_{i+1}|\boldsymbol{p}_i) \\ &= \min\left[1, \frac{p(\boldsymbol{p}_{i+1}|\boldsymbol{d})q(\boldsymbol{p}_i|\boldsymbol{p}_{i+1})}{p(\boldsymbol{p}_i|\boldsymbol{d})q(\boldsymbol{p}_{i+1}|\boldsymbol{p}_i)}\right] q(\boldsymbol{p}_{i+1}|\boldsymbol{p}_i)p(\boldsymbol{p}_i|\boldsymbol{d}) \\ &= \min\left[q(\boldsymbol{p}_{i+1}|\boldsymbol{p}_i)p(\boldsymbol{p}_i|\boldsymbol{d}), p(\boldsymbol{p}_{i+1}|\boldsymbol{d})q(\boldsymbol{p}_i|\boldsymbol{p}_{i+1})\right] \\ &= \min\left[\frac{p(\boldsymbol{p}_i|\boldsymbol{d})q(\boldsymbol{p}_{i+1}|\boldsymbol{p}_i)}{p(\boldsymbol{p}_{i+1}|\boldsymbol{d})q(\boldsymbol{p}_i|\boldsymbol{p}_{i+1})}, 1\right] q(\boldsymbol{p}_i|\boldsymbol{p}_{i+1})p(\boldsymbol{p}_{i+1}|\boldsymbol{d}) \\ &= r(\boldsymbol{p}_{i+1}, \boldsymbol{p}_i)q(\boldsymbol{p}_i|\boldsymbol{p}_{i+1})p(\boldsymbol{p}_{i+1}|\boldsymbol{d}) \\ &= p(\boldsymbol{p}_i|\boldsymbol{p}_{i+1})p(\boldsymbol{p}_{i+1}|\boldsymbol{d}) \end{aligned} \tag{8.29}$$

となり，たしかに詳細釣り合い条件が成り立っていることが確かめられる．ただし，初期条件として適当な $\boldsymbol{p}_0$ から始めるが，マルコフ鎖の最初の部分は初期条件に依存しているので解析から除くことが必要である．MH アルゴリズムは比較的単純なため理解のために自分で一度コーディングしてみるとよいが，実際上はもっと高速化されたパッケージを利用することになると思う．たとえば Python では pystan, PyMC, emcee などが有名である．以下の計算では emcee [26] を用いている．

系の特異速度 $V_{\rm sys}$ や周期がわかっている $e = 0$ の視線速度曲線を例にして，以下のような簡単な正弦曲線をモデルとして考えることにしよう．

$$f(t; \boldsymbol{p}) = a \sin(t + \phi) \tag{8.30}$$

パラメタは振幅 a と位相（時間のオフセット）ϕ である．フィットするデータは真

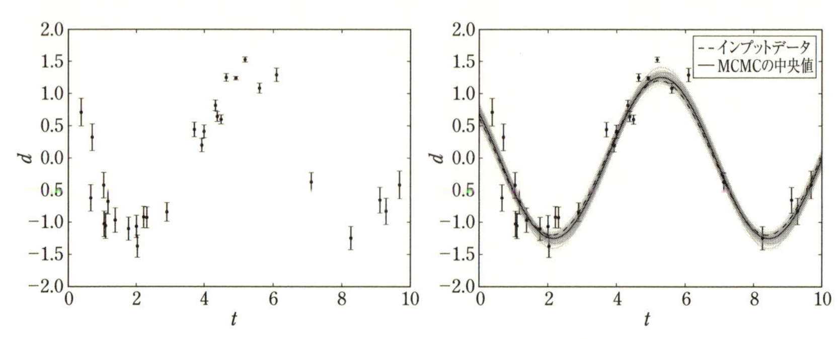

図 **8.2** データのみのプロット（左）と MCMC のサンプリングからいくつかをランダムにサンプルし，プロットしたもの（右，細線）．全サンプリングの中央値とインプットモデルも示してある．

のモデルに対して，既知の標準偏差 σ_i を持つガウシアンと標準偏差 σ_{unk} の未知のガウシアンの 2 つのノイズが加わっているとする．図 8.2 左は，真の値として $a = 1.2, \phi = 2.6, \sigma_{\mathrm{unk}} = 0.2$ としてサンプルされた模擬データの例である．ここで誤差棒は，既知のノイズの標準偏差のみをプロットしているため，誤差を過小評価していることに注意が必要である．

モデルとは確率モデルの全体のことであるので，モデルの持つパラメタは 3 つ $(\boldsymbol{p} = (a, \phi, \sigma_{\mathrm{unk}}))$ である．MCMC では尤度関数と事前分布を与えることを思い出そう．いま，データを $d_i \equiv d(t_i)$，データ総数を N として，尤度関数は

$$L(\boldsymbol{p}) = \left(\prod_{i=1}^{N} \frac{1}{\sqrt{2\pi(\sigma_i^2 + \sigma_{\mathrm{unk}}^2)}} \right) \exp\left(- \sum_{i=1}^{N} \frac{[d_i - f(t_i; \boldsymbol{p})]^2}{2(\sigma_i^2 + \sigma_{\mathrm{unk}}^2)} \right) \tag{8.31}$$

と表される．次に $\boldsymbol{p}$ の事前分布を指定する．事前分布なので確率の定義を満たす限り何でもいいといえばいいのだが，たとえば a はデータの値に足して十分幅をとって 0 から 10 までの一様事前分布

$$p(a) = \begin{cases} 1/10 & (0 < a < 10) \\ 0 & (\text{その他}) \end{cases} \tag{8.32}$$

とする．同様に ϕ も

$$p(\phi) = \begin{cases} 1/2\pi & (0 < \phi \le 2\pi) \\ 0 & (\text{その他}) \end{cases} \tag{8.33}$$

また，σ_{unk} も

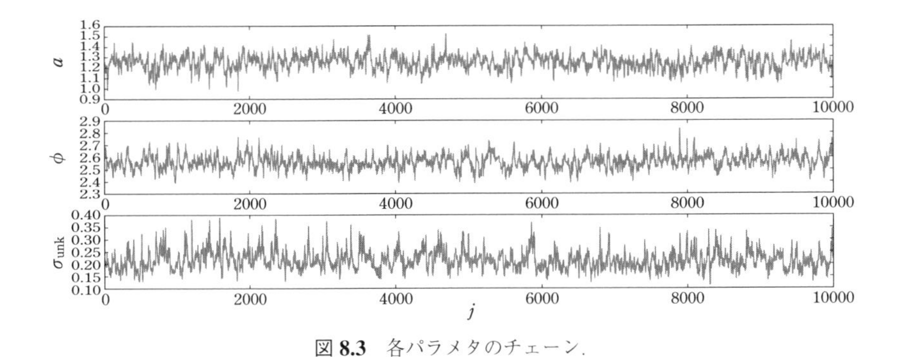

図 **8.3** 各パラメタのチェーン.

$$p(\sigma_{\rm unk}) = \begin{cases} 1/10 & (0 < \sigma_{\rm unk} \leq 10) \\ 0 & (\text{その他}) \end{cases} \tag{8.34}$$

などとする. 図 8.3 は MCMC を走らせたときの各パラメタのチェーンの例である. チェーンの初期は, 初期値による影響が大きいため適当に除去し, 除去後のパラメタのサンプリングを事後分布とみなす. 図 8.4 はこのサンプリングされた事後分布を, 2 パラメタ方向に周辺化 (残りのパラメタ方向に積分すること) したコーナープロットとよばれるものである. コーナープロットによりパラメタ間の相関がわかる. またヒストグラムは 1 パラメタを残し, 残りを周辺化した周辺化事後分布である. また, 事後分布のサンプリングからランダムにいくつかをとってきてデータ上にプロットしたものが図 8.2 の右である. 事後分布の中央値によるものもプロットしてある. このように MCMC では事後分布を直接推定できるので, 必ずしもパラメタの推定値やエラーを表記する必要はないが, 見やすさのため, 周辺化事後分布の中央値と, 95% タイルで推定値とエラーとして表記する方法などがある.

8.3 逆問題

軌道要素のようにパラメタの数が決まっていてかつ有限個なものについては MCMC などのベイズ推定が強力であった. では, たとえば惑星の表面マップのように, そもそもパラメタが連続的で, たとえ離散化しても, その数が多く縮退も多そうな推定にはどのように対処すればよいであろうか? このような縮退の強い推定の問題系は逆問題といわれる. 以下では, 逆問題の例として, 惑星の光度曲線

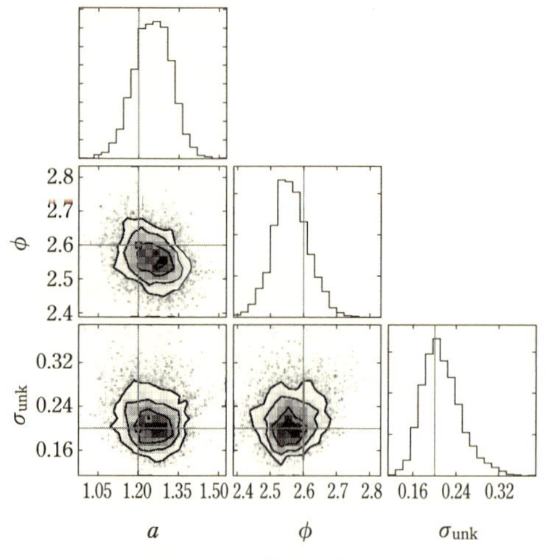

図 **8.4** MCMC による事後分布のサンプリング.

から惑星の表面分布を推定する問題を考える.

8.3.1 系外惑星の空間分解は可能か？

まず，惑星や恒星の表面というのはどの程度の角度に相当するのか確認しておきたい．表 8.1 に代表的な天体の角度と，望遠鏡の理想的な空間分解能を表す回折限界（7.1.3 項）を示してある．まず距離 10 pc に位置する地球表面を直接空間分解しようと思うと，マイクロ秒角の角度分解能が必要である．参考までにこれは月面上の 1 cm のものを地球から見るのと同程度である．回折限界像を仮定しても，口径は 50-500 km 以上必要となる．これは単一鏡でつくるのはほぼ不可能であるから，直接空間分解（直接マッピング）しようとすると超長基線の光・赤外干渉計が唯一の解となる．

一方，近傍恒星の半径であれば，太陽半径でも 0.5 mas 程度であり，現実に赤外干渉計で半径の測定がなされている．1969 年には，強度干渉計という優れた方法で近傍恒星半径を数 mas から ζPup（とも座ゼータ星）の 0.41 ± 0.03 mas の精度で測定できている*3．また近年ではマイケルソン型干渉計でもこの精度まで達し，また高速自転星の自転による星のゆがみなども検出されている．系外惑星の半径の直接測定はこの延長線上にあるだろう．さらに近傍巨星になると半径にして数

*3 ただし強度干渉計は高温の天体にのみ適用できる.

表 8.1 天体の角度

長さ	距離	角度
$R_\oplus$	10 pc	4×10^{-3} mas = 4 マイクロ秒角
R_J	10 pc	0.05 mas = 50 マイクロ秒角
$R_\odot$	10 pc	0.46 mas
冥王星半径 1150 km	40 au	40 mas
ベテルギウス $10^3 R_\odot$	200 pc	23 mas
月面の 1 cm	384400 km	5×10^{-3} mas = 5 マイクロ秒角
λ	D	回折限界 λ/D
1 μm	30 m	7 mas
1 μm	50 km	4×10^{-3} mas = 4 マイクロ秒角
10 μm	100 m	20 mas
10 μm	500 km	4×10^{-3} mas = 4 マイクロ秒角

十 mas の大きさになるので，赤外干渉計で実際に表面輝度分布が測定されている．とくに F 型星と円盤を持つ B 型星の食連星 epsilon Aurigae（ぎょしゃ座イプシロン星）では，2009 年の食時に赤外干渉計 CHARA で F 型星前面に円盤上の影が通過する画像が得られた [49]．これらは現実に空間分解できた天体のうちで最も解像度のよい写真といえよう．これに比べ系外惑星の直接マッピングは，角度だけで見ても，現在より 3 桁以上解像度をあげないとならないことがわかる．

直接惑星表面を分解するのは非常に難しいが，もし直接撮像により，惑星反射光の観測を安定に長期にわたり行うことができれば，5.1.2 項で示したように，表面組成の反射率の違い（図 2.12）と自転運動に起因し，反射光強度の時間変化がおこる．自転に加え公転運動も利用することで，光度変動情報を用いて惑星表面の分布を再現することができる [27, 43, 44]．図 8.5 に自転・公転運動で反射光度変動がおきる原理を図示した．まず，反射光の光度曲線は，惑星に恒星光が当たっていて (on the sunny side) かつ観測者側に向いている面（合わせて Illuminated and Visible surface; IV 面）から反射光の総和の時間変化に対応する．惑星の自転に応じて，この IV 面が変化するので，惑星経度方向の変化が得られる．さらに公転に伴い自転とは異なる軸（公転軸）で IV 面が変化する．このようにして，光度変動が見られるはずである．宇宙直接撮像観測の長期モニタリング観測で，このような光度曲線を得ることができれば，2 つの軸による IV 面の変化を逆に解くことで表面の 2 次元分布が得られる．この手法を spin-orbit tomography とよぶ．

反射光強度は式 (5.31) より以下のように表される．

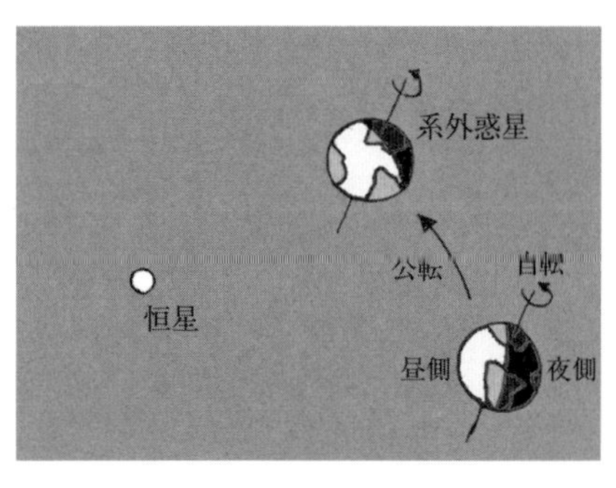

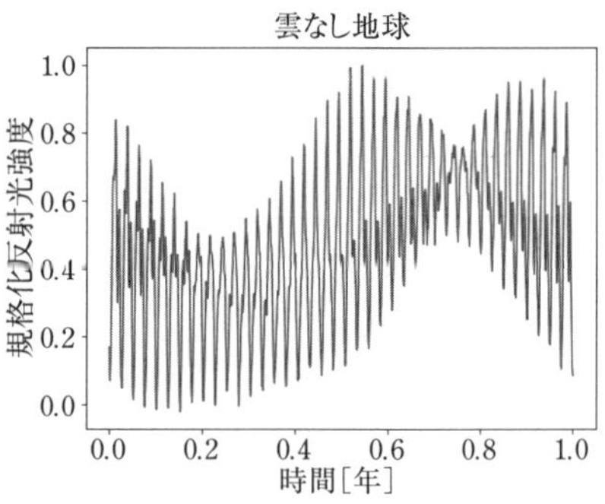

図 **8.5** 反射光の強度が自転・公転により時間変動する原理．右の図は雲なし地球でシミュレーションしたもの．ここでは見やすさのため 1 年を 40 日として計算している．

$$d(t) = \int_{\mathrm{IV}} W(\theta, \phi, t; \zeta, \Theta_S) m(\phi, \theta) \sin\theta d\theta d\phi \tag{8.35}$$

ここに ϕ, θ は惑星表面の経度，緯度，W はある時点 t での IV 面の重みであり，具体的には式 (5.32) より

$$W(\theta, \phi, t; \zeta, \Theta_S) = \frac{f_\star R_p^2}{\pi a^2} (\boldsymbol{e}_{\mathrm{O}} \cdot \boldsymbol{e}_{\mathrm{R}})(\boldsymbol{e}_{\mathrm{R}} \cdot \boldsymbol{e}_{\mathrm{S}}) \tag{8.36}$$

となる．$R = m(\theta, \phi)$ は惑星表面のアルベド分布である．ζ と Θ_S は，自転軸傾斜を表す幾何学的パラメタであり，とくに ζ は赤道傾斜角（obliquity, axial tilt とも）とか自転軸傾斜角とよばれる．この形式は第 1 種フレドホルム積分として知られている形である．いま考えている問題は $d(t)$ をサンプリングした列から，$m(\theta, \phi)$ を求める問題である．アルベド分布も球面を適当に離散化すると

$$d(t_i) = \sum_j W(\theta_j, \phi_j, t_i; \zeta, \Theta_S) m(\theta_j, \phi_j) \Delta\Omega \tag{8.37}$$

のようになり，数値的に扱えるようになる．次に $m(\theta, \phi)$ をどのように推定するか一般的に考えてみよう．

8.3.2 線形逆問題

一般に観測データから空間座標に対して値を割り当てる作業をマッピングとよぶ．惑星の場合，通常は惑星表面を球面とみなし，球面上の座標 (θ, ϕ) に対して，輝度やアルベドなどの値を割り当てる．ここではその値を $m(\theta, \phi)$ としておく．観測データが時間方向に m について異なる情報を持っているとき，一般にマッピン

グは，

$$d(t) = \mathsf{F}(m(\theta, \phi)) \tag{8.38}$$

において $d(t)$ から $m(\theta, \phi)$ を推定する問題系として記述できる．ここに $d(t)$ は時間 t における観測量で，F は m の汎関数である．m が惑星表面の輝度などのマッピングする量であるとき，惑星全体からの光度 d を適当な重み関数 $W(\theta, \phi, t)$ で

$$d(t) = \int d\Omega\, W(\theta, \phi, t)\, m(\theta, \phi) \tag{8.39}$$

と汎関数を (8.35) と同様の線形形式に書きなおせるだろう．この定式化は spin-orbit tomography や食を利用したマッピングである eclipse mapping などさまざまなマッピングにそのまま応用可能である．上の定式化のままだと，観測量，推定量がともに連続関数となっているので扱いづらい．そこで t，(θ, ϕ) をともに離散化する．後者は球面上の離散化である．いまはピクセル立体角が同じ $\Delta\Omega$ であるとする*4．(8.37) の繰り返しになるが

$$d(t_i) = \sum_j W(\theta_j, \phi_j, t_i) m(\theta_j, \phi_j) \Delta\Omega \tag{8.40}$$

のように離散線形形式が得られる．これを行列形式で書くと

$$\boldsymbol{d} = G\, \boldsymbol{m} \tag{8.41}$$

となる．ここに $\boldsymbol{d}, \boldsymbol{m}, G$ の各成分は $d_i = d(t_i)$, $m_j = m(\theta_j, \phi_j)$, $G_{ij} = W(\theta_j, \phi_j, t_i)\Delta\Omega$ である．G をデザイン行列と呼ぶ．

実際の観測値 $\boldsymbol{d}_{\rm obs}$ は誤差を含んでいるので，たとえば，誤差ベクトル $\boldsymbol{\epsilon}$ を用いて

$$\boldsymbol{d}_{\rm obs} = G\, \boldsymbol{m} + \boldsymbol{\epsilon} \tag{8.42}$$

のように書ける．問題系としては $\boldsymbol{d}_{\rm obs}$ から，$\boldsymbol{m}$ の推定値 $\boldsymbol{m}_{\rm est}$ を与える問題系となる．このような問題系を線形逆問題という．ここにいくつか言葉を定義しておこう．まずモデル推定値 $\boldsymbol{m}_{\rm est}$ を用いて予言したデータ

$$\boldsymbol{d}_{\rm pre} \equiv G\, \boldsymbol{m}_{\rm est} \tag{8.43}$$

*4　球面上でのそのような離散化の例として，Healpix という素晴らしい方法が存在する．

を予測 (prediction) とよぶ．$\boldsymbol{m}_{\mathrm{est}}$ の予測誤差 $\boldsymbol{e}$ とは，

$$\boldsymbol{e} = \boldsymbol{d}_{\mathrm{obs}} - \boldsymbol{d}_{\mathrm{pre}} \tag{8.44}$$

により定義される．これは，モデルの予測のデータに対する適合の良さとして評価される指標である．

自然解と不安定性

$\boldsymbol{m}_{\mathrm{est}}$ を選ぶ基準として，予測誤差を最小にするというものがまず考えられる．$\boldsymbol{\epsilon}$ が同じ標準偏差 σ を持つ平均 0 の標準分布のとき，この戦略は χ^2 最小と等価である*5．すなわち，これは最尤法と同じである．しかし，一般に混合問題を含む逆問題では，この戦略はうまくいかないことが多い．そのために逆問題では正則化 (regularization) を行いモデル分散と予測誤差のバランスをとって推定値を得る．正則化には，たとえば，最大エントロピー法や LASSO，後述する Tikhonov regularization などさまざまな種類がある．まずなぜ予測誤差最小がうまくいかない場合があるのかを考えよう．

予測誤差最小の推定値 $\boldsymbol{m}_{\mathrm{est}}$ を構成する前に，離散線形逆問題で $\boldsymbol{m}$ と $\boldsymbol{d}$ がどのように関係しているかを調べよう．このためには，デザイン行列 G を特異値分解して考えると都合がよい．特異値分解とは $N \times N$ 直交行列 U，$M \times M$ 直交行列 V，$N \times M$ の固有値行列

$$\Lambda = \begin{pmatrix} \Lambda_p & 0 \\ 0 & 0 \end{pmatrix}, \tag{8.45}$$

$$\Lambda_p \equiv \mathrm{diag}(\kappa_1, \ldots, \kappa_p) \tag{8.46}$$

を用いて，デザイン行列を

$$G = U \Lambda V^T \tag{8.47}$$

と分解することである（特異値 κ_i は普通大きい順から並べる）．式 (8.45) の 0 は適当な次元のゼロ行列を表している．

さてここで直交行列の各列ベクトルを

*5 同じ標準偏差でなくとも適当にスケーリングして同じ問題系に規格化できる．

$$U = (\boldsymbol{u}_1, \ldots, \boldsymbol{u}_N), \tag{8.48}$$

$$V = (\boldsymbol{v}_1, \ldots, \boldsymbol{v}_M) \tag{8.49}$$

と書く．特異値分解は固有値の数 p を用いて

$$G = U\Lambda V^T = U_p \Lambda_p V_p^T, \tag{8.50}$$

$$U_p = (\boldsymbol{u}_1, \ldots, \boldsymbol{u}_p), \tag{8.51}$$

$$V_p = (\boldsymbol{v}_1, \ldots, \boldsymbol{v}_p) \tag{8.52}$$

と変形できる．すなわち，$\boldsymbol{d} = G\boldsymbol{m}$ は

$$\boldsymbol{d} = U_p \Lambda_p V_p^T \boldsymbol{m} \tag{8.53}$$

とも書き直せる*6.

ここで推定したモデル $\boldsymbol{m}_{\text{est}}$ を $\boldsymbol{v}$ の線形結合に分解しよう．

$$\boldsymbol{m}_{\text{est}} = \sum_{j=1} c_j \boldsymbol{v}_j \tag{8.54}$$

で書いて，式 (8.53) 右辺の $V_p^T \boldsymbol{m}_{\text{est}}$ の部分を考えると，

$$V_p^T \boldsymbol{m}_{\text{est}} = \begin{pmatrix} \boldsymbol{v}_0^T \\ \boldsymbol{v}_1^T \\ \vdots \\ \boldsymbol{v}_p^T \end{pmatrix} \sum_{j=1} c_j \boldsymbol{v}_j = \begin{pmatrix} c_1 \\ c_2 \\ \vdots \\ c_p \end{pmatrix} \tag{8.55}$$

となることから（ここで直交行列の性質から $\boldsymbol{v}_i^T \boldsymbol{v}_j = \delta_{ij}$; クロネッカーデルタ，となることを用いている），

$$\boldsymbol{d}_{\text{pre}} = G\boldsymbol{m}_{\text{est}} = \sum_{j=0}^{p} \kappa_j c_j \boldsymbol{u}_j \tag{8.56}$$

となる．

つまり，$\boldsymbol{d}_{\text{pre}}$ は $j = p + 1$ から $j = M$ の項にはまったく依存しないことがわか

*6 V, U は直交行列のため $UU^T = U^T U = VV^T = V^T V = I$（単位行列）であるが，$U_p$（$N \times p$ 行列），V_p（$M \times p$ 行列）は，$p \leq N$，$p \leq M$ であるため，$V_p^T V_p = U_p^T U_p = I$（$p \times p$ 行列）であるが，$V_p V_p^T$，$U_p U_p^T$ は単位行列とは限らない（$p = N$，もしくは $p = M$ のときのみ成立）ことに注意.

る．そこでこの空間を

$$V_\circ = (\boldsymbol{v}_{p+1}, \ldots, \boldsymbol{v}_M) \tag{8.57}$$

と定義する．すなわち $\boldsymbol{m}_{\rm est}$ は $V_p, V_\circ$ によって張られる直交する 2 つの空間（p 空間，ヌル空間）内の（直交する）2 つのベクトル $\boldsymbol{m}_p = \sum_{j=1}^{p} c_j \boldsymbol{v}_j$, $\boldsymbol{m}_\circ = \sum_{j=p+1}^{M} c_j \boldsymbol{v}_j$ の和

$$\boldsymbol{m}_{\rm est} = \boldsymbol{m}_p + \boldsymbol{m}_\circ \tag{8.58}$$

に分けることができ，$\boldsymbol{m}_\circ$ はまったく $\boldsymbol{d}_{\rm pre}$ に影響を与えないことから，モデルからの予測 $\boldsymbol{d}_{\rm pre}$ と観測データ $\boldsymbol{d}_{\rm obs}$ の比較から $\boldsymbol{m}_\circ$ を推定することはできない．$V_\circ$ が空集合，すなわち $p = M$ であるときはデータからモデルを完全に決定できるので優問題 (well-posed problem) とよぶ．$p \leq N$ でないとならないので，$N \geq M$，すなわちデータ数がモデルパラメタ数より大きいことは優問題であることの必要条件である．しかし，たとえ $N \geq M$ であっても $p < M$ である場合，もしくは $N \leq M$ であり必然的に $p < M$ である場合は $V_\circ$ が存在するので，推定できない $\boldsymbol{m}_\circ$ が存在する．この場合を劣問題 (ill-posed problem) もしくは混合問題とよぶ．

問題が劣問題でも絶望する必要はない．この場合，逆問題の解法は陽に暗に $\boldsymbol{m}_\circ$ を仮定すること（事前分布を与えること）によりモデルを推定することができる．ベイズ主義者の場合，事前分布を与えて問題を解く形式に違和感はないだろう．ベイズ主義者でない場合も以下のように考えてもらいたい．たとえば，$\boldsymbol{m}_\circ$ の要素にあまり変動のないベクトルだった場合，つまり対応する離散化前の関数 $m(x)$ がのっぺりした関数だった場合，そういう成分はとくに必要でないということもあるだろう．しかし，どういった成分が $\boldsymbol{d}_{\rm obs}$ からは表現できないのかは知っておく必要がある．

次に，観測データのほうを $\boldsymbol{u}_i$ の線形結合

$$\boldsymbol{d}_{\rm obs} = \sum_{i=1}^{N} k_i \boldsymbol{u}_i \tag{8.59}$$

で表してみよう．この場合，

$$\boldsymbol{e} = \boldsymbol{d}_{\rm obs} - G\boldsymbol{m}_{\rm est} \tag{8.60}$$

を $\boldsymbol{m}_{\rm est}$ を調整することで 0 ベクトルにすることはできるのだろうか？　この場合，$\boldsymbol{d}_{\rm obs}$ の $\boldsymbol{u}_{p+1}$ から $\boldsymbol{u}_N$ の成分は，どのように $\boldsymbol{m}_{\rm est}$ を動かしても引き去ることができ

ない．なぜなら $q > p$ に対して，$\boldsymbol{u}_q$ と $G\boldsymbol{m}_{\text{est}}$ の内積をとると，

$$\boldsymbol{u}_q^T G\boldsymbol{m}_{\text{est}} = \boldsymbol{u}_q^T U_p \Lambda_p V_p^T \boldsymbol{m}_{\text{est}} = 0 \tag{8.61}$$

となり，$G\boldsymbol{m}_{\text{est}}$ の $\boldsymbol{u}_q$ の要素は 0 であるからである．すなわちヌル空間を

$$U_\circ = (\boldsymbol{u}_{p+1}, \ldots, \boldsymbol{u}_N) \tag{8.62}$$

として，$\boldsymbol{d}_{\text{obs}}$ は $U_p, U_\circ$ によって張られる直交する 2 つの空間（$\boldsymbol{p}$ 空間，ヌル空間）内の（直交する）2 つのベクトル $\boldsymbol{d}_p = \sum_{i=1}^{p} k_i \boldsymbol{u}_i$，$\boldsymbol{d}_\circ = \sum_{i=p+1}^{N} k_i \boldsymbol{u}_i$ の和

$$\boldsymbol{d}_{\text{obs}} = \boldsymbol{d}_p + \boldsymbol{d}_\circ \tag{8.63}$$

に分けることができ，どんなモデルパラメタ $\boldsymbol{m}_{\text{est}}$ を持ってきても $G\boldsymbol{m}_{\text{est}}$ は $\boldsymbol{d}_\circ$ の成分を持つことはできない．

もし観測誤差が存在しない場合，明らかに $\boldsymbol{d}_{\text{obs}}$ の $U_\circ$ は空集合となるはずである．しかし，実際には観測誤差のため $\boldsymbol{d}_\circ$ の成分が $\boldsymbol{d}_{\text{obs}}$ に存在する．ということは予測誤差のノルムを最小にするためには $\boldsymbol{d}_{\text{obs}}$ の $\boldsymbol{d}_p$ の成分を $G\boldsymbol{m}_{\text{est}}$ で表現できればよい．このようなことを実現する 1 つの例が自然一般化逆行列である．

いま特異値分解により $\boldsymbol{d} = G\boldsymbol{m}$ は

$$\boldsymbol{d} = U_p \Lambda_p V_p^T \boldsymbol{m} \tag{8.64}$$

のように書けているわけだが，これを逆行列のようにして

$$\begin{aligned} \boldsymbol{m}_{\text{est}} &= G^{-g} \boldsymbol{d}_{\text{obs}}, \\ G^{-g} &\equiv V_p \Lambda_p^{-1} U_p^T \end{aligned} \tag{8.65}$$

のようにした G^{-g} を自然一般化逆行列 (Natural Generalized Inverse Matrix; NGIM) という．NGIM により得られた解は次の性質を持つ．

A：予測誤差最小である．

どんな $\boldsymbol{m}$ を持ってきても $\boldsymbol{d}_\circ$ を変えることはできないことから，予測誤差最小とは，予測誤差が $\boldsymbol{d}_p$ の成分を持たないことである．

$$U_p^T(\boldsymbol{d}_{\text{obs}} - G\boldsymbol{m}_{\text{est}}) = U_p^T(\boldsymbol{d}_{\text{obs}} - GG^{-g}\boldsymbol{d}_{\text{obs}}) = U_p^T(\boldsymbol{d}_{\text{obs}} - U_p U_p^T \boldsymbol{d}_{\text{obs}}) = 0 \tag{8.66}$$

であるので，やはり自然一般化逆行列による解 $\boldsymbol{m}_{\text{est}}$ は予測誤差最小の解である．

B：$\boldsymbol{m}_{\mathrm{est}}$ は $\boldsymbol{m}_{\circ}$ の成分を持たない．

これは

$$V_{\circ}^{T}\boldsymbol{m}_{\mathrm{est}} = 0 \tag{8.67}$$

であることから，$\boldsymbol{m}_{\circ} = 0$ であることがわかる．このような解を自然解という．

ヌルベクトルは $\boldsymbol{d}_{\mathrm{obs}}$ に影響を与えることがないから，NGIM を用いて一般解

$$\boldsymbol{m}_{\mathrm{est}} = G^{-g}\boldsymbol{d}_{\mathrm{obs}} + V_{\circ}\alpha \tag{8.68}$$

の形式が得られる．ここに α はヌルベクトルの各成分である．

先験情報として平均ベクトル $\hat{\boldsymbol{m}}$ を与えた場合

$$\boldsymbol{m}_{\mathrm{est}} = G^{-g}\boldsymbol{d}_{\mathrm{obs}} + (I - G^{-g}G)\hat{\boldsymbol{m}} \tag{8.69}$$

を用いて，解の推定を行うと平均が反映される．ここに

$$V_{p}^{T}(I - G^{-g}G)\hat{\boldsymbol{m}} = (V_{p}^{T} - V_{p}^{T}V_{p}V_{p}^{T})\hat{\boldsymbol{m}} = 0 \tag{8.70}$$

となっているので，$(I - G^{-g}G)\hat{\boldsymbol{m}}$ の V_{p} 成分は 0 であり，確かに一般解の 1 つになっている．また

$$V_{\circ}^{T}(I - G^{-g}G)\hat{\boldsymbol{m}} = V_{\circ}^{T}\hat{\boldsymbol{m}} = V_{\circ}^{T}\hat{\boldsymbol{m}}_{\circ} \tag{8.71}$$

より，$(I - G^{-g}G)\hat{\boldsymbol{m}}$ の $V_{\circ}$ 成分は $\hat{\boldsymbol{m}}$ の $V_{\circ}$ 成分 $\hat{\boldsymbol{m}}_{\circ}$ になっているので，たしかに先験情報 $\hat{\boldsymbol{m}}$ に最も距離が近い一般解を選んでいることになる．

線形逆問題では $\boldsymbol{u}$ や $\boldsymbol{v}$ による展開が頻繁に出てくるため，通常の行列表記のみだと，今後の計算が表現しづらい．ここでは特異値分解をベクトルで表現し直そう．まず，行列 A, B を

$$A = (\boldsymbol{a}_1, \ldots, \boldsymbol{a}_n), \tag{8.72}$$

$$B = (\boldsymbol{b}_1, \ldots, \boldsymbol{b}_n) \tag{8.73}$$

のように表現するとき，

$$AB^{T} = \sum_{i=1}^{n} \boldsymbol{a}_i \boldsymbol{b}_i^{T} \tag{8.74}$$

となる．$\boldsymbol{a}\boldsymbol{b}^{T}$ はダイアド $(\boldsymbol{a} \otimes \boldsymbol{b})$ である．また，

$$AB^T \boldsymbol{c} = \sum_{i=1}^{n} (\boldsymbol{a}_i \boldsymbol{b}_i^T) \boldsymbol{c} = \sum_{i=1}^{n} (\boldsymbol{b}_i^T \boldsymbol{c}) \boldsymbol{a}_i \tag{8.75}$$

である[*7]．$\boldsymbol{b}^T \boldsymbol{c} = \boldsymbol{b} \cdot \boldsymbol{c}$ は内積である．

上記のような表記を用いると，特異値分解は

$$U \Lambda V^T = \sum_{i=1}^{\min(N,M)} \kappa_i (\boldsymbol{u}_i \boldsymbol{v}_i^T) \tag{8.76}$$

と表現できる．また一般化逆行列は

$$G^{-g} = \sum_{i=1}^{p} \frac{\boldsymbol{v}_i \boldsymbol{u}_i^T}{\kappa_i} \tag{8.77}$$

もしくは特異値に 0 がないとすると

$$G^{-g} = \sum_{i=1}^{\min(N,M)} \frac{\boldsymbol{v}_i \boldsymbol{u}_i^T}{\kappa_i} \tag{8.78}$$

となる．自然解は

$$\boldsymbol{m}_{\mathrm{est}} = G^{-g} \boldsymbol{d} = \sum_{i=1}^{\min(N,M)} \frac{\boldsymbol{u}_i^T \boldsymbol{d}}{\kappa_i} \boldsymbol{v}_i \tag{8.79}$$

のように，$\boldsymbol{v}_i$ の線形結合で表すことができ，要素は $(\boldsymbol{u}_i^T \boldsymbol{d})/\kappa_i$ となる．

上記では，モデルとデータをそれぞれ

$$\boldsymbol{m}_{\mathrm{est}} = \boldsymbol{m}_p + \boldsymbol{m}_\circ, \tag{8.80}$$

$$\boldsymbol{d}_{\mathrm{obs}} = \boldsymbol{d}_p + \boldsymbol{d}_\circ \tag{8.81}$$

と分けて，お互いに影響を及ぼせない成分を抽出した．しかし，$i \leq p$ の成分についても，特異値が小さい場合はどうなるだろうか？

$$\boldsymbol{e} = \boldsymbol{d}_{\mathrm{obs}} - \boldsymbol{d}_{\mathrm{pre}} = \boldsymbol{d}_{\mathrm{obs}} - G \boldsymbol{m}_{\mathrm{est}} = \sum_{i=1}^{n} (k_i - \kappa_i c_i) \boldsymbol{u}_i \tag{8.82}$$

の $\boldsymbol{u}_i$ 成分 $(i \leq p)$ を $\boldsymbol{m}_{\mathrm{est}}$ を調節して 0 にすることを考えよう．この場合，調節す

---

*7　$(\boldsymbol{a} \otimes \boldsymbol{b}) \boldsymbol{c} = \boldsymbol{a} (\boldsymbol{b} \cdot \boldsymbol{c})$.

るのは c_i ということになる．ここで，もし κ_i が小さいと c_i を大きく変更して $\boldsymbol{d}_{\mathrm{obs}}$ の $\boldsymbol{u}_i$ 成分である k_i に合わせないとならない．つまり，特異値が小さい成分に対して，予測誤差最小化をしてしまうと，$\boldsymbol{d}_{\mathrm{obs}}$ のちょっとした変化に対して大幅にモデルが変化してしまうことになる．これを予測誤差最小である自然解の $\boldsymbol{m}_{\mathrm{est}}$ の面からも見てみよう．いま自然解は式 (8.79) で表されるように

$$\boldsymbol{m}_{\mathrm{est}} = \sum_{i=1}^{\min(N,M)} \nu_i \boldsymbol{v}_i, \tag{8.83}$$

$$\nu_i \equiv \frac{\boldsymbol{u}_i^T \boldsymbol{d}_{\mathrm{obs}}}{\kappa_i} \tag{8.84}$$

のように，$\boldsymbol{v}_i$ の線形結合で表したとき，要素は ν_i となる．ここで，κ_i が小さいと $\boldsymbol{u}_i \boldsymbol{d}_{\mathrm{obs}}$ が少し変化しただけで，$\boldsymbol{m}_{\mathrm{est}}$ の $\boldsymbol{v}_i$ 成分は大きく変更を受けることとなる．これが逆問題の不安定性であり，オーバーフィット（過適合）などとよばれている問題である．一般に小さい κ_i に対応する $\boldsymbol{v}_i$ は高周波成分であることが多く，不安定性がおきると，振幅の大きい高周波の不安定成分が $\boldsymbol{m}_{\mathrm{est}}$ に現れる．

Tikhonov regularization

一般に不安定性を抑えるための処方を正則化とよび，さまざまな種類がある．最も簡単なやり方は p を決定する際に，特異値を厳密な 0 で切るのではなく，特異値をある値以上のものだけ採用して p を選ぶというやり方であり，trancated SVD (Singular Value Decomposition) などとよばれている（そもそも数値的な誤差を考えると，実用上は NGIM も trancated SVD に含まれる）．他に有用な正則化として，Tikhonov regularization がある．これは，特異値を

$$\frac{1}{\kappa_i} \to \frac{\kappa_i}{\kappa_i^2 + \lambda^2} \tag{8.85}$$

のようにダンプさせ，小さい特異値のものを大きいものに入れ替えてから一般化逆行列を構成する．この操作により，推定モデルの不安定性を安定化させることができる．すなわち，推定値は

$$\boldsymbol{m}_{\mathrm{est}} = V \Sigma_\lambda U^T \boldsymbol{d}_{\mathrm{obs}} = \sum_{i=1}^{\min(N,M)} \frac{\kappa_i}{\kappa_i^2 + \lambda^2} (\boldsymbol{u}_i^T \boldsymbol{d}) \boldsymbol{v}_i, \tag{8.86}$$

$$(\Sigma_\lambda)_{ij} \equiv \frac{\kappa_i}{\kappa_i^2 + \lambda^2} \delta_{ij} \tag{8.87}$$

から求められる．ここに λ は特異値を安定化させるパラメタであり，正則化パラメタ (regularization parameter) とよばれる．

Tikhonov regularization は，以下の関数を最小化することと同値である．

$$Q_\lambda = |G\boldsymbol{m} - \boldsymbol{d}_{\mathrm{obs}}|^2 + \lambda^2|\boldsymbol{m}|^2 \tag{8.88}$$

これは以下のように示される．式 (8.88) は

$$Q_\lambda = |G'\boldsymbol{m} - \boldsymbol{d}'|^2, \tag{8.89}$$

$$G' \equiv \begin{pmatrix} G \\ \lambda I \end{pmatrix}, \tag{8.90}$$

$$\boldsymbol{d}' \equiv \begin{pmatrix} \boldsymbol{d}_{\mathrm{obs}} \\ \boldsymbol{0} \end{pmatrix} \tag{8.91}$$

のように変形できる．この関数の最小化は，単純に最小 2 乗解であるから，解を $\boldsymbol{m}_{\mathrm{est}}$ とおくと，正規方程式

$$(G')^T[G'\boldsymbol{m}_{\mathrm{est}} - \boldsymbol{d}'] = \boldsymbol{0} \tag{8.92}$$

が成り立つ．すなわち

$$(G^TG + \lambda^2 I)\boldsymbol{m}_{\mathrm{est}} - G^T\boldsymbol{d}_{\mathrm{obs}} = \boldsymbol{0} \tag{8.93}$$

であり，これを $\boldsymbol{m}_{\mathrm{est}}$ について解くと

$$\boldsymbol{m}_{\mathrm{est}} = (G^TG + \lambda^2 I)^{-1}G^T\boldsymbol{d}_{\mathrm{obs}} \tag{8.94}$$

$$= (V\Lambda^T\Lambda V^T + \lambda^2 IVV^T)^{-1}V\Lambda^T U^T\boldsymbol{d}_{\mathrm{obs}} \tag{8.95}$$

$$= V(\Lambda^T\Lambda + \lambda^2 I)^{-1}V^TV\Lambda^T U^T\boldsymbol{d}_{\mathrm{obs}} \tag{8.96}$$

$$= V(\Lambda^T\Lambda + \lambda^2 I)^{-1}\Lambda^T U^T\boldsymbol{d}_{\mathrm{obs}} \tag{8.97}$$

となる．ここで，$VV^T = I$ を利用している．$(\Lambda^T\Lambda+\lambda^2 I)$ は対角行列であり，$\lambda > 0$ である限り逆行列が存在していることに注意．ベクトル形式で書き直すと

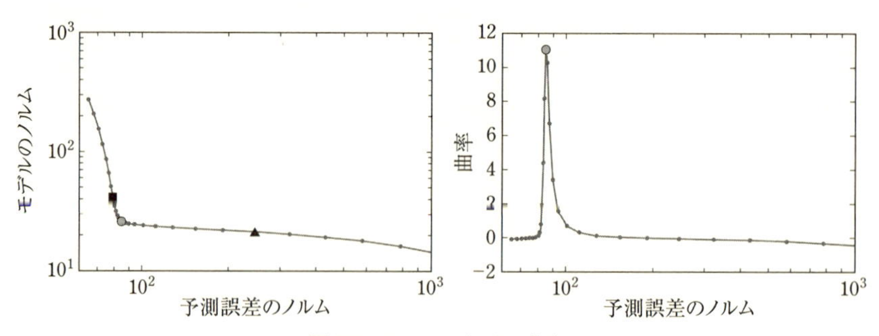

図 **8.6** L-curve とその曲率.

$$\boldsymbol{m}_{\mathrm{est}} = V\Sigma_\lambda U^T \boldsymbol{d}_{\mathrm{obs}} \tag{8.98}$$

$$= \sum_{i=1}^{\min(N,M)} \frac{\kappa_i}{\kappa_i^2 + \lambda^2} (\boldsymbol{v}_i \boldsymbol{u}_i^T) \boldsymbol{d}_{\mathrm{obs}} \tag{8.99}$$

$$= \sum_{i=1}^{\min(N,M)} \frac{\kappa_i}{\kappa_i^2 + \lambda^2} (\boldsymbol{u}_i^T \boldsymbol{d}_{\mathrm{obs}}) \boldsymbol{v}_i \tag{8.100}$$

となり，確かに Tikhonov regularization となっている．

正則化パラメタの選択

正則化パラメタ λ は，どのように決めるべきであろうか？　ベイズ主義的な解釈では λ は事前分布の幅を決めるものであり，ハイパーパラメタとよばれる変数である．すなわち，ある意味，どのように決めてもいいともいえる．そこで例にもどって，正則化パラメタを変化させたとき，どのようにモデル推定値がかわるか見てみよう．

L-curve とは，モデルのノルム $\xi \equiv |\boldsymbol{m}_{\mathrm{est}} - \hat{\boldsymbol{m}}|^2$ の平方根と予測誤差 $\rho \equiv |G\,\boldsymbol{m}_{\mathrm{est}} - \boldsymbol{d}|^2$ の平方根を，λ をパラメタとしてプロットしたものである．図 8.6 左は，L-curve の一例である．この例では λ を 0.01 から 10.0 まで動かしプロットしている．小さい λ では，モデルの分散が大きく，すなわちモデルのノルムも大きい値である．λ を大きくしていくとモデルのノルムは下がっていくが，あるところで下がりが鈍り予測誤差の急激な増大が始まる（右下方向）．この中間点（図で丸のあるあたり）が選ぶべき λ であろう．

これは言い換えると，対数空間 $\log\rho$-$\log\xi$ での曲率

$$c(\lambda) \equiv -2\frac{(\log\rho)'(\log\xi)'' - (\log\rho)''(\log\xi)'}{[(\log\rho)'^2 + (\log\xi)'^2]^{3/2}} \tag{8.101}$$

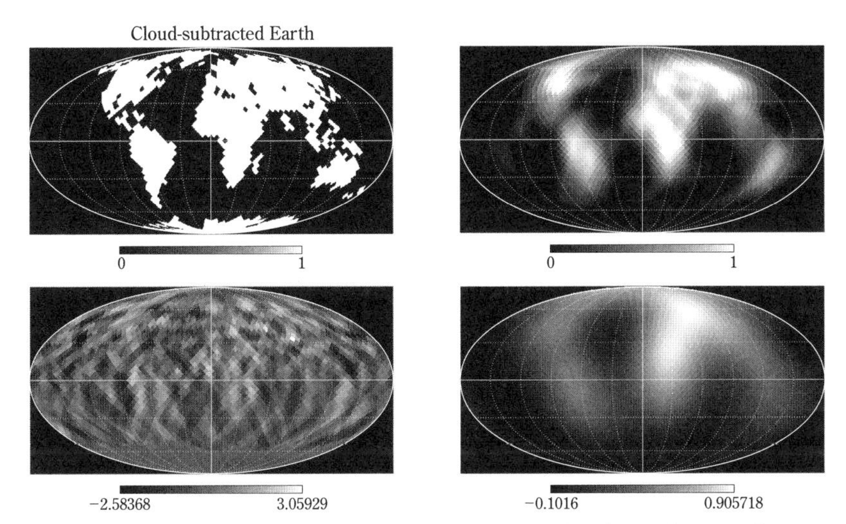

図 **8.7** 上：入力マップ（左），L-curve 基準による最大曲率の λ（図 8.6 の●に対応）による推定マップ（右）．下：小さめの λ を用いた場合（図 8.6 の■に対応）の推定マップ（左），大きめの λ を用いた場合（図 8.6 の▲に対応）の推定マップ（右）．

が最大になるところが最適値であるといえる．ここに $'$ は λ による微分を表す．ここで

$$\xi' = -\frac{4}{\lambda}\sum_{i=1}^{M}[1 - w_i(\lambda)]w_i(\lambda)^2\frac{\boldsymbol{u}^T(\boldsymbol{d} - G\hat{\boldsymbol{m}})}{\kappa_i^2}, \tag{8.102}$$

$$\rho' = -\lambda^2\xi', \tag{8.103}$$

$$w_i(\lambda) \equiv \frac{\kappa_i^2}{\kappa_i^2 + \lambda^2} \tag{8.104}$$

を利用すると，

$$c(\lambda) = -2\frac{\xi\rho}{\xi'}\frac{(\lambda^2\xi'\rho + 2\lambda\xi\rho + \lambda^4\xi\xi')}{(\lambda^4\xi^2 + \rho^2)^{3/2}} \tag{8.105}$$

となる．$c(\lambda)$ が最大になる λ を探せばよい（L-curve 基準）．

図 8.7 は，地球の大陸配置を簡単に模擬したインプットマップから光度曲線を生成し小さなノイズを付加した後に，いくつかの正則化パラメタを用いてマップを復元した例である．L-curve 基準により選ばれた正則化パラメタが最も分解能とモデル分散のバランスのとれたマップになっているのがわかる．これよりも小さいものを用いるとモデル分散が大きくオーバーフィット（過適合）になってしまい，大き

いものを用いると空間分解能を劣化させてしまうこともわかる.

また, 別の基準としてモデルの予測能力に着目した方法, 交差検証 (Cross-Validation; CV) がある. CV では, データのうちの一部を取り除きモデル推定をする. そして推定したモデルから取り除いたデータの予測を行い, 両者を比較することで最もよい予測を行った正則化パラメタを採用するというものである. 筆者の経験上, CV は L-curve 基準よりモデル分散の大きい正則化パラメタを選択する傾向があり, マッピングにおいては CV だと少し見た目が悪くなってしまうことが多い.

8.4 周期・周波数解析

8.4.1 定常な周期解析

系外惑星観測の解析では, データの周期性を調べる解析をよく用いる. ある周期のシグナルの強度を測定する最も基本的な量として, フーリエ変換係数の 2 乗ノルムであるパワースペクトルがある.

$$P(f) = |\tilde{A}(f)|^2, \tag{8.106}$$

$$\tilde{A}(f) \equiv \int dt A(t) e^{-2\pi i f t} \tag{8.107}$$

しかし, フーリエ変換は連続量に対して定義されるので, 実際上はなんらかの離散化に対応した変換をしなければならない. 単純で高速なのは, 高速フーリエ変換 (Fast Fourier Transform; FFT) を用いて離散フーリエ変換することであるが, これはグリッドデータ, つまり時間等間隔にデータが存在しないと通常は適用できないという欠点がある*8.

そこで, 視線速度法の周期解析でよく用いられるのが以下の Lomb-Scargle periodogram である.

$$P(f) = \frac{1}{2}\left(\frac{\{\sum_j A(t_j)\sin[2\pi f(t_j-\tau)]\}^2}{\sum_j \sin^2[2\pi f(t_j-\tau)]} + \frac{\{\sum_j A(t_j)\cos[2\pi f(t_j-\tau)]\}^2}{\sum_j \cos^2[2\pi f(t_j-\tau)]}\right) \tag{8.108}$$

---

*8 実はあまり知られていないが nonuniform fast Fourier transform というアルゴリズムがあり, これを使えば非等間隔データでも高速にフーリエ変換が計算できる.

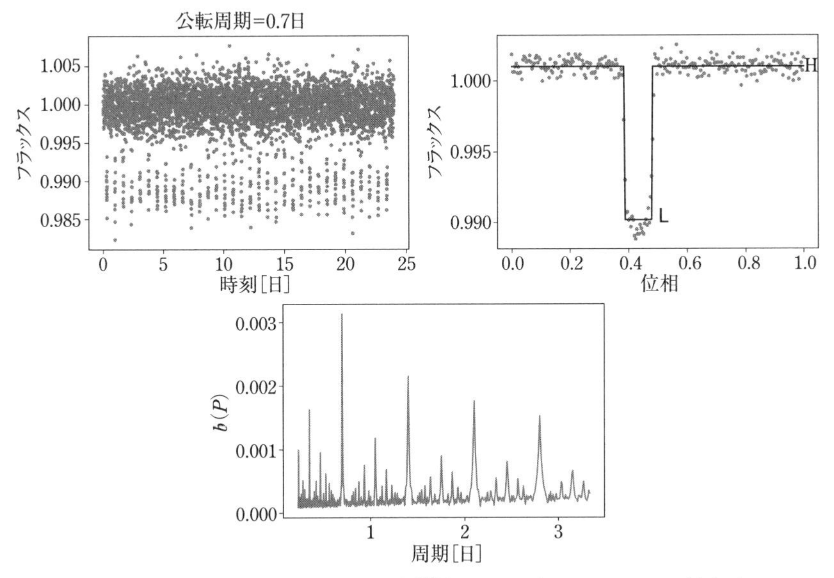

図 **8.8** BLS 解析の例．BLS では，周期的トランジットシグナル（左）を，周期でフォールドしたものを箱型関数でフィットしている（右）．最もフィットできる周期は BLS スペクトルのピークから求まる（下）．

多数の周期が混ざっているような系，たとえば複数惑星系の視線速度解析では，まず Lomb-Scargle periodogram で最も強いシグナルを同定し，その周波数成分を除いて，また周期解析をする，といったことも行われる．

8.4.2 トランジットの検出

周期的なトランジットシグナルを探すトランジット探査では，図 8.8 上左のようにトランジット光度曲線が正弦関数とはかけ離れている．このため三角関数で展開する方法より，箱型の関数による最小 2 乗法を利用した Box Least Square (BLS)[54] のほうが検出効率が高い．BLS は，時系列データに対し，

A：ある周期 P でデータを重ねあわせビニングする．

B：箱型の関数（図 8.8 上右）を位相を動かしてフィットする．

C：各周期のフィットで最も予測誤差（残差）が少なかったものを選んで，予測誤差の関数として周期 P での BLS スペクトルを定義する．

というプロセスで構成される．B の部分を考えよう．時系列データ $x_i = x(t_i)$ に対

して，箱型の関数として $i = i_1$ から $i = i_2$ の間が L，その他が H，ただし $L < H$ とする．この場合，データに対するモデルの χ^2

$$\chi^2(i_1, i_2) = \sum_{i=1}^{i_1-1} \frac{(x_i - H)^2}{\sigma_i^2} + \sum_{i=i_1}^{i_2} \frac{(x_i - L)^2}{\sigma_i^2} + \sum_{i=i_2+1}^{n} \frac{(x_i - H)^2}{\sigma_i^2} \tag{8.109}$$

を最小化する．ここに σ_i は x_i のエラーである．データ各点の重みとして

$$w_i \equiv \frac{\sigma_i^{-2}}{\sum_{i=1}^{n} \sigma_i^{-2}} \tag{8.110}$$

を定義する．定義から

$$\sum_{i=1}^{n} w_i = 1 \tag{8.111}$$

となる．ところでデータ x_i を規格化しておいて

$$\sum_{i=1}^{n} w_i x_i = 0 \tag{8.112}$$

が成り立つようにしておく．これは，たとえば w_i が一定のときは平均が 0 になるようにオフセットをかける操作に対応する．χ^2 を $\sum_{i=1}^{n} \sigma_i^{-2}$ で規格化したものを $R(i_1, i_2)$ とおくと

$$R(i_1, i_2) = \sum_{i=1}^{i_1-1} w_i(x_i - H)^2 + \sum_{i=i_1}^{i_2} w_i(x_i - L)^2 + \sum_{i=i_2+1}^{n} w_i(x_i - H)^2 \tag{8.113}$$

となる．

次に $R(i_1, i_2)$ を最小にする H, L を考える．条件は

$$\frac{\partial R(i_1, i_2)}{\partial H} = 2\sum_{i=1}^{i_1-1} w_i(x_i - H) + 2\sum_{i=i_2+1}^{n} w_i(x_i - H) = 0, \tag{8.114}$$

$$\frac{\partial R(i_1, i_2)}{\partial L} = 2\sum_{i=i_1}^{i_2} w_i(x_i - L) = 0 \tag{8.115}$$

である．H, L の代わりに新しい変数

$$r \equiv \sum_{i=i_1}^{i_2} w_i, \tag{8.116}$$

$$s \equiv \sum_{i=i_1}^{i_2} w_i x_i \tag{8.117}$$

を定義する．式 (8.111)，式 (8.112) を用いて，式 (8.114), (8.115) をこの変数で書きかえると

$$H = -\frac{s}{1-r}, \tag{8.118}$$

$$L = \frac{s}{r} \tag{8.119}$$

が得られる．これを式 (8.113) に用いると

$$\hat{R}(i_1, i_2) = \sum_{i=1}^{n} w_i x_i^2 - \frac{s^2}{r(1-r)} \tag{8.120}$$

がある (i_1, i_2) における最小残差となる．第 1 項は s, r によらないので，第 2 項のみを (i_1, i_2) を動かして調べればよい．BLS スペクトルは

$$b(P) = \max \left[\frac{s^2}{r(1-r)} \right]^{1/2} \tag{8.121}$$

と定義される．ここで max は，P を固定したときの i_1, i_2 内での最大値を意味している．図 8.8 下に BLS スペクトルの例を示す．BLS スペクトルのピークにおける周期 $P = \hat{P}$ をトランジットの候補周期とするが，ノイズ評価としては Signal Detection Efficiency

$$SDE = \frac{b(\hat{P}) - \overline{b(P)}}{\sigma_b} \tag{8.122}$$

を定義してシグナルの有意性を評価できる．ここに $\overline{b(P)}$ と σ_b は，BLS スペクトルの平均値と標準偏差である．

BLS はトランジットが 3 回以上あるときに効果的に働くようだ．そのため BLS を用いているケプラー衛星の KOI カタログでは主に 3 回以上トランジットがあるものが記載されている．長周期惑星探査などで 2 回もしくは 1 回しかトランジットがないものを BLS 法で探すと，大量の誤検出の中に真のシグナルが埋もれてしまい非効率である．

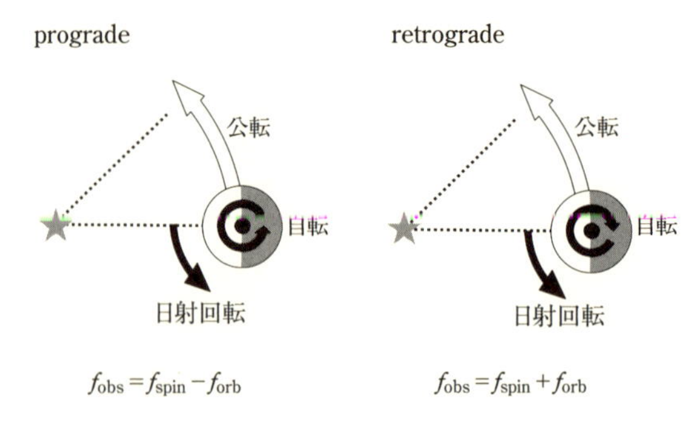

図 **8.9**　同じ自転角速度でも prograde と retrograde の場合で，1 日の長さが異なることの説明．自転の他に，公転運動により日の当たる部分が 1 年で 1 回分惑星上を回転する．

8.4.3　時間周波数解析

上記ではシグナルの周期がつねに一定であることを仮定した解析法となっている．しかし場合によっては，周期そのものが時間によって変動する場合もある．このような周波数自体の時間変化を周波数変調という．たとえば，4.3.2 項で解説した Rømer delay は，変光星の光度変動の周波数変調や，食のタイミングの周期の変調などから検出できる．

ここでは，地球型惑星の探査に関係する直接撮像惑星の反射光の周波数変調をくわしく説明しよう．8.3.1 項で見たように，直接撮像惑星の反射光の光度変動では，まず惑星の自転による周期性が現れる．しかし，実は幾何学的な効果によって，この周波数が変調する [42]．ではなぜ光度変動の周波数が変調するのだろうか？

まず自転軸が公転軸と同じ向きの場合を考えよう（prograde rotation; 図 8.9 左）．地球は prograde rotation に近い（赤道傾斜角 23 度）．この場合，外から惑星を見たときに惑星が 1 回転する間に，公転運動により日の当たる面も外から見て同じ方向に回転する．そのため惑星表面のある一点の日の出から日の出までは，1 回転より長くなる．この現象は，太陽が 1 回転する 1 日 (solar day) より星が 1 回転する 1 日 (siderial day) のほうが短いことに対応し，地球ではバビロニアの天文学者の時代より事実として知られていた．我々が普段使う「1 日」や直接撮像による光度変動の周期は，物理的な周期である siderial day ではなく，見かけの周期 (solar day) に対応する．周波数で書くと

$$f_{obs} = f_{spin} - f_{orb} \tag{8.123}$$

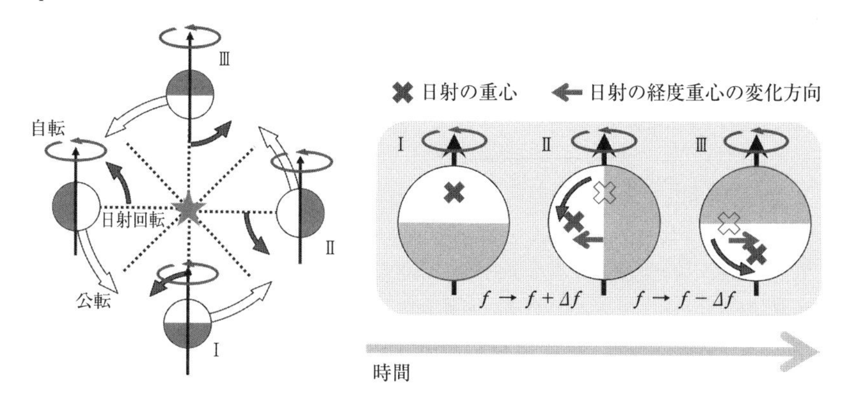

図 8.10 なぜ赤道傾斜角があると光度変動の周波数が変調されるかを説明している図．90 度傾いた惑星を公転軌道面の真上から見た場合を想定している．左図は恒星の周りの 4 つの公転フェーズにおける惑星の自転の向きと IV 面（白色）の関係を示している．このうち，I, II, III の場合を拡大したのが右図．×が IV 面の重心であり，光度変動をおこす場所の代表点とみなすことができる．この代表点の経度が I, II, III と順に移動していくために，自転運動による周期に見かけ上の周波数変調をおこすことがわかる．

となる．ここに $f_{\rm obs}$ は見かけの周波数，$f_{\rm spin}$, $f_{\rm orb}$ はそれぞれ自転周波数，公転周波数である．極端な例は潮汐ロックしている惑星の場合で，$f_{\rm spin} = f_{\rm orb}$ であるから，$f_{\rm obs} = 0$ となり，日の当たっている場所は惑星表面を動かない．また，自転軸が公転軸の真逆の場合（retrograde rotation; 図 8.9 右），

$$f_{\rm obs} = f_{\rm spin} + f_{\rm orb} \tag{8.124}$$

となる．では一般の赤道傾斜角 ζ の場合はどうだろうか．図 8.10 には，pole-on ($\zeta = 90°$) の場合を書いてある．これを拡大した部分を見ると，日の当たる面の代表点の経度が場合によっては順行，逆行と変化することがわかる．これは $f_{\rm obs}$ が場所によって変化することを意味する．このように周波数が時間変化することを周波数変調するという．

一般に光度変動の周波数は，

$$f_{\rm obs} = f_{\rm spin} + \epsilon_\zeta(\Theta) f_{\rm orb} \tag{8.125}$$

と書けることがわかる．ここに Θ は公転フェーズである．$\epsilon_\zeta(\Theta)$ の具体的表現については図 8.10 の拡大図のように，日の当たる部分の最大値（×）の変動を計算すればよい．これは，惑星中心から観測者方向へ向かうベクトルと惑星中心から恒星

中心へ向かうベクトルの平均ベクトル方向に対応する．くわしい計算は [42] を参照のこと．このように反射光の光度変動周期という単純な問題に対しても周波数変調の概念がでてくることがわかった．

本章で説明したいのは，具体的にどのように周波数の時間変化を検出できるか，という技術的問題である．変動する周期成分の解析に有用な方法の 1 つはウェーブレット変換を用いることである．しかし，ウェーブレット変換は厳密にはスケールを変化させているのであって，周波数と対応させるにはマザーウェーブレットに依存するなどの理論上の難点がある．時間方向の周波数の変化を見るには時間周波数解析とよばれる手法で，シグナルを時間と周波数の 2 軸方向に展開した Time-Frequency Distribution(TFD) を用いるのがよい．

周波数の時間依存に対応するために，瞬時周波数 (instantenous frequency) という概念を考える．瞬時周波数の直感的な定義は位相の時間微分である．ここに位相をどう定義するかという問題があるものの，ここでは瞬時位相 $\psi(t)$ を時間微分したものを瞬時周波数と定義する．

$$f_i(t) = \frac{1}{2\pi}\frac{d\psi(t)}{dt} \tag{8.126}$$

となる．後に見るようにこの瞬時周波数がどういう関数か，何成分かによって最適な TFD の選択が変わってくる．本節では，典型的な TFD として，Short-Time Fourier Transform (STFT)，Wigner distribution, pseudo Wigner distribution を導入し比較する．

STFT とスペクトログラム

最も古くからある TFD として，フーリエ変換に窓をつけて時間方向に動かした STFT があげられる．

$$S(f,t) = \int_{-\infty}^{\infty} y(\tau)w(t-\tau)e^{-2\pi i f\tau}d\tau \tag{8.127}$$

STFT を時間，周波数方向に表示し 2 乗ノルムをとったもの

$$\rho(f,t) = |S(f,t)|^2 \tag{8.128}$$

をスペクトログラムとよぶ．STFT は，周波数方向の情報の集中度が高くない．また時間周波数の不確定性関係があるため時間分解能を上げると周波数分解能が下がる．これは式 (8.127) が窓とシグナルの積のフーリエ変換であることから，

$$|S(f,t)|^2 = |\tilde{y}(f) * \tilde{\hat{w}}(f)|^2, \tag{8.129}$$

$$\hat{w}(\tau) \equiv w(t-\tau) \tag{8.130}$$

のようになることからわかる．時間空間で窓幅が小さいと，周波数空間で畳み込まれる窓幅が大きくなり，信号がなまる．逆もまたしかり．このように時間分解能と周波数分解能のトレードオフが生じる．

スペクトログラムは，意味が明快で解釈も容易である，また多成分系であってもアーチファクトは出ないこと（ただし分離にはあまり向いていない）から，TFDとしてはまず行ってみるべき基本の解析である．しかし，スペクトログラムと瞬時周波数を結びつける理論的関係はなく，瞬時周波数推定には向かないかもしれない．次に見るようにWigner distributionは瞬時周波数から直接導かれ，よく瞬時周波数推定に用いられている．

Wigner distribution と pseudo Wigner distribution

Wigner distributionは，瞬時周波数と直接関係している量であり，瞬時周波数推定の際にとくに役立つ．いま$y(t)$の解析信号*9を$z(t) = e^{i\psi(t)}$とおく．理想的なTFDは，デルタ関数$\delta_D(x)$を用いて

$$\rho(f,t) \propto \delta_D(f - f_i(t)) \tag{8.131}$$

のように表されるであろう．

上記のような場合，$\rho(f,t)$のfからτの逆フーリエ変換は

$$\hat{\rho}(\tau,t) = e^{2\pi i f_i(t)\tau} = \exp\left(i\tau \frac{\partial\psi(t)}{\partial t}\right) \tag{8.132}$$

となる．

ここで，瞬時位相を小さな時間ステップτに対し，

$$\frac{\partial\psi(t)}{\partial t} \approx \frac{\psi(t+\tau/2) - \psi(t-\tau/2)}{\tau} \tag{8.133}$$

のように近似することを考える．さてこの近似を式(8.132)に代入して，フーリエ変換すると

*9 実信号$y(t)$を複素化したものを解析信号とよぶ．$y(t)$のフーリエ共役を正領域のみでフーリエ逆変換し2倍することで得られる．くわしくは[16]を参照のこと．

$$\rho(f,t) = \int_{-\infty}^{\infty} \hat{\rho}(f,\tau) e^{-2\pi i f \tau} d\tau \tag{8.134}$$

$$\approx \int_{-\infty}^{\infty} \exp\left[i\psi(t+\tau/2) - i\psi(t-\tau/2)\right] e^{-2\pi i f \tau} d\tau \tag{8.135}$$

$$= \int_{-\infty}^{\infty} z(t+\tau/2) z^*(t-\tau/2) e^{-2\pi i f \tau} d\tau \tag{8.136}$$

となる．これが Winger distribution である*10.

pseudo Wigner distribution は，Wigner distribution に時間窓をつけたものである．窓をつけることにより，興味のある t 付近での情報を強調する効果と，(8.134) の近似に由来する非線形性からのアーチファクトを抑制する効果がある [16].

$$\rho_{\mathrm{P}}(f,t) = \int_{-\infty}^{\infty} h(\tau) z(t+\tau/2) z^*(t-\tau/2) e^{-2\pi i f \tau} d\tau. \tag{8.137}$$

pseudo Wigner distribution は，次のように Wigner distribution と窓の複素共役の畳み込みで書ける．

$$\rho_{\mathrm{P}}(f,t) = \tilde{h} * \rho(f,t) \tag{8.138}$$

このことより pseudo Wigner distribution は，Wigner distribution を周波数方向にスムージングしたものであることがわかる．

窓としては単純な箱型関数やハミング窓

$$h(\tau) = \begin{cases} 0.54 + 0.46\cos\left(2\pi \frac{\tau}{\omega}\right) & (|\tau| \leq \omega/2) \\ 0 & (\text{その他}) \end{cases} \tag{8.139}$$

など各種が用いられる．

Wigner distribution の周辺化とその特性

Wigner distribution には，時間または周波数による境界化でシグナルのパワーが回復するという顕著な性質がある．まず，式 (8.136) より逆フーリエ変換によって

$$z(t+\tau/2) z^*(t-\tau/2) = \int_{-\infty}^{\infty} \rho(f,t) e^{2\pi i f \tau} df \tag{8.140}$$

となる．ここで $\tau = 0$ をとれば，

---

*10 解析信号ではなく実信号を代入したものを Wigner distribution，解析信号を用いた場合を Wigner-Ville distribution と区別する場合もある．

$$|z(t)|^2 = \int_{-\infty}^{\infty} \rho(f,t)df \tag{8.141}$$

となり，確かに Wigner distribution を周波数方向に積分すると，実空間のノルムが現れる．

また，

$$\int_{-\infty}^{\infty} \rho(f,t)dt = \int_{-\infty}^{\infty}\int_{-\infty}^{\infty} z(t+\tau/2)z^*(t-\tau/2)e^{-2\pi i f\tau}d\tau dt \tag{8.142}$$

$$= \left(\int_{-\infty}^{\infty} z(t_1)e^{-2\pi i f t_1}dt_1\right)\left(\int_{-\infty}^{\infty} z^*(t_2)e^{+2\pi i f t_1}dt_2\right) = |\tilde{z}(f)|^2 \tag{8.143}$$

となる．ここで $t_1 \equiv t+\tau/2, t_2 \equiv t-\tau/2$ としている．ヤコビ行列の絶対値は 1 である．このように，時間方向の積分でもシグナル（の周波数空間での）のノルムが現れる．

TFD を用いた瞬時周波数推定

各時間での TFD の周波数重心が瞬時周波数になる．これは以下のように理解できる．まず式 (8.140) を τ で微分すると

$$\frac{d}{d\tau}[z(t+\tau/2)z^*(t-\tau/2)] = \int_{-\infty}^{\infty} 2\pi i f\rho(f,t)e^{2\pi i f\tau}df \tag{8.144}$$

となる．$z(t) = A(t)e^{i\psi(t)}$ を代入し $\tau = 0$ での微分を計算すると

$$2\pi i\int_{-\infty}^{\infty} f\rho(f,t)df = \frac{1}{2}\left[z'(t)z^*(t) - z(t)z^{*\prime}(t)\right] \tag{8.145}$$

$$= iA^2(t)\psi'(t) \tag{8.146}$$

となる．式 (8.141) より，

$$\int_{-\infty}^{\infty} \rho(f,t)df = A^2(t) \tag{8.147}$$

なので，式 (8.146) を式 (8.147) でわると，

$$f_i(t) = \frac{\psi'(t)}{2\pi} = \frac{\int_{-\infty}^{\infty} f\rho(f,t)df}{\int_{-\infty}^{\infty} \rho(f,t)df} \tag{8.148}$$

となり，重心が瞬時周波数に一致する．

実際上はノイズの影響を減らす目的や多成分瞬時周波数系の影響を排除するために，各時刻における TFD の最大値を瞬時周波数の推定値として利用することが多

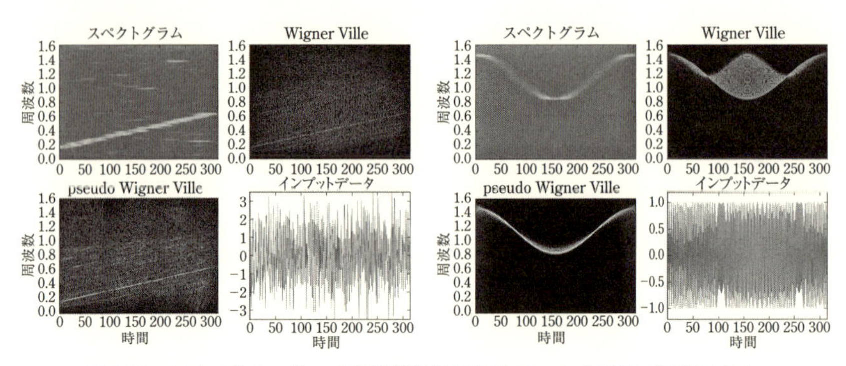

図 **8.11** 左4パネル：単一成分線形瞬時周波数データの TFD（STFT 左上，Wigner distribution 右上，pseudo Wigner distribution 左下，インプットデータ右下），標準偏差で 150% のノイズを付加している．右4パネル: 単一成分非線形瞬時周波数データの TFD．時間周波数解析ツール juwvid (https://github.com/HajimeKawahara/juwvid) を用いて作成した．

い．すなわち

$$f_{i,\mathrm{est}}(t) = \mathrm{argmax}_{[f_i, f_j]}\rho(f, t) \tag{8.149}$$

を瞬時周波数の推定値として利用する．ここに $[f_i, f_j]$ は興味のある周波数範囲である．

STFT，Wigner distribution, pseudo Wigner distribution の比較

単一成分の線形周波数変調，すなわち瞬時周波数が時間の線形関数の場合の各 TFD を図 8.11 左に示す．Wigner distribution は，導出時の式 (8.133) からわかるように線形の場合，正しく瞬時周波数が導出される．この図は標準偏差で 150% のノイズを付加している．Wigner distribution, pseudo Wigner distribution ともに STFT よりはノイズの影響を受けにくい．

図 8.11 右は，非線形な瞬時周波数の例である．ここでは正弦関数の形の瞬時周波数を持つシグナルの TFD を表示している．Wigner distribution では非線形な瞬時周波数の場合，ノイズが出やすい．しかし窓をつけて領域をせばめて解析している pseudo Wigner distribution ではこのノイズを抑えることができる．窓サイズを非線形性が隠される程度に小さくとると正確な推定ができるが，そのかわり TFD がなまって精度が落ちる．また，STFT ではピークの値がインプットの瞬時周波数から，よりバイアスされてしまっていることに注意．

8.5 目視調査とアサリむき身の誤謬

ケプラー衛星のデータに代表されるように，近年では多量のデータから情報を抽出するデータマイニングの重要度が増している．たとえばケプラー衛星のデータでは恒星数約 20 万天体，1 天体につきデータ点数が約 7 万点といった感じである．これに伴い異常検出の自動化や深層学習といった機械学習の賢そうな手法が駆使されつつある．しかし，筆者の感覚では，データを目で見ながら探していく手法，目視調査 (Visual Inspection; VI) もいまだ有効である．本節ではこの古典的手法について解説しよう．

VI を行ったことのないあなたが，まず大量のデータから VI で何かを探す場合を考える．見なければならないデータ（たとえば天体数）の総数を N としよう．最初の 100 枚程度を VI し，かかった時間を用いて 1 データ当たりの平均 VI 時間 τ を算出，VI を終えるまでの総時間数を

$$T \sim N\tau \tag{8.150}$$

と予想し，VI にかかるコストを算出する，という手順が考えられる．しかしこれは多くの場合，誤りである．クラムチャウダーをつくるために，筆者はたまにアサリのむき身をする．といっても 1 回に 10 個程度だ．筆者はわりと器用なほうだが，1 個あたりのむき身にかかる時間は 5–10 秒くらいである．ところで，東京湾でかつてアサリが大量に採れた頃，アサリの殻をむく職業があって，職人は 1 日に万単位の殻をむけたという．これはもちろん職人が寝食忘れてむき身に没頭していたわけではなく，単純作業は慣れるとどんどん早くなるためだ．こんなことは言われれば当たり前なのだが，機械学習やビッグデータなどというなんとなく高級そうな（実際はそうでもない）手法でデータを扱うことに慣れてしまうと意外と気づかないものである．ちなみに筆者も VI を続けること何カ月かで，以前の 10 倍以上もの速度で画像データをこなすことができるようになった．

ここで VI に関係する技術をいくつか紹介しよう．適切な道具，条件を満たすと VI 速度は向上する．VI はパソコン上のあらかじめ作成しておいた N 枚の画像などで行うことを仮定する．

1. ボタンを押す回数を減らす

データを更新するごとにページめくりや移動でキーを押していると指紋がなくな

り，指が痛くなってくる．これを防ぐためにはキーボードの反応速度を遅くして，キーを押し続けることでページが適切なタイミングで自動的にめくられ続けるように設定することで回避できる．

2. よい描画環境を用意する

描画環境が悪いと，VI 能力が向上してくる頃には描画速度が追いつかなくなってくる．デスクトップの場合は GPU(Graphic Processing Unit) をよい物につけかえる，ラップトップの場合はよい GPU を積んでいるゲーミングパソコンを使用することなどでこれを回避できる．

3. 一度にやりすぎず，安全に気をつけ，よい周辺環境で VI を行う

ゲームと同じでやり過ぎると精神衛生上よくない．できれば気持ちよい秋晴れの空の下などで行いたいものである．

以上の条件を満たせば，筆者の経験では，単純な判定作業（たとえばいくつかの面白いシグナルを知っていてそれを探す）の場合 $N = 10^5$ 程度までなら，適当な時間を用いて無理せず 1, 2 カ月で終えられるようだ．熟達した状態で，通勤電車などで VI をやっていると隣席の人に声を掛けられたりして，系外惑星について説明したりしなければならなくなるので気をつけよう．

本章では，プログラミング言語や計算資源については割愛したがここで少しだけ言及しておく．現在のところ天文業界では Python が主流となりつつある．さまざまなデータ形式，たとえば天文業界標準の fits 形式を読むモジュールや可視化のためのモジュールを始めとした種々のパッケージを利用できる．さらに jupyter といったインターフェースも充実しており，研究者間でのコードのやり取りも容易になった．本章の内容を実践する場合，とくに理由がなければ Python の使用をおすすめしたい．計算機資源については，このところ CPU クロックの増加は頭打ちになり，並列化が進んでいる．なかでも GPU とよばれる，本来は描画用のユニットを用いた超並列プログラミングも容易になった．GPU はゲーマーの皆様のおかげで比較的安価であり*11，データ解析の用途で気軽な使用ができるようになったことも嬉しい．現在進むデータの大容量化を考えると，個人レベルで使える GPU による超並列計算は天文解析における必須技術の 1 つになるのではないかと思う．し

*11 2017 年現在，約 3500 コア搭載（クロック 1.5 GHz）の GTX 1080 Ti はおよそ 10 万円で購入できる．

かし GPU にも重大な欠点がある．その昔，保温付きの便座が現れだした頃，横の注意書きをみて初めて「低温やけど」なるものを知ったわけだが，身をもって知るのは 20 年後，GPU ラップトップを使い始めてからだ．夏場にこれで長時間プログラミングしていると，指先が赤くなってくるので，ほどほどにするか保冷剤で冷やしながら作業しよう．以上を本章の結辞とさせていただく．

付録 A

代謝

電子のエネルギーを定量的に表すことができるのが酸化還元電位である．たとえば物質 X と Y^+ のあいだの電子の受け渡しを考えてみよう．

$$X + Y^+ \longrightarrow X^+ + Y \tag{A.1}$$

この反応では何がしかのエネルギー $E_{X \to Y}$ が放出または授受されるが，反応ごとにこれを考えていたのでは面倒である．そこで上の反応を以下の 2 つの半反応に分ける．

$$X^+ + e^- \longrightarrow X, \tag{A.2}$$

$$Y^+ + e^- \longrightarrow Y \tag{A.3}$$

ただし (A.3) のほうは逆反応を書いて，方向を揃えている．この各々の反応を適当な基準の半反応，通常は水素分子

$$\frac{1}{2}H_2 \longleftrightarrow H^+ + e^-$$

との反応

$$\frac{1}{2}H_2 + X^+ \longrightarrow H^+ + X,$$
$$\frac{1}{2}H_2 + Y^+ \longrightarrow H^+ + Y$$

を考えて，これらの電位で $E_{H_2 \to X}$，$E_{H_2 \to Y}$ で表しておけば，

$$E_{X \to Y} = E_{H_2 \to Y} - E_{H_2 \to X} \tag{A.4}$$

と計算できるので都合がよい．しかしこれらの量も物質の圧力・濃度に依存する．

そこで H_2 ガスを 1 気圧，H^+ 濃度を pH 7.0，すなわち 10^{-7} mol/L とおき*1，反応物を分圧 1 気圧，濃度 1 mol/L としたときの電位で $H_2 \to X$ の電位を定量化する．このような電位を標準酸化還元電位という．標準酸化還元電位を用いると，反応物の濃度が [X], [X⁺] のときの，酸化還元電位は，標準酸化還元電位 E_0 を用いて，

$$E = E_0 + \frac{RT}{nF}\ln\frac{[X^+]}{[X]} \tag{A.5}$$

となる．R は気体定数，F はファラデー定数，n は酸化還元反応にあずかる電子の数である．戻って，2 つの半反応式 (A.2), (A.3) では，式 (A.3) のほうが式 (A.2) より高い酸化還元電位を持てば，反応 (A.1) は，エネルギーを放出して自発的に進む．たとえば図 2.9 の呼吸の例でいうと $X = A$, $Y = D$, $X^+ = B$, $Y^+ = C$, の対応関係となる．逆に式 (A.2) のほうが式 (A.3) より高い酸化還元電位を持てば，何らかのエネルギー注入が必要である．光合成では光エネルギーがこの役割を担っている．これらのことを考えれば，図 2.9 の酸化還元電位の軸の向きが下向きになっていることが理解できる．

A.1 ATP

ATP（アデノシン三リン酸）は生体内でエネルギーを蓄える通貨である（図 A.1）．

$$\mathrm{ATP} + \mathrm{H_2O} \to \mathrm{ADP} + \mathrm{P_i} + \mathrm{H^+} + 7.3\ \mathrm{kcal/mol} \tag{A.6}$$

のようにリン酸 $P_i = PO_3{}^{2-} - OH$ を 1 つ切ると，ADP（アデノシン二リン酸）と 7.3 kcal/mol のエネルギーが取り出される．さらにもう 1 つ切ると，AMP（アデノシン一リン酸）となる．生物は ATP のリン酸結合の形でエネルギーを蓄えたり，用いたりする．呼吸や光合成により，ADP + P_i が ATP に変換され，エネルギーを蓄える．

[116] にしたがって，生体内で ATP 通貨をどのように用いるかを簡単に見ておく．たとえば，2 つの物質 X-OH と Y-H を縮合して，X-Y という物質をつくることを考えよう．このとき ATP を用いて，

---

*1 この pH = 7 という基準は生化学の分野で用いられるもので，他の分野では pH = 1，すなわち H^+ 濃度を 1 mol/L とすることもしばしばあるので，定義を確認したほうがよい．pH 7 の定義を採用した場合，$H^+ + e^- \to 1/2H_2$ の $T = 25℃$ のときの標準酸化還元電位は式 (A.5) を用いて −0.42 V となる

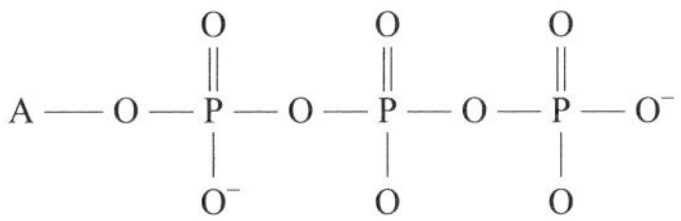

```
             O       O       O
             ‖       ‖       ‖
A — O — P — O — P — O — P — O⁻
             |       |       |
             O⁻      O       O
```

図 **A.1**　ATP の模式図．A に当たるところにアデノシンがついている．

$$\mathrm{ATP + XOH \rightarrow ADP + XOP + H^+}, \tag{A.7}$$

$$\mathrm{XOP + YH \rightarrow XY + P_i} \tag{A.8}$$

という反応が行われ，リン酸結合のエネルギーが XY の生成に用いられている．これを連続的基転移という．

A.2　光合成

地球上の生物は，他の生物を食して生きる従属栄養生物 (heterotroph) と，無機化合物や光を栄養とする独立栄養生物 (autotroph) に分けることができる．独立栄養生物には硫化水素などの無機化合物を酸化して利用する化学合成細菌などの化学合成独立栄養生物 (chemoautotroph) と，光を利用してエネルギーを得る光合成独立栄養生物 (photoautotroph) がある*2．エウロパなど恒星から強い光が望めない環境では，化学合成独立栄養生物が生命の第 1 候補であり，この場合，直接探査ができる系内の衛星が宇宙生命探査の主なターゲットになるだろう．しかし，通常の意味でのハビタブルゾーンでは，第一義的には光合成に依存する生態系が考えられる．系外惑星の宇宙生命探査では，直接探索しに行くことができないので，光の強い惑星表面に繁栄するであろう光合成生物をターゲットにするのが好都合であろう．太陽系外惑星の生命探査に用いられるバイオマーカーとして有力な植物のレッドエッジや酸素・オゾンの吸収線は酸素発生型光合成，すなわち，水を用いて二酸化炭素を固定する

$$\mathrm{6CO_2 + 12H_2O \rightarrow C_6H_{12}O_6 + 6H_2O + 6O_2} \tag{A.9}$$

の反応をおこす生物に関係している．他の物質，たとえば硫化水素を用いて

$$\mathrm{6CO_2 + 12H_2S \rightarrow C_6H_{12}O_6 + 6H_2O + 12S} \tag{A.10}$$

---

*2　光合成生物の中には，有機物を利用する光合成従属栄養生物 (photoheterotroph) も存在する．これには緑色非硫黄細菌や紅色非硫黄細菌が対応する．

表 A.1 地球上の独立栄養光合成生物

	ドメイン		集光アンテナ	光化学系
植物・葉緑体 (plants)	真核生物	酸素発生型	LHC1/LHC2	PS I + PS II
シアノバクテリア (cyanobacteria)	真正細菌	酸素発生型	フィコビリソーム	PS I + PS II
緑色硫黄細菌 (green sulfur bacteria)	真正細菌	酸素非発生型	クロロソーム	PS I
紅色細菌 (purple bacteria)	真正細菌	酸素非発生型	LH1/LH2	PS II

のように二酸化炭素を固定する光合成は酸素非発生型光合成という．表 A.1 に示したように，酸素発生型の光合成生物としては，植物やシアノバクテリア，酸素非発生型としては，緑色硫黄細菌や紅色細菌などが代表である．この節では，地球上での光合成の概略を見ていこう．

地球上の生物の光合成は，光合成膜という膜で囲われた領域を用いる．図 A.2 は葉緑体の模式図である．葉緑体の光合成膜はチラコイド膜とよばれ，チラコイド膜の内側領域をルーメン，外側領域をストロマという．光合成の反応は大きく光化学反応と炭酸固定を行うカルビン回路に分けられる．図 A.3 は酸素発生型の光化学反応とカルビン回路の概略を示している．光化学反応は，光合成膜に埋め込まれた光化学系 (photosystem) を中心として，膜上で反応が進行する．おもな反応は，光のエネルギーを用いて水を酸素に分解し，ADP をリン酸化して ATP にし，$NADP^+$（ニコチンアミドアデニンヌクレオチドリン酸）を NADPH に還元する．

$$NADP^+ + 2H^+ + 2e^- \to NADPH + H^+ \tag{A.11}$$

光化学反応でつくられた ATP と NADPH を用いて，カルビン回路で二酸化炭素を固定する．この炭酸固定はストロマ側で行われる．

光化学反応

光化学反応の中心となる反応は反応中心クロロフィルの光励起

$$P + h\nu \to P^* \tag{A.12}$$

である．反応中心クロロフィルは生物や光化学系によって異なる．酸素発生型の反応中心クロロフィルは主にクロロフィル a であり*3，非酸素発生型ではバクテリオクロロフィル a, b, g などが用いられる．吸収する光の波長は反応中心クロロフィルの種類や配位*4によって異なる．植物の場合，2 つの光化学系を持ち，それぞ

*3 クロロフィル d を用いるアカリオクロリスも存在する．

*4 反応中心のクロロフィルは二量体 (dimer) とよばれるペアをつくって配位していて，単量体の

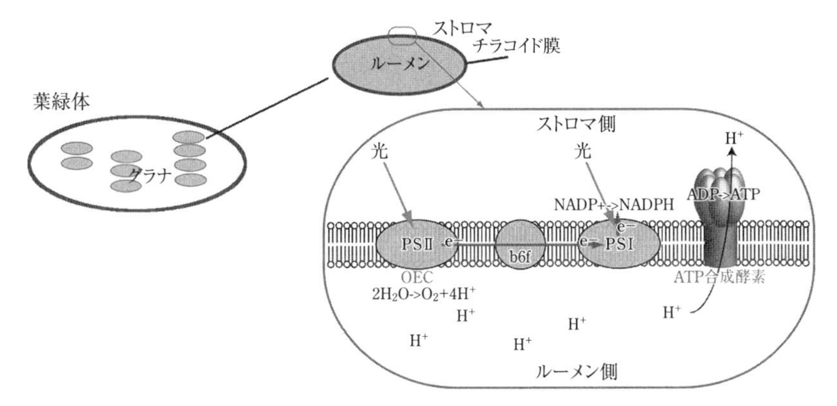

図 **A.2**　葉緑体の光合成膜（チラコイド膜）とその拡大図の模式図．袋状の構造グラナの内部．

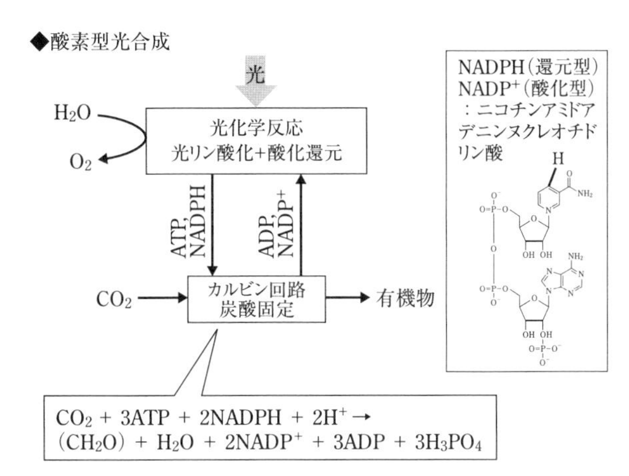

図 **A.3**　光化学反応とカルビン回路．ニコチンアミドアデニンヌクレオチドリン酸の化学式は wikipedia の図を改変した．右上に H がついたものが NADPH である．

れ 700 nm（光化学系 I; PS I）と 680 nm（光化学系 II; PS II）の光を利用する．

集光アンテナ

反応中心で利用する光のエネルギーより低いエネルギーの光は光合成に用いることができないが，高いエネルギーの光は集光アンテナとよばれる器官に存在する色

ときより若干低いエネルギーの光を吸収する．

素で吸収され，エネルギーを反応中心まで伝達する．集光アンテナには複数の集光色素があり，これらを用いれば可視光の幅広い領域がカバー可能である．

もし光合成に使えないほうの低いエネルギーの光を外部に捨てる，つまり反射するのであれば，反応中心クロロフィルの吸収エネルギーに対応する波長より長い波長では反射率が大きくなり，短いほうでは効率よく吸収するため反射率が小さくなる．植物の場合これがレッドエッジであり，第 0 近似では反射率はレッドエッジを境に階段関数的になると考えられる．図 2.12 の実線は実際の植物の反射率であり，たしかに 0.7 μm 付近から上の近赤外領域での急激な反射率の上昇を見てとることができる．しかし，近赤外領域での不要な光を反射させることが生存にとってどうして有利であるのか，また，そもそも有利であるのか，すなわち偶然なのかどうかはあまりよくわかっていない．これは，生命探査にレッドエッジを用いることの正当性が依然問題であることを示している．

電子伝達

反応中心クロロフィルでおこった電子の放出は，次々に隣接する異なる物質へと伝達されていく．この電子伝達は，物質同士の電子の放出しやすさ・受け取りやすさの違いにより伝達される．図 2.9 の光合成のところで表した模式図では，電子が放出されるところと受けとるところのみがつながれているが，実際はその間にさまざまな物質を伝達していくのだ．図 A.4 は酸素発生型光合成における電子伝達経路を酸化還元電位を用いて表したもの，つまり図 2.9 の詳細版である．2 つの光化学系のところでは，集光アンテナから伝達されたエネルギーが反応中心クロロフィルを励起し（式 (A.12)），つづいて脱励起に伴う電荷分離

$$P^* \rightarrow P^+ + e^- \tag{A.13}$$

がおこる．ここに $P = P_{680}$ (PS I) または $P = P_{700}$ (PS II) に対応する．このように脱励起に伴う電荷分離が出発点となって放出された電子が，酸化還元電位に従い伝達される．

電子は酸化還元電位の高いほう（図では下側）へ移動していき，最終的に NADP+ を還元する（図では右端）．逆に左端では，何かから電子が奪われなければならないが，この出発点の物質を電子供与体 (electron donor) という．酸素発生型光合成の場合，電子供与体は水であり

$$2H_2O \rightarrow O_2 + 4H^+ + 4e^- \tag{A.14}$$

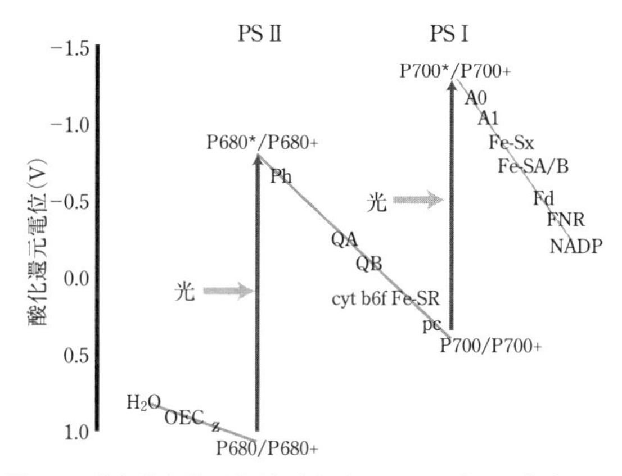

図 **A.4** 酸素発生型の電子伝達経路. [9] の図を元に作成した.

というような反応で, 電子を放出し, 酸素が生成される. また, H^+, すなわちプロトンはルーメン側にたまる. ところで, 上の反応は酸素発生複合体 (Oxygen Evolving Complex; OEC) とよばれるところでおきるが, 1 電子伝達ごとに見ると次の 4 反応

$$H_2O \rightarrow \cdot OH + H^+ + e^-, \tag{A.15}$$

$$H_2O + \cdot OH \rightarrow H_2O_2 + H^+ + e^-, \tag{A.16}$$

$$H_2O_2 \rightarrow O_2^- + 2H^+ + e^-, \tag{A.17}$$

$$O_2^- \rightarrow O_2 + e^- \tag{A.18}$$

がおこっていると考えることができる. ところで酸素/水への酸化還元電位は非常に高く (+0.82 V), 水から電子を奪うためには, これよりも高い酸化還元電位を持つ物質を OEC に使う必要があるが, 実際 OEC ではマンガンを用いて, 酸素/水よりも高い酸化還元電位を実現している. また式 (A.14) からは, 1 つの酸素を発生させるのに 4 つの電子, さらに PS I/II の 2 倍分の 8 つの光子が必要であることがわかる.

ATP 生成

酸素の分解などの結果, ルーメン側にプロトンがたまっていき, ルーメンとストロマの間にプロトン勾配ができる. すなわち平たく言うと膜の内側が酸性になる. 光合成膜には ATP 合成酵素というものがくっついていて, そこを通ってプロトン

がストロマ側に通り抜けられるようになっている．このときにエネルギーを得て ADP とリン酸から ATP が生成される．

$$\mathrm{ADP} + \mathrm{H_3PO_4} \rightarrow \mathrm{ATP} \tag{A.19}$$

これが生体内でのエネルギー通貨として生命活動維持に用いられる．

A.3 光合成に必要な光子数

さて，地球上の酸素/水への酸化還元電位が非常に高いため酸素発生型光合成は PS I と PS II の結合をしている．酸素非発生型光合成をする緑色硫黄細菌は PS I を，紅色細菌は PS II をそれぞれ個別に持つ．これらが進化の過程で結合して，酸素発生型がつくられたと考えられているが，このときに，PS II のルーメン側にマンガンカタラーゼという過酸化水素を分解する酵素がくっついて，酸素型光合成が完成したという説がある．すなわち高い水の酸化還元電位をクリアするために，地球上の生物は 2 つの光化学系の結合と酸素発生複合体の獲得というアクロバティックな解決法をとったといえる．

ところでこのことは，M 型周りの系外惑星のような，可視光程度の高エネルギー光子が少ない系での酸素発生型光合成を考える上で重要である．この場合，たとえば光化学系を 3 つつなげて必要なエネルギーを獲得するという可能性を考えている人もいるが，これが進化で獲得するのに，どの程度難しいかということは自明ではない．そこで，反応中心のエネルギーとして，クロロフィル a と同じ 0.7 μm を仮定して，さまざまな恒星の周りで光合成に利用可能な光子フラックスがどの程度なのかを知っておくことは，酸素をバイオマーカーに用いる正当性を評価する 1 つの目安となるだろう．

ここで，エネルギーフラックスではなく光子フラックスとするのは，反応中心のエネルギー以上のエネルギーの光子は，結局，反応中心エネルギーまで落とした上で利用することを想定しているからである．紫外域をカットしてたとえば 0.4-0.7 μm の間の光子フラックスを Photosynthetic Photon Flux Density (PPFD) として定義する．$T_\star$ = 3000 K での HZ 内側での PPFD は，太陽型星の場合の 10% 弱程度となる．ちなみに地上で曇りの日は快晴の日の 10% 程度のフラックスであるそうである．この場合，絶望的なほど PPFD が低いわけではないともいえよう．

付録 B

モーメント形式を用いた放射平衡大気モデル

第6章では，放射を F_+ と F_- に分けて，二流近似で放射平衡大気の議論を行った．この形式はとくに惑星大気の理論の際によく用いられる．ところで恒星大気理論での放射伝達は，放射のモーメント形式の導出が普通であり，系外惑星の大気モデルの場合にもモーメント形式が使われることがある．そこでモーメント形式でもう一度，放射平衡モデルを解いてみて，二流近似の結果と比較してみよう．

エディントン係数と二流近似

放射伝達の式 (5.47) を $\langle\ \rangle$ 平均する，また式 (5.47) に μ をかけてから $\langle\ \rangle$ 平均することで

$$\frac{dH_\nu}{d\tau} = J_\nu - \langle \mathcal{J}_\nu \rangle, \tag{B.1}$$

$$\frac{dK_\nu}{d\tau} = H_\nu - \langle \mu \mathcal{J}_\nu \rangle \tag{B.2}$$

の2つの式が得られる．もし放射源関数は黒体輻射だとすると ($\mathcal{J}_\nu = B_\nu$)，放射源関数は等方であるので

$$\frac{dH_\nu}{d\tau} = J_\nu - B_\nu, \tag{B.3}$$

$$\frac{dK_\nu}{d\tau} = H_\nu \tag{B.4}$$

となる．ここで，closure relation として J_ν と K_ν の関係を一定値だと思ってみよう．二流近似のときは，両半面でそれぞれ一様の場合は式 (6.53) の上下式の差から

$$J_\nu = 3K_\nu \tag{B.5}$$

であった．またエディントン近似とよばれる $I_\nu = A + B\mu$ の形を仮定した場合も同様に

$$J_\nu = 3K_\nu \tag{B.6}$$

となる．

そこでやや天下りに定数 η_E を

$$\eta_E \equiv \frac{K_\nu}{J_\nu} \tag{B.7}$$

で定義して，

（仮定 D） $\eta_E = K_\nu/J_\nu$ が τ によらず一定

という仮定をおこう．η_E をエディントン係数 (Eddington coefficient) とよぶこともある．これに式 (B.4) を用いると

$$\ddot{H}_\nu - \eta_E^{-1} H_\nu + \eta_E^{-1}\langle \mu \mathcal{J}_\nu \rangle + \langle \dot{\mathcal{J}}_\nu \rangle = 0 \tag{B.8}$$

が得られる．

一様放射源の場合

一様放射源の場合，二流近似からでる 2 階微分方程式 (6.65) を H_ν で書き直した式

$$\ddot{H}_\nu - D^2 H_\nu + \frac{D}{2}\dot{B}_\nu = 0 \tag{B.9}$$

と式 (B.8) に一様放射源仮定をおいた

$$\ddot{H}_\nu - \eta_E^{-1} H_\nu + \dot{B}_\nu = 0 \tag{B.10}$$

で，$\ddot{H}$ を消去すると

$$\dot{B}_\nu = \frac{\eta_E^{-1} - D^2}{1 - D/2} H_\nu \tag{B.11}$$

となる．

放射平衡 H が一定の場合，$\ddot{H} = 0$ のため

$$\eta_E = \frac{1}{2D} \tag{B.12}$$

となる．

大気中で恒星光が吸収されない場合のモーメント形式

式 (6.47) を思い出すと，ネットフラックスは

$$F_{\mathrm{net}} = 4\pi H_\nu \tag{B.13}$$

である．つまり，フラックスが変化しない場合の放射平衡の式 (6.71) は，単純に

$$\dot{H}_\nu = 0 \tag{B.14}$$

で表される．式 (B.1) より

$$J_\nu = B_\nu \tag{B.15}$$

となり，B_ν が J_ν と一致する．

式 (B.14) より H_ν は定数であり，二流近似で用いた表記を用いると，

$$H_\nu = \langle \mu \mathcal{I}_\nu \rangle = \frac{1}{4\pi}(F_+ - F_-) = \frac{F_s}{4\pi} \tag{B.16}$$

となる．式 (6.62) に対応している．

式 (B.4) より

$$\frac{dJ_\nu}{d\tau} = \frac{H_\nu}{\eta_E} \tag{B.17}$$

より

$$J_\nu = \frac{H_\nu}{\eta_E}\tau + C \tag{B.18}$$

となる．ここで $\tau = 0$ のとき，すなわち大気上端での境界条件が必要となるが，大気上端では下向き輻射がないという仮定 B は，

$$J_\nu(0) = 2H_\nu \text{（仮定 B''）} \tag{B.19}$$

となる．これは $\langle\ \rangle_{\mathrm{US}}$ のモーメント関係（式 (6.53) 上）と同じになる．

$$J_\nu = H_\nu\left(\frac{1}{\eta_E}\tau + 2\right) \tag{B.20}$$

$$= \frac{F_s}{4\pi}\left(\frac{1}{\eta_E}\tau + 2\right) \tag{B.21}$$

が解である．温度分布に戻すには式 (B.15) より

$$\sigma T^4 = \pi B_\nu = \pi J_\nu \tag{B.22}$$

$$= \frac{F_s}{2}\left(\frac{1}{2\eta_E}\tau + 1\right) \tag{B.23}$$

となり，$D = 1/(2\eta_E)$ の対応で式 (6.75) と一致する．

ここで二流近似で用いた仮定との違いを振り返る．二流近似では仮定 A のように直接 $K_{\nu\pm}$ と $H_{\nu\pm}$ のモーメント関係を仮定することで，$K_{\nu\pm}$ と $H_{\nu\pm}$ の放射伝達式を用い，B_ν について直接求めている．一方，エディントン係数を用いた方法では，K_ν と J_ν のモーメント関係（仮定 D）と境界条件（仮定 B″ = 仮定 B）を用いて K_ν と H_ν の放射伝達式を J_ν と H_ν の関係に直してから，J_ν と H_ν の放射伝達の式から，B_ν を求めた．

大気中で恒星光の吸収加熱がある場合のモーメント形式

大気中での恒星光の吸収加熱がある場合についての，モーメント形式での定式化は，[33] や [35] で提示されている．ここに上付き ★ は恒星光領域の放射を示す．大気の輻射領域には下付き文字は付けない．

恒星光領域の放射伝達は放射源関数がないので，

$$\frac{dH_\nu^\star}{d\tau^\star} = \frac{1}{k}\frac{dH_\nu^\star}{d\tau} = J_\nu^\star, \tag{B.24}$$

$$\frac{dK_\nu^\star}{d\tau^\star} = \frac{1}{k}\frac{dK_\nu^\star}{d\tau} = H_\nu^\star \tag{B.25}$$

となる．すなわち

$$\frac{d^2 K_\nu^\star}{d\tau^2} = k^2 J_\nu^\star \tag{B.26}$$

であり，式 (B.7) と同様に，

$$\mu_* \equiv \sqrt{\frac{K_\nu^\star}{J_\nu^\star}} \tag{B.27}$$

で定義すると，

$$\frac{d^2 J_\nu^\star}{d\tau^2} - \frac{k^2}{\mu_*^2} J_\nu^\star = 0, \tag{B.28}$$

$$\frac{d^2 H_\nu^\star}{d\tau^2} - \frac{k^2}{\mu_*^2} H_\nu^\star = 0 \tag{B.29}$$

となるので，解のうち大きい τ で発散しないという条件を課すと

$$J_\nu^\star(\tau) = J_\nu^\star(0)e^{-\frac{k}{\mu_*}\tau}, \tag{B.30}$$

$$H_\nu^\star(\tau) = H_\nu^\star(0)e^{-\frac{k}{\mu_*}\tau} \tag{B.31}$$

となる．また，式 (B.25) より

$$H_\nu^\star(0) = -\mu_* J_\nu^\star(0) \tag{B.32}$$

となる．

恒星光も考えた 2 色の場合の放射平衡は

$$\frac{d}{d\tau}(H_\nu + H_\nu^\star) = 0 \tag{B.33}$$

となるので，式 (B.3), (B.24) より

$$J_\nu - B_\nu + kJ_\nu^\star = 0 \tag{B.34}$$

となる．

さて，式 (B.34) から $\pi B_\nu = \sigma T^4(\tau)$ を求めるため，J_ν を求めよう．H がフラックスを表すことを考慮して，境界条件を $H_\nu(0)$, $H_\nu^\star(0)$ で代入できるように変形する．まず，式 (B.3) を $\tau = 0$ から $\tau = \tau$ まで積分し，式 (B.34), (B.30) を用いると

$$\begin{aligned} H_\nu(\tau) - H_\nu(0) &= \int_0^\tau d\tau'[J_\nu(\tau') - B_\nu(\tau')] \\ &= -k\int_0^\tau d\tau' J_\nu^\star(\tau') = -\mu_* J_\nu^\star(0)(1 - e^{-\frac{k}{\mu_*}\tau}) \end{aligned} \tag{B.35}$$

となる．式 (B.4) を $\tau = 0$ から $\tau = \tau$ まで積分し，式 (B.35), (B.32) を用いると

$$\begin{aligned} K_\nu(\tau) - K_\nu(0) &= \int_0^\tau d\tau' H_\nu(\tau) = \int_0^\tau d\tau'[H_\nu(0) - \mu_* J_\nu^\star(0)(1 - e^{-\frac{k}{\mu_*}\tau'})] \\ &= \int_0^\tau d\tau'[H_\nu(0) + H_\nu^\star(0)(1 - e^{-\frac{k}{\mu_*}\tau'})] = \frac{F_{\rm net}(0)}{4\pi}\tau + J_\nu^\star(0)\frac{\mu_*^2}{k}(1 - e^{-\frac{k}{\mu_*}\tau}) \end{aligned} \tag{B.36}$$

となり，$\eta_E = \sqrt{K_\nu/J_\nu}$ を用いると J_ν の方程式

$$J_\nu(\tau) - J_\nu(0) = \frac{H_\nu(0) + H_\nu^\star(0)}{\eta_E}\tau + J_\nu^\star(0)\frac{\mu_*^2}{\eta_E k}(1 - e^{-\frac{k}{\mu_*}\tau}) \tag{B.37}$$

が得られる．

式 (B.30)，(B.37) を放射平衡の式 (B.34) に代入し，式 (B.32) より $J_\nu^\star(0) = -H_\nu^\star(0)/\mu_*$ を用いると，

$$
\begin{aligned}
B_\nu(\tau) &= J_\nu(\tau) + kJ_\nu^\star(\tau) \\
&= \frac{H_\nu(0) + H_\nu^\star(0)}{\eta_E}\tau + J_\nu^\star(0)\frac{\mu_*^2}{\eta_E k}(1 - e^{-\frac{k}{\mu_*}\tau}) + J_\nu(0) + kJ_\nu^\star(0)e^{-\frac{k}{\mu_*}\tau} \\
&= \frac{H_\nu(0) + H_\nu^\star(0)}{\eta_E}\tau - H_\nu^\star(0)\frac{\mu_*}{\eta_E k}(1 - e^{-\frac{k}{\mu_*}\tau}) + J_\nu(0) - \frac{k}{\mu_*}H_\nu^\star(0)e^{-\frac{k}{\mu_*}\tau} \\
&= [H_\nu(0) + H_\nu^\star(0)]\left(\frac{\tau}{\eta_E} + \frac{1}{\zeta_0^2}\right) - H_\nu^\star(0)\left[\frac{1}{\zeta_0^2} + \frac{\mu_*}{k\eta_E} + \left(\frac{\mu_*}{k\eta_E} - \frac{k}{\mu_*}\right)e^{-\frac{k}{\mu_*}\tau}\right]
\end{aligned}
\tag{B.38}
$$

となる．上の変形では η_E と同様に

$$
\zeta_0 \equiv \sqrt{\frac{H_\nu(0)}{J_\nu(0)}} \tag{B.39}
$$

を定義し，境界条件 $\tau = 0$ での J_ν と H_ν の関係を仮定している．

さて，$4\pi[H_\nu(0) + H_\nu^\star(0)]$ は恒星光と輻射光の全ネットフラックスを示しており，$\tau = 0$ では入ってきた恒星光フラックスはすべて輻射に変換されて出てきているので，正味，惑星内部からのフラックスの寄与のみとなる．つまり

$$
F_i = 4\pi[H_\nu(0) + H_\nu^\star(0)] \tag{B.40}
$$

となる．また，$4\pi H_\nu^\star(0)$ は，$\tau = 0$ での恒星光のネットフラックスであるが下向きが負で表されることを考慮し，

$$
F_\star = -4\pi H_\nu^\star(0) \tag{B.41}
$$

となる．結局，$\pi B_\nu = \sigma T^4$ より

$$
\sigma T^4(\tau) = \frac{F_\star}{2}\left[\frac{1}{2\zeta_0^2} + \frac{\mu_*}{2k\eta_E} + \left(\frac{\mu_*}{2k\eta_E} - \frac{k}{2\mu_*}\right)e^{-\frac{k}{\mu_*}\tau}\right] + \frac{1}{2}F_i\left(\frac{1}{2\zeta_0^2} + \frac{1}{2\eta_E}\tau\right) \tag{B.42}
$$

となる．これを式 (6.87)

$$
\sigma T^4(\tau) = \frac{F_\star}{2}\left[1 + \frac{D}{k} + \left(\frac{D}{k} - \frac{k}{D}\right)e^{-k\tau}\right] + \frac{1}{2}F_i(1 + D\tau) \tag{B.43}
$$

と見比べると，ほとんど同じ形式になっているが，$D \to 1/(2\eta_E)$, $k \to k/\mu_*$, $1 \to 1/(2\zeta_0^2)$ の対応となっていることがわかる．

付録 C

Dry adiabat の一般論

熱力学第一法則，すなわちエネルギー保存

$$dU = \delta Q + \delta W \tag{C.1}$$

からはじめよう．ここに U は内部エネルギー，δQ は周囲と交換された熱，δW は仕事である．可逆過程において，熱の変化はエントロピー S の全微分と温度 T で $dS = \delta Q/T$ と書ける．

M を系の質量として，熱力学量を単位質量当たりの量，$u = U/M$, $q = Q/M$, $v = V/M$ に書き換えておこう．化学変化や潜熱の解放などの状態変化がないとき，仕事は体積変化による仕事 $\delta W = -P\,dV$ のみとなる．熱力学第一法則 (C.1) は，

$$\delta q = du + Pdv \tag{C.2}$$

と書ける．ここに v は specific volume とよばれ，端的には密度 $\rho = M/V$ の逆数である．地球大気ではこのような条件が適応できる大気を乾燥大気という．水蒸気を含む大気の場合は潜熱の解放によるエネルギー収支を考えねばならない．断熱過程では $\delta q = 0$ とおくことで adiabat，この場合，乾燥大気の adiabat という意味で dry adiabat を求めたい．しかし，このままでは $\delta q = 0$ から温度-圧力関係は導出されない．このためには δq を

$$\delta q = f(T, P)\,dT + g(T, P)\,dP \tag{C.3}$$

の形に表せればよい．

T と v を変数だと思うと，チェーンルールより

$$du = \left(\frac{\partial u}{\partial T}\right)_v dT + \left(\frac{\partial u}{\partial v}\right)_T dv \tag{C.4}$$

である．これを利用すると，式 (C.2) は

$$\delta q = \left(\frac{\partial u}{\partial T}\right)_v dT + \left[\left(\frac{\partial u}{\partial v}\right)_T + P\right] dv \tag{C.5}$$

となる．これはまだ v, T を変数とした形である．v を P に変換するためには気体の状態方程式が必要である．ここでは，一般の状態方程式

$$\rho = \rho(P, T) = \frac{1}{v} \tag{C.6}$$

を考えよう．一般の状態方程式を特徴づける量として，対数密度の温度もしくは圧力に対するスロープを定義しておく．

$$d(\log\rho) = \beta dP - \alpha dT, \tag{C.7}$$

$$\alpha \equiv -\left(\frac{\partial \log\rho}{\partial T}\right)_P = \frac{1}{v}\left(\frac{\partial v}{\partial T}\right)_P, \tag{C.8}$$

$$\beta \equiv \left(\frac{\partial \log\rho}{\partial P}\right)_T = -\frac{1}{v}\left(\frac{\partial v}{\partial P}\right)_T \tag{C.9}$$

ここに α は thermal expansion coefficient，β は isothermal compressivity とよばれる量である．

これらを利用すると，式 (C.5) は

$$\delta q = \left(\frac{\partial u}{\partial T}\right)_v dT - \frac{1}{\rho}\left[\left(\frac{\partial u}{\partial v}\right)_T + P\right]\frac{d\rho}{\rho} \tag{C.10}$$

$$= \left(\frac{\partial u}{\partial T}\right)_v dT - \frac{1}{\rho}\left[\left(\frac{\partial u}{\partial v}\right)_T + P\right](\beta dP - \alpha dT) \tag{C.11}$$

と形式的に式 (C.3) の形で書けた．adiabat を計算するには，

$$A \equiv \left(\frac{\partial u}{\partial v}\right)_T, \tag{C.12}$$

$$B \equiv \left(\frac{\partial u}{\partial T}\right)_v \tag{C.13}$$

を T, P の関数として表す必要がある．

まず比熱を導入しよう．比熱 (specific heat) の定義は

$$c \equiv \left(\frac{\partial q}{\partial T}\right) \tag{C.14}$$

であり，定積のときは定積比熱 c_v，定圧のときは定圧比熱 c_p で表記する．熱力学

第一法則 (C.2) を用いると,

$$c_v \equiv \left(\frac{\partial q}{\partial T}\right)_v = \left(\frac{\partial u}{\partial T}\right)_v, \tag{C.15}$$

$$c_p \equiv \left(\frac{\partial q}{\partial T}\right)_P = \left(\frac{\partial u}{\partial T}\right)_P + P\left(\frac{\partial v}{\partial T}\right)_P \tag{C.16}$$

となる．$B = c_v$ であることはわかったが，T, P の関数とするため，c_v と c_p の関係を用いて B を c_p で表したい．偏微分の triple product rule*1を用いて有用な以下の関係式を導いておこう．

$$\left(\frac{\partial P}{\partial T}\right)_v = -\left(\frac{\partial v}{\partial T}\right)_P \left(\frac{\partial v}{\partial P}\right)_T^{-1} = -\left(\frac{\partial \rho}{\partial T}\right)_P \left(\frac{\partial \rho}{\partial P}\right)_T^{-1} = \frac{\alpha}{\beta} \tag{C.17}$$

A を求める

エントロピー $ds = dq/T$ を考えると，式 (C.5) より

$$ds = \frac{1}{T}\left(\frac{\partial u}{\partial T}\right)_v dT + \frac{1}{T}\left[\left(\frac{\partial u}{\partial v}\right)_T + P\right] dv \tag{C.18}$$

である．これとチェーンルール

$$ds = \left(\frac{\partial s}{\partial T}\right)_v dT + \left(\frac{\partial s}{\partial v}\right)_T dv \tag{C.19}$$

を比較すると

$$\left(\frac{\partial s}{\partial T}\right)_v = \frac{1}{T}\left(\frac{\partial u}{\partial T}\right)_v, \tag{C.20}$$

$$\left(\frac{\partial s}{\partial v}\right)_T = \frac{1}{T}\left[\left(\frac{\partial u}{\partial v}\right)_T + P\right] \tag{C.21}$$

となるが，エントロピー ds が完全微分であることから偏微分の交換則

$$\frac{\partial}{\partial v}\left(\frac{\partial s}{\partial T}\right)_v = \frac{\partial}{\partial T}\left(\frac{\partial s}{\partial v}\right)_T \tag{C.22}$$

に式 (C.20) と (C.21) を代入して

*1 $\left(\frac{\partial x}{\partial y}\right)_z \left(\frac{\partial y}{\partial z}\right)_x \left(\frac{\partial z}{\partial x}\right)_y = -1.$

$$\frac{\partial}{\partial v}\left[\frac{1}{T}\left(\frac{\partial u}{\partial T}\right)_v\right] = \frac{\partial}{\partial T}\left[\frac{1}{T}\left(\frac{\partial u}{\partial v}\right)_T + \frac{P}{T}\right] \tag{C.23}$$

が得られる．微分を実行して，式 (C.17) を用いて，整理すると

$$\left(\frac{\partial u}{\partial v}\right)_T = T\left(\frac{\partial P}{\partial T}\right)_v - P = \frac{\alpha}{\beta}T - P \tag{C.24}$$

となり，A が求まった．

比熱関係と *B*

定積比熱 c_v と定圧比熱 c_p の関係を考える．式 (C.4) から

$$\frac{du}{dT} = \left(\frac{\partial u}{\partial T}\right)_v + \left(\frac{\partial u}{\partial v}\right)_T \frac{dv}{dT} \tag{C.25}$$

である．ここで圧力を固定して，式 (C.24) を代入すると

$$\left(\frac{\partial u}{\partial T}\right)_P = \left(\frac{\partial u}{\partial T}\right)_v + \left(\frac{\partial u}{\partial v}\right)_T \left(\frac{\partial v}{\partial T}\right)_P \tag{C.26}$$

$$= \left(\frac{\partial u}{\partial T}\right)_v + \left[\frac{\alpha}{\beta}T - P\right]\left(\frac{\partial v}{\partial T}\right)_P \tag{C.27}$$

となる．ここで定圧比熱 (C.16)，定積比熱 (C.15) と α の定義 (C.8) より $\left(\frac{\partial v}{\partial T}\right)_P = \alpha/\rho$ を用いると

$$c_p - c_v = \frac{T}{\rho}\frac{\alpha^2}{\beta} \tag{C.28}$$

と比熱関係が求まった．

dry adiabat を求める

式 (C.24) と式 (C.28) から

$$A \equiv \left(\frac{\partial u}{\partial v}\right)_T = \frac{\alpha}{\beta}T - P, \tag{C.29}$$

$$B \equiv \left(\frac{\partial u}{\partial T}\right)_v = c_v = c_p - \frac{T}{\rho}\frac{\alpha^2}{\beta} \tag{C.30}$$

となる．式 (C.11) に代入して

$$\delta q = c_p dT - \alpha \frac{T}{\rho} dP \tag{C.31}$$

が得られた．もしくは ds で書くと

$$ds = \frac{c_p}{T} dT - \frac{\alpha}{\rho} dP \tag{C.32}$$

さて dry adiabat は，$\delta q = 0$ もしくは $ds = 0$ であるから，

$$\left(\frac{\partial \log T}{\partial \log P}\right)_s = \frac{P}{\rho} \frac{\alpha}{c_p} \equiv \Gamma_d \tag{C.33}$$

となる．

理想気体の場合

6.3.2 項で見たように，理想気体では Γ_d は定数である．このとき，式 (C.31) は

$$\delta q = c_p dT - \frac{1}{\rho} dP \tag{C.34}$$

となる．もしくは ds で書くと

$$ds = \frac{c_p}{T} dT - \frac{R}{P} dP \tag{C.35}$$

となる．また isothermal compressivity は式 (C.9) より

$$\beta = \frac{1}{P} \tag{C.36}$$

となるから，比熱関係 (C.28) は

$$c_p = c_v + R \tag{C.37}$$

となりマイヤーの関係式が導かれる．

おわりに

いろいろ忘れてしまう私は，よく自分にメールをする．昔のメールを調べてみると本書の原案となる文書を書き始めたのが，どうも2011年の終わりぐらいからのようだ．私は2009年に宇宙論で博士を取得して，その後，系外惑星の研究も並行して始めたのだが，2011年3月11日は，たまたま家で8.3.1項のマッピングの論文を書いていたはずだ．そういう大きい出来事とか他にもいろいろあって何か心に変化がおきたのだろうか，いまは系外惑星の仕事をメインで行っている．この文書はその頃から6年くらい書き溜めたことになる．当初は冥王星と天王星・海王星の区別もついていないくらい惑星音痴だったが，いまでは天王星と海王星の区別がつかないくらいには成長した気がする．いまの科学は，表面的な説明責任，膨大な審査や評価の労力，競争的環境から，わかりやすい目的，古い言葉で言えばプロパガンダが求められている．なにかこの「おわりに」もそのようなものが求められているような強迫観念がある．しかし，こんな巻末を読んでいる読者は，本書を読破してすでに私よりくわしくなってしまった人（何度も言うが私は忘れっぽい性格である）かさもなくば書店で巻末だけ立ち読みするような心の曲がった人間だろう（どちらかというと私はそのような人間である）．だから別にいまさら言うこともないが，この6年間，けっこう楽しい研究生活であったことは付記しておきたい．共同研究者のみなさんに非常に恵まれたのもあるけれど，分野としても動機としてもわりとよいテーマなのだろう．系外惑星はこの20年間の発見と世界の珍獣ショーみたいな状態を経て，今後はおそらく，もっと我々人類がすむ環境に近い惑星系の研究，そしてそれは必然的にもっと長期的で持続的な研究テーマへと成熟していくだろう．

本書を出版することを薦めてくださった須藤靖さん，東京大学出版会編集部の丹内利香さん，第7章の詳細なコメントと改善点を指摘してくださった村上尚史さん，第6章を読んで式のチェックと辛辣なコメントをくれた小玉貴則さん，また原稿全体を通して式をチェックしてくれた逢澤正嵩さん，小さいが重要なコメント*1をくれた増田賢人さん，北海道大学集中講義によんでいただき本書完成前に試験運用の機会を与えてくださった石渡正樹さんと出席者のみなさん，どうもあり

*1 「脚注のビートルズの曲のタイトルが間違っている」．この脚注は幻となった．

がとうございます．使いやすい教科書を書くのは非常に大変だということを実感しました．また研究を通じ本書の内容を間接的に練ってくれたこれまでの共同研究者や同僚のみなさんには本当に深く感謝しています．また本書の執筆にあたって，科研費 No.17K14246，Astrobiology Center from NINS，JSPS Core-to-Core Program Planet^2 のサポートを受けました．

参考文献

[1] D. S. Abbot. Analytical investigation of the decrease in the size of the habitable zone due to a limited CO_2 outgassing rate. *ApJ*, 827:117, 2016.

[2] Y. Abe, A. Abe-Ouchi, N. H. Sleep, and K. J. Zahnle. Habitable zone limits for dry planets. *Astrobiology*, 11:443–460, 2011.

[3] E. Agol. Microlensing of large sources. *ApJ*, 594:449–455, 2003.

[4] M. Aizawa, S. Uehara, K. Masuda, H. Kawahara, and Y. Suto. Toward detection of exoplanetary rings via transit photometry: Methodology and a possible candidate. *AJ*, 153:193, 2017.

[5] G. Anglada-Escudé, P. J. Amado, J. Barnes, Z. M. Berdiñas, R. P. Butler, G. A. L. Coleman, I. de La Cueva, S. Dreizler, M. Endl, B. Giesers, S. V. Jeffers, J. S. Jenkins, H. R. A. Jones, M. Kiraga, M. Kürster, M. J. López-González, C. J. Marvin, N. Morales, J. Morin, R. P. Nelson, J. L. Ortiz, A. Ofir, S.-J. Paardekooper, A. Reiners, E. Rodríguez, C. Rodríguez-López, L. F. Sarmiento, J. P. Strachan, Y. Tsapras, M. Tuomi, and M. Zechmeister. A terrestrial planet candidate in a temperate orbit around Proxima Centauri. *Nature*, 536:437–440, 2016.

[6] P. S. Barklem and R. Collet. Partition functions and equilibrium constants for diatomic molecules and atoms of astrophysical interest. *A&A*, 588:A96, 2016.

[7] J. W. Barnes. Transit lightcurves of extrasolar planets orbiting rapidly rotating stars. *ApJ*, 705:683–692, 2009.

[8] J. L. Birkby, R. J. de Kok, M. Brogi, E. J. W. de Mooij, H. Schwarz, S. Albrecht, and I. A. G. Snellen. Detection of water absorption in the day side atmosphere of HD 189733 b using ground-based high-resolution spectroscopy at 3.2 μm . *MNRAS*, 436:L35–L39, 2013.

[9] Robert E Blankenship. Origin and early evolution of photosynthesis. *Photosynthesis Research*, 33(2):91–111, 1992.

[10] I. A. Bond, A. Udalski, M. Jaroszyński, N. J. Rattenbury, B. Paczyński, I. Soszyński, L. Wyrzykowski, M. K. Szymański, M. Kubiak, O. Szewczyk, K. Żebruń, G. Pietrzyński, F. Abe, D. P. Bennett, S. Eguchi, Y. Furuta, J. B. Hearnshaw, K. Kamiya, P. M. Kilmartin, Y. Kurata, K. Masuda, Y. Matsubara, Y. Muraki, S. Noda, K. Okajima, T. Sako, T. Sekiguchi, D. J. Sullivan, T. Sumi, P. J. Tristram, T. Yanagisawa, P. C. M. Yock, and OGLE Collaboration. OGLE 2003-BLG-235/MOA 2003-BLG-53: A planetary microlensing event. *ApJ*, 606:L155–L158, 2004.

[11] P. J. Bordé and W. A. Traub. High-Contrast imaging from space: Speckle nulling in a low-aberration regime. *ApJ*, 638:488–498, 2006.

[12] M. Brogi, I. A. G. Snellen, R. J. de Kok, S. Albrecht, J. Birkby, and E. J. W. de Mooij. The signature of orbital motion from the dayside of the planet tau Bootis b. *Nature*, 486:502, 2012.

[13] M. I. Budyko. The effect of solar radiation variations on the climate of the earth. *Tellus*, 21:611–619, 1969.

[14] A. Burrows, I. Hubeny, J. Budaj, and W. B. Hubbard. Possible solutions to the radius anomalies of transiting giant planets. *ApJ*, 661:502–514, 2007.

[15] P. R. T. Coelho. A new library of theoretical stellar spectra with scaled-solar and α-enhanced mixtures. *MNRAS*, 440:1027–1043, 2014.

[16] L. Cohen. *Time-Frequency Analysis*, volume 778. Prentice Hall PTR Englewood Cliffs, NJ, 1995.

[17] M. Cohen, R. G. Walker, M. J. Barlow, and J. R. Deacon. Spectral irradiance calibration in the infrared. I - Ground-based and IRAS broadband calibrations. *AJ*, 104:1650–1657, 1992.

[18] N. B. Cowan, E. Agol, V. S. Meadows, T. Robinson, T. A. Livengood, D. Deming, C. M. Lisse, M. F. A'Hearn, D. D. Wellnitz, S. Seager, D. Charbonneau, and the EPOXI Team. Alien maps of an ocean-bearing world. *ApJ*, 700:915–923, 2009.

[19] R. J. de Kok, M. Brogi, I. A. G. Snellen, J. Birkby, S. Albrecht, and E. J. W. de Mooij. Detection of carbon monoxide in the high-resolution day-side spectrum of the exoplanet HD 189733b. *A&A*, 554:A82, 2013.

[20] D. J. Des Marais, M. O. Harwit, K. W. Jucks, J. F. Kasting, D. N. C. Lin, J. I. Lunine, J. Schneider, S. Seager, W. A. Traub, and N. J. Woolf. Remote sensing of planetary properties and biosignatures on extrasolar terrestrial planets. *Astrobiology*, 2:153–181, 2002.

[21] J. A. Dittmann, J. M. Irwin, D. Charbonneau, X. Bonfils, N. Astudillo-Defru, R. D. Haywood, Z. K. Berta-Thompson, E. R. Newton, J. E. Rodriguez, J. G. Winters, T.-G. Tan, J.-M. Almenara, F. Bouchy, X. Delfosse, T. Forveille, C. Lovis, F. Murgas, F. Pepe, N. C. Santos, S. Udry, A. Wünsche, G. A. Esquerdo, D. W. Latham, and C. D. Dressing. A temperate rocky super-Earth transiting a nearby cool star. *Nature*, 544:333–336, 2017.

[22] J. R. Ducati, C. M. Bevilacqua, S. B. Rembold, and D. Ribeiro. Intrinsic colors of stars in the near-infrared. *ApJ*, 558:309–322, 2001.

[23] J. Farquhar and B.A. Wing. Multiple sulfur isotopes and the evolution of the atmosphere. *Earth and Planetary Science Letters*, 213(1):1–13, 2003.

[24] G. Foo, D. M. Palacios, and G. A. Swartzlander, Jr. Optical vortex coronagraph. *Optics Letters*, 30:3308–3310, 2005.

[25] E. B. Ford, S. Seager, and E. L. Turner. Characterization of extrasolar terrestrial planets from diurnal photometric variability. *Nature*, 412:885–887, 2001.

[26] D. Foreman-Mackey, D. W. Hogg, D. Lang, and J. Goodman. emcee: The MCMC hammer. *PASP*, 125:306, 2013.

[27] Y. Fujii and H. Kawahara. Mapping earth-analogs from photometric variability: spin-orbit tomography for planets in inclined orbits. *ApJ*, 755:101, 2012.

[28] Y. Fujii, H. Kawahara, Y. Suto, S. Fukuda, T. Nakajima, T. A. Livengood, and E. L. Turner. Colors of a second earth. II. Effects of clouds on photometric characterization of earth-like exoplanets. *ApJ*, 738:184, 2011.

[29] M. Gillon, E. Jehin, S. M. Lederer, L. Delrez, J. de Wit, A. Burdanov, V. Van Grootel, A. J. Burgasser, A. H. M. J. Triaud, C. Opitom, B.-O. Demory, D. K. Sahu, D. Bardalez Gagliuffi, P. Magain, and D. Queloz. Temperate earth-sized planets transiting a nearby ultracool dwarf star. *Nature*, 533:221–224, 2016.

[30] A. Give'on, B. Kern, S. Shaklan, D. C. Moody, and L. Pueyo. Broadband wavefront correction algorithm for high-contrast imaging systems. In *Astronomical Adaptive Optics Systems and Applications III*, volume 6691 of *Proc. SPIE*, page 66910A, 2007.

[31] P. Gregory. *Bayesian Logical Data Analysis for the Physical Sciences: A Comparative Approach with Mathematica® Support*. Cambridge University Press, 2005.

[32] T. D. Groff and N. Jeremy Kasdin. Kalman filtering techniques for focal plane electric field estimation. *Journal of the Optical Society of America A*, 30:128, 2013.
[33] T. Guillot. On the radiative equilibrium of irradiated planetary atmospheres. *A&A*, 520:A27, 2010.
[34] O. Guyon. Phase-induced amplitude apodization of telescope pupils for extrasolar terrestrial planet imaging. *A&A*, 404:379–387, 2003.
[35] B. M. S. Hansen. On the absorption and redistribution of energy in irradiated Planets. *ApJS*, 179:484–508, 2008.
[36] J. Haqq-Misra, R. K. Kopparapu, N. E. Batalha, C. E. Harman, and J. F. Kasting. Limit cycles can reduce the width of the habitable zone. *ApJ*, 827:120, 2016.
[37] A. P. Ingersoll. The runaway greenhouse: A history of water on venus. *Journal of Atmospheric Sciences*, 26:1191–1198, 1969.
[38] A. W. Irwin. Polynomial partition function approximations of 344 atomic and molecular species. *ApJS*, 45:621–633, 1981.
[39] F. Iwamuro, K. Motohara, T. Maihara, R. Hata, and T. Harashima. OHS: OH-airglow suppressor for the Subaru telescope. *PASJ*, 53:355–360, 2001.
[40] S. Kadoya and E. Tajika. Evolutionary climate tracks of earth-like planets. *ApJ*, 815:L7, 2015.
[41] J. F. Kasting, D. P. Whitmire, and R. T. Reynolds. Habitable zones around main sequence stars. *Icarus*, 101:108–128, 1993.
[42] H. Kawahara. Frequency modulation of directly imaged exoplanets: Geometric effect as a probe of planetary obliquity. *ApJ*, 822:112, 2016.
[43] H. Kawahara and Y. Fujii. Global mapping of earth-like exoplanets from scattered light curves. *ApJ*, 720:1333–1350, 2010.
[44] H. Kawahara and Y. Fujii. Mapping clouds and terrain of earth-like planets from photometric variability: Demonstration with planets in face-on orbits. *ApJ*, 739:L62, 2011.
[45] H. Kawahara, T. Hirano, K. Kurosaki, Y. Ito, and M. Ikoma. Starspots-transit depth relation of the evaporating planet candidate KIC 12557548b. *ApJ*, 776:L6, 2013.
[46] H. Kawahara, T. Matsuo, M. Takami, Y. Fujii, T. Kotani, N. Murakami, M. Tamura, and O. Guyon. Can ground-based telescopes detect the oxygen 1.27 μm absorption feature as a biomarker in exoplanets? *ApJ*, 758:13, 2012.
[47] H. Kawahara, N. Murakami, T. Matsuo, and T. Kotani. Spectroscopic coronagraphy for planetary radial velocimetry of exoplanets. *ApJS*, 212:27, 2014.
[48] N. Y. Kiang, J. Siefert, Govindjee, and R. E. Blankenship. Spectral signatures of photosynthesis. I. review of earth organisms. *Astrobiology*, 7:222–251, 2007.
[49] B. Kloppenborg, R. Stencel, J. D. Monnier, G. Schaefer, M. Zhao, F. Baron, H. McAlister, T. ten Brummelaar, X. Che, C. Farrington, E. Pedretti, P. J. Sallave-Goldfinger, J. Sturmann, L. Sturmann, N. Thureau, N. Turner, and S. M. Carroll. Infrared images of the transiting disk in the ϵ Aurigae system. *Nature*, 464:870–872, 2010.
[50] R. F. Knacke. Possibilities for the detection of microbial life on extrasolar planets. *Astrobiology*, 3:531–541, 2003.
[51] A. Kokhanovsky. Optical properties of terrestrial clouds. *Earth Science Reviews*, 64:189–241, 2004.
[52] M. Komabayasi. Discrete equilibrium temperatures of a hypothetical planet with the atmosphere and the hydrosphere of one component-two phase system under constant solar radiation. *Journal of the Meteorological Society of Japan. Ser. II*, 45(1):137–139,

1967.

[53] R. K. Kopparapu, R. Ramirez, J. F. Kasting, V. Eymet, T. D. Robinson, S. Mahadevan, R. C. Terrien, S. Domagal-Goldman, V. Meadows, and R. Deshpande. Habitable zones around main-sequence stars: New estimates. *ApJ*, 765:131, 2013.

[54] G. Kovács, S. Zucker, and T. Mazeh. A box-fitting algorithm in the search for periodic transits. *A&A*, 391:369–377, 2002.

[55] E. Kruse and E. Agol. KOI-3278: A self-lensing binary star system. *Science*, 344:275–277, 2014.

[56] C. Leibovitz and D. P. Hube. On the detection of black holes. *A&A*, 15:251, 1971.

[57] S. Lépine, E. J. Hilton, A. W. Mann, M. Wilde, B. Rojas-Ayala, K. L. Cruz, and E. Gaidos. A spectroscopic catalog of the brightest (J < 9) M dwarfs in the northern sky. *AJ*, 145:102, 2013.

[58] W. Lucht, C.B. Schaaf, and A.H. Strahler. An algorithm for the retrieval of albedo from space using semiempirical brdf models. *Geoscience and Remote Sensing, IEEE Transactions on*, 38(2):977–998, 2000.

[59] A. Maeder. Light curves of the gravitational lens-like action for binaries with degenerate stars. *A&A*, 26:215, 1973.

[60] F. Malbet, J. W. Yu, and M. Shao. High-dynamic-range imaging using a deformable mirror for space coronography. *PASP*, 107:386, 1995.

[61] S. Mao and B. Paczynski. Gravitational microlensing by double stars and planetary systems. *ApJ*, 374:L37–L40, 1991.

[62] F. L. Markley. Kepler equation solver. *Celestial Mechanics and Dynamical Astronomy*, 63:101–111, 1995.

[63] C. Marois, D. Lafrenière, R. Doyon, B. Macintosh, and D. Nadeau. Angular differential imaging: A powerful high-contrast imaging technique. *ApJ*, 641:556–564, 2006.

[64] J. H. C. Martins, N. C. Santos, P. Figueira, J. P. Faria, M. Montalto, I. Boisse, D. Ehrenreich, C. Lovis, M. Mayor, C. Melo, F. Pepe, S. G. Sousa, S. Udry, and D. Cunha. Evidence for a spectroscopic direct detection of reflected light from 51 Pegasi b. *A&A*, 576:A134, 2015.

[65] K. Masuda. Spin-orbit angles of Kepler-13Ab and HAT-P-7b from gravity-darkened transit light curves. *ApJ*, 805:28, 2015.

[66] D. Mawet, J. Milli, Z. Wahhaj, D. Pelat, O. Absil, C. Delacroix, A. Boccaletti, M. Kasper, M. Kenworthy, C. Marois, B. Mennesson, and L. Pueyo. Fundamental limitations of high contrast imaging set by small sample statistics. *ApJ*, 792:97, 2014.

[67] M. Mayor and D. Queloz. A Jupiter-mass companion to a solar-type star. *Nature*, 378:355–359, 1995.

[68] C. P. McKay, R. D. Lorenz, and J. I. Lunine. Analytic solutions for the antigreenhouse effect: Titan and the early earth. *Icarus*, 137:56–61, 1999.

[69] W. E. Meador and W. R. Weaver. Two-stream approximations to radiative transfer in planetary atmospheres - A unified description of existing methods and a new improvement. *Journal of Atmospheric Sciences*, 37:630–643, 1980.

[70] C. Møller. *The Theory of Relativity*. 1972.

[71] N. Murakami and N. Baba. Common-path lateral-shearing nulling interferometry with a Savart plate for exoplanet detection. *Optics Letters*, 35:3003, 2010.

[72] N. Murakami, R. Uemura, N. Baba, J. Nishikawa, M. Tamura, N. Hashimoto, and L. Abe. An Eight-octant phase-mask coronagraph. *PASP*, 120:1112, 2008.

[73] C. D. Murray and A. C. M. Correia. *Keplerian Orbits and Dynamics of Exoplanets*, pp.15–23. 2011.

[74] S. Nakajima, Y.-Y. Hayashi, and Y. Abe. A study on the 'runaway greenhouse effect' with a one-dimensional radiative-convective equilibrium model. *Journal of Atmospheric Sciences*, 49:2256–2266, 1992.

[75] R. H. Norton and C. P. Rinsland. ATMOS data processing and science analysis methods. *Appl. Opt.*, 30:389–400, 1991.

[76] S. K. Nugroho, H. Kawahara, K. Masuda, T. Hirano, T. Kotani, and A. Tajitsu. High-resolution spectroscopic detection of TiO and stratosphere in the day-side of WASP-33b. *AJ*, 154:221, 2017.

[77] Y. Ohta, A. Taruya, and Y. Suto. The Rossiter-McLaughlin effect and analytic radial velocity curves for transiting extrasolar planetary systems. *ApJ*, 622:1118–1135, 2005.

[78] E. Pallé, M. R. Zapatero Osorio, R. Barrena, P. Montañés-Rodríguez, and E. L. Martín. Earth's transmission spectrum from lunar eclipse observations. *Nature*, 459:814–816, 2009.

[79] D. Perez-Becker and E. Chiang. Catastrophic evaporation of rocky planets. *MNRAS*, 433:2294–2309, 2013.

[80] R. Pierrehumbert and E. Gaidos. Hydrogen greenhouse planets beyond the habitable zone. *ApJ*, 734:L13, 2011.

[81] Raymond T Pierrehumbert. *Principles of Planetary Climate*. Cambridge University Press, 2010.

[82] S. Rappaport, T. Barclay, J. DeVore, J. Rowe, R. Sanchis-Ojeda, and M. Still. KOI-2700b - A planet candidate with dusty effluents on a 22-hour orbit. *ApJ*, 784:40, 2013.

[83] S. Rappaport, A. Levine, E. Chiang, I. El Mellah, J. Jenkins, B. Kalomeni, E. S. Kite, M. Kotson, L. Nelson, L. Rousseau-Nepton, and K. Tran. Possible disintegrating short-period super-mercury orbiting KIC 12557548. *ApJ*, 752:1, 2012.

[84] T. D. Robinson and D. C. Catling. An analytic radiative-convective model for planetary atmospheres. *ApJ*, 757:104, 2012.

[85] T. D. Robinson and D. C. Catling. Common 0.1bar tropopause in thick atmospheres set by pressure-dependent infrared transparency. *Nature Geoscience*, 7:12–15, 2014.

[86] F. Rodler, M. Lopez-Morales, and I. Ribas. Weighing the non-transiting hot Jupiter τ Boo b. *ApJ*, 753:L25, 2012.

[87] L. A. Rogers and S. Seager. A framework for quantifying the degeneracies of exoplanet interior compositions. *ApJ*, 712:974–991, 2010.

[88] D. Rouan, P. Riaud, A. Boccaletti, Y. Clénet, and A. Labeyrie. The four-quadrant phase-mask coronagraph. I. principle. *PASP*, 112:1479–1486, 2000.

[89] C. Sagan. Gray and nongray planetary atmospheres. Structure, convective instability, and greenhouse effect. *Icarus*, 10:290–300, 1969.

[90] C. Sagan, W. R. Thompson, R. Carlson, D. Gurnett, and C. Hord. A search for life on Earth from the Galileo spacecraft. *Nature*, 365:715–721, 1993.

[91] R. Sanchis-Ojeda, S. Rappaport, E. Pallè, L. Delrez, J. DeVore, D. Gandolfi, A. Fukui, I. Ribas, K. G. Stassun, S. Albrecht, F. Dai, E. Gaidos, M. Gillon, T. Hirano, M. Holman, A. W. Howard, H. Isaacson, E. Jehin, M. Kuzuhara, A. W. Mann, G. W. Marcy, P. A. Miles-Páez, P. Montañés-Rodríguez, F. Murgas, N. Narita, G. Nowak, M. Onitsuka, M. Paegert, V. Van Eylen, J. N. Winn, and L. Yu. The K2-ESPRINT project I: Discovery of the disintegrating rocky planet K2-22b with a cometary head and leading tail. *ApJ*,

812:112, 2015.

[92] A. J. Sauval and J. B. Tatum. A set of partition functions and equilibrium constants for 300 diatomic molecules of astrophysical interest. *ApJS*, 56:193–209, 1984.

[93] J. R. Schmitt, J. M. Jenkins, and D. A. Fischer. A search for lost planets in the Kepler multi-planet systems and the discovery of the long-period, neptune-sized exoplanet Kepler-150 f. *AJ*, 153:180, 2017.

[94] F. Schreier. Comments on "a common misunderstanding about the voigt line profile". *Journal of the Atmospheric Sciences*, 66(6):1860–1864, 2009.

[95] W. D. Sellers. A global climatic model based on the energy balance of the earth-atmosphere system. *Journal of Applied Meteorology*, 8:392–400, 1969.

[96] H. Shibahashi and D. W. Kurtz. FM stars: a Fourier view of pulsating binary stars, a new technique for measuring radial velocities photometrically. *MNRAS*, 422:738–752, 2012.

[97] I. A. G. Snellen, B. R. Brandl, R. J. de Kok, M. Brogi, J. Birkby, and H. Schwarz. Fast spin of the young extrasolar planet β Pictoris b. *Nature*, 509:63–65, 2014.

[98] I. A. G. Snellen, R. J. de Kok, E. J. W. de Mooij, and S. Albrecht. The orbital motion, absolute mass and high-altitude winds of exoplanet HD209458b. *Nature*, 465:1049–1051, 2010.

[99] O. Struve. Proposal for a project of high-precision stellar radial velocity work. *The Observatory*, 72:199–200, 1952.

[100] T. Sumi, K. Kamiya, D. P. Bennett, I. A. Bond, F. Abe, C. S. Botzler, A. Fukui, K. Furusawa, J. B. Hearnshaw, Y. Itow, P. M. Kilmartin, A. Korpela, W. Lin, C. H. Ling, K. Masuda, Y. Matsubara, N. Miyake, M. Motomura, Y. Muraki, M. Nagaya, S. Nakamura, K. Ohnishi, T. Okumura, Y. C. Perrott, N. Rattenbury, T. Saito, T. Sako, D. J. Sullivan, W. L. Sweatman, P. J. Tristram, A. Udalski, M. K. Szymański, M. Kubiak, G. Pietrzyński, R. Poleski, I. Soszyński, Ł. Wyrzykowski, K. Ulaczyk, and Microlensing Observations in Astrophysics (MOA) Collaboration. Unbound or distant planetary mass population detected by gravitational microlensing. *Nature*, 473:349–352, 2011.

[101] B. D. Teolis, G.H. Jones, P. F. Miles, R. L. Tokar, B. A. Magee, J. H. Waite, E. Roussos, D. T. Young, F. J. Crary, A. J. Coates, *et al.* Cassini finds an oxygen–carbon dioxide atmosphere at saturn's icy moon rhea. *Science*, 330(6012):1813, 2010.

[102] O. B. Toon, C. P. McKay, T. P. Ackerman, and K. Santhanam. Rapid calculation of radiative heating rates and photodissociation rates in inhomogeneous multiple scattering atmospheres. *J. Geophys. Res.*, 94:16287–16301, 1989.

[103] V. L. Trimble and K. S. Thorne. Spectroscopic binaries and collapsed stars. *ApJ*, 156:1013, 1969.

[104] S. Uehara, H. Kawahara, K. Masuda, S. Yamada, and M. Aizawa. Transiting planet candidates beyond the snow line detected by visual inspection of 7557 Kepler objects of interest. *ApJ*, 822:2, 2016.

[105] A. Unsold. *Physik der Sternatmospharen, MIT besonderer Berucksichtigung der Sonne,* 1955.

[106] C. P. Weaver and V. Ramanathan. Deductions from a simple climate model: Factors governing surface temperature and atmospheric thermal structure. *JGR*, 100:11585–11592, 1995.

[107] L. M. Weiss and G. W. Marcy. The mass-radius relation for 65 exoplanets smaller than 4 earth radii. *ApJ*, 783:L6, 2014.

[108] D. M. Williams and J. F. Kasting. Habitable planets with high obliquities. *Icarus*, 129:254–267, 1997.

[109] J. N. Winn and D. C. Fabrycky. The occurrence and architecture of exoplanetary systems. *ARA&A*, 53:409–447, 2015.

[110] J. N. Winn, J. A. Johnson, S. Albrecht, A. W. Howard, G. W. Marcy, I. J. Crossfield, and M. J. Holman. HAT-P-7: A retrograde or polar orbit, and a third body. *ApJ*, 703:L99–L103, 2009.

[111] A. N. Witt and T. A. Boroson. Spectroscopy of extended red emission in reflection nebulae. *ApJ*, 355:182–189, 1990.

[112] H. J. Witt. Investigation of high amplification events in light curves of gravitationally lensed quasars. *A&A*, 236:311–322, 1990.

[113] O. C. Zafiriou. Laughing gas from leaky pipes. *Nature*, 347:15–16, 1990.

[114] 松井孝典，田近英一，高橋栄一，柳川弘志，阿部豊．『地球惑星科学入門（新装版地球惑星科学 1)』岩波書店，2010.

[115] 田村元秀．『太陽系外惑星（新天文学ライブラリー 1)』日本評論社，2015.

[116] ド・デゥーブ 著，中村桂子監訳.『進化の特異事象』一灯社，2007.

[117] エミール・ウォルフ著，白井智宏訳．『光のコヒーレンスと偏光理論』京都大学学術出版会，2009.

索　　引

英数字

ア 行

カ 行

サ 行

タ 行

ナ　行

ハ　行

マ　行

ヤ　行

ラ　行

著者略歴

河原　創（かわはら・はじめ）

1981 年　　横浜生まれ

2009 年　　東京大学大学院理学系研究科博士課程修了

2009-2012 年　日本学術振興会 PD

現　在　　東京大学大学院理学系研究科地球惑星科学専攻助教
博士（理学）

系外惑星探査
地球外生命をめざして

2018 年 3 月 26 日　初　版

[検印廃止]

著　者　河原　創

発行所　一般財団法人 東京大学出版会
代表者 吉見俊哉
153-0041 東京都目黒区駒場 4-5-29
電話 03-6407-1069　Fax 03-6407-1991
振替 00160-6-59964
URL http://www.utp.or.jp/

印刷所　大日本法令印刷株式会社

製本所　誠製本株式会社

ISBN978-4-13-062727-6 Printed in Japan